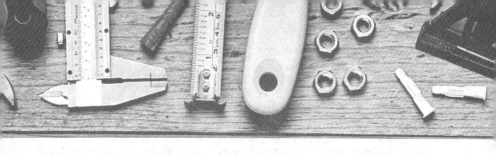

应用电工基础知识400问

第三版

单文培　廖宇仲　主编

中国电力出版社
CHINA ELECTRIC POWER PRESS

内 容 提 要

本书以《中华人民共和国职业技能鉴定规范 电力行业》为依据，突出理论联系实际，增强现场实用知识与操作技能，并辅以工程实例。

本书共十四章，主要内容有静电场、电路的基本概念及基本定律、直流电路、电磁与电磁感应、电容器、单相正弦交流电路、三相交流电路、非正弦周期电流电路、电路的过渡过程、磁路和铁心线圈、电工测量仪表、电子技术基础、电工的应用、电工安全用电等。

为了便于自学、培训和考核，各章均有大量有代表性例题、复习题及解答，文后还附有试卷。

本书适用水力、火力发电厂、供用电、城镇（农村）工矿企业、电力排灌站、火力（水力）建设和电力机械修造等部门各专业各个工种的初、中、高级工、技师培训考核使用，也适用于其他有关人员学习。

图书在版编目（CIP）数据

应用电工基础知识 400 问/单文培等主编 . —3 版 . —北京：中国电力出版社，2021.8

ISBN 978 - 7 - 5198 - 5576 - 5

Ⅰ.①应⋯ Ⅱ.①单⋯ Ⅲ.①电工－问题解答 Ⅳ.①TM-44

中国版本图书馆 CIP 数据核字（2021）第 128878 号

出版发行：中国电力出版社

地　　址：北京市东城区北京站西街 19 号（邮政编码 100005）

网　　址：http://www.cepp.sgcc.com.cn

责任编辑：马淑范（010-63412397）

责任校对：王小鹏

装帧设计：赵姗姗

责任印制：杨晓东

印　　刷：北京雁林吉兆印刷有限公司

版　　次：2011 年 3 月第一版　2013 年 9 月第二版　2016 年 5 月第三版

印　　次：2021 年 8 月北京第五次印刷

开　　本：880 毫米×1230 毫米　32 开本

印　　张：10

字　　数：297 千字

定　　价：48.00 元

本书编委会

主　编　单文培　廖宇仲

副主编　欧阳慧泉　刘　艳　刘媛兰　吴　汉

参　编　胡国栋　李　云　宋应光　廖胜平

　　　　　胡知旺　赖跃龙　刘少华　宋剑平

　　　　　彭清华　张　凯　王　宣

第二版前言

本书自 2011 年 2 月出版以来，多次重印，深受读者喜爱。

为使本书更加完善，2012 年开始，即着手开始修订，订正了一版中排版等引起的谬误，以及不足之处。第二章、第三章、第六章、第七章、第十三章分别增加了更贴近实际应用的知识，以及工程实例。如增加了电路中有电阻的主要指标、允许偏差、电阻率单位两种表现形式以及相互的换算，电阻星—三角形变换公式及简化复杂电路的实例。电机中有变压器运行发出声响的故障判断，变压器运行中的检查与维护，异步电动机不启动原因及确定方法，查找三相异步电动机缺相的原因与步骤，三相异步电动机绕组烧坏现象及故障原因，三相异步电动机三相电流不平衡度的限制等，三相电能表不平衡度超差的原因与查找方法等，增加了输电线路中架空线路的强度安全系数，导线弧垂大小要求，架空导线连接有关规定，10kV 高压线路电压损失估算，常用导线的命名、低压带电作业中注意事项，低压线路电压损失的估算等内容。

本书由单欣安编写第三、六、七章，单文培编写提纲、第十三章部分内容，并统稿；罗忠编写第十一、十二章，刘强编写第四、五、八章，何勤联编写第九、十章，宋莲花编写第一、二章、第十三章部分内容，齐安与参编舒俊兰合编第十四章，王红才、李建平、刘檀、邱玉林、廖宇仲、钟群编写第十三章部分内容。

虽然本书再版过程中，力求完美，但由于编者精力有限，书中若还有疏漏之处敬请读者指正，以待改进。

编　者

2013 年 9 月

第一版前言

为适应电力行业岗位培训与电工考试的需要，快速引导电力职工学习与掌握电工基础的三基（基本概念、基本定理、基本计算方法），以便为更加深入学习电力专业知识打下良好基础，特编写这本书。

本书以《中华人民共和国职业技能鉴定规范 电力行业》为依据，覆盖了电工基础的基本知识，也突出了问题的定向性和针对性，不片面追求学科体系的系统性，而强调贴近生产实际与工作需要的电工基础知识，精选问答题内容，充实实用性的内容，减少了不必要的数学推导，删除了高等数学的傅里叶级数及微分方程，采用了工程上常用的非正弦周期量的傅里叶级数展开式，来解决非正弦周期电路问题。对过渡过程的一阶微分方程，采用了三要素法来解决一阶过渡过程问题。理论联系实际，如RLC串联电路谐振会使个别元件产生过电压，对电气设备造成危害，因此，应破坏串联谐振产生的条件，而在收音机中又需要利用串联谐振提高接收信号强度等。第十一章电工测量仪表介绍了工程上的常用仪表；第十二章电子技术基础介绍了模拟与数字电路的基本内容。

本书由欧阳微频、单文培和单欣安担任主编，朱丽、彭汐单担任副主编，刘英、朱莉、杨济海、王兵为参编。欧阳微频编写了第一～四章，单欣安、刘英、朱莉编写了第五～八章，单文培、朱丽编写了第九章、第十三章、第十四章，彭汐单编写了第十～十二章，杨济海、王兵也参与了部分工作。

由于编者水平有限，书中疏漏之处在所难免，敬请读者与专家批评指正，以待改进。并对支持本书出版的同志表示感谢。

编者

2010 年 11 月

目　录

15

应用电工基础知识 **400** 问（第三版）

第一章

静 电 场

1. 电是什么？

答：电是物质的一种属性。经典原子学说认为，任何物质都由
分子所组成，而分子又由一定数量的原子所组成。原子的体积是极
小的，但它仍具有复杂的结构，它有一个原子核，在原子核的周围
又有一些电子按一定轨道围绕原子核高速旋转，原子核带正电荷，
电子带负电荷。原子核所带的正电荷和它周围电子所带的负电荷数
值上是相等的，所以对外并不显示电的性质。由于某种原因使物体
得到或失去电子，这一物质对外显示出电的性质，得到电子的物体
显示负电性；失去电子的物体则显示正电性。

2. 电的特性有哪些？

答：电荷之间存在相互作用力，同性电荷互相排斥，异性电荷
互相吸引。

3. 电荷与电荷量是什么？

答：两种不同的物质相互摩擦时，一种物体中的自由电子
跑到另一种物体上，失去电子的物体带正电，获得自由电子的
物体便带负电。物体带电，即物体荷载了电，所以电又称电荷。
电荷的量值叫作电荷量，用字母 Q 或 q 表示，在国际单位制电
荷量的单位为库仑，用符号 C 表示，1C＝624 亿亿个基本电量。

4. 什么是导体、绝缘体和半导体？

答：导电能力很强的物质（如银、铜、铝）称为导体；几乎不

1

能导电的物质（如橡胶、塑料、云母、变压器油及空气）称为绝缘体或电介质；导电能力介于导体与绝缘体之间的物质（如硅、锗、硒）为半导体。

5. 绝缘油是什么？

答：绝缘油是一种液体绝缘物、由石油精炼而成，其用途是浸渍变压器，灌油断路器和充油电缆，作为高压电气设备的内绝缘。绝缘油在电气设备中起绝缘、冷却及灭弧作用，要求它的黏度要小、闪点要高、耐电压强度大、在使用中不易变质。

6. SF_6 是什么？

答：SF_6 是一种无色、无味、无毒的惰性气体，作为绝缘介质被广泛应用于高压电气设备（断路器、全封闭组合电器）。

7. 超导体是什么？

答：铅、铌、铟等金属在一定的低温下，它们的电阻会突然消失。金属电阻完全消失的特殊现象称为"超导电性"，而具有超导电性的金属、合金和化合物称为超导体。超导磁铁应用于磁流体发电技术中大大提高火电厂的热效率。

8. 为什么一般绝缘材料的绝缘电阻值随温度的升高而减小，而金属导体的电阻值随温度的升高而增加？

答：一般绝缘材料是一种电阻系数很大的导电体，其导电性质主要是离子性的。离子性导电体的特点是，其导电电流是由离心的定向移动产生的，常温下从绝缘体的结晶格中分离出来的离子是很少的，故其导电性很差，即绝缘电阻很大。当温度升高时，绝缘体中的分子热振动加强，脱离晶格结构的离子数目随之增大，所以导电能力强，绝缘电阻就降低了。

金属导电体的导电性质是自由电子性，它所具有的自由电子数量是固定不变的，而且不受温度的影响。当温度升高时，材料中的原子、分子活动力增强，自由电子移动时与分子碰撞的可能性增强，所受阻力增大了。所以金属导体当温度升高时电阻增加。

9. 何谓电场与电场强度？

答：在带电体周围的空间存在着一种特殊物质，它对放在其中的任何电荷均表现为力的作用，这一特殊物质叫做电场。电场对电荷的作用力称为电场力。任何两个带电体之间相互吸引或排斥均是通过电场来实现的。试验证明：两个点电荷之间的作用力是符合库仑定律的。两个试验电荷之间的作用力的大小与两个试验电荷所带的电量 q_1、q_2 成正比，与两个试验电荷的距离 R 的二次方成反比，同时与试验电荷所处空间的介电系数成反比。库仑定律的表达式为

$$F = \frac{q_1 q_2}{4\pi\varepsilon R^2} = k \cdot \frac{q_1 q_2}{R^2}$$

式中　q_1、q_2——电荷所带的电量，C；

　　　　R——电荷间的距离，m；

　　　　F——电荷之间的作用力，N；

　　　　k——比例系数，$k = 9.0 \times 10^9 \mathrm{Nm^2/C^2}$。

试验电荷在电场中某一点所受的电场力 F 与试验电荷量 q_0 的比值称为该点的电场强度，用字母 E 表示，即 $E = F/q$。在国际单位制中，电场强度的单位为牛/库。电场强度不仅有大小，而且有方向，它是一个矢量。

【例 1-1】　在电场 Q 中的 A 点，有一检验电荷，其电荷量为 $q = 2 \times 10^{-9}$C，受到的电场力是 10N，求 A 点的电场强度。若将另一电荷量为 $q' = 6 \times 10^{-9}$C 的检验电荷放到 A 点，其所受的电场力是多大？

解　根据电场强度的定义

$$E = \frac{F}{q} = \frac{10}{2 \times 10^{-9}} = 5 \times 10^9 \mathrm{N/C}$$

由于电场中某一确定的点，电场强度是定值，与检验电荷无关。所以电荷 q' 在 A 点的电场强度仍为 $5 \times 10^9 \mathrm{N/C}$，其所受电场力 F' 为

$$F' = Eq' = 5 \times 10^9 \times 6 \times 10^{-9} = 30\mathrm{N}$$

10. 什么是电力线？

答：在带电体的周围存在着电场，为了形象地表示电场，用电

力线描述电场，使电场的强弱和方向用图形表示出来。电力线从正电荷出发到负电荷终止，其间不中断，也不形成闭合曲线，顺着电力线的方向，电力线上每一点的切线方向都和该点的电场方向一致。

图 1-1 表明了正、负点电荷的电力线。

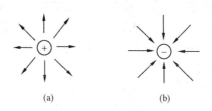

图 1-1　带电体的电场

（a）正点电荷电场；（b）负点电荷电场

11. 什么是点电荷？

答：当带电体的线度比起与其他带电体之间的距离"充分"小时，则称带电体为点电荷。

12. 什么是静电感应？

答：当一个不带电的物体靠近带电物体时，若带电物体所带的是正电荷，则它和不带电物体的负电荷相吸，这时不带电的物体靠近带电体的一面带负电，而另一面就带正电，在电场作用下而重新分布电荷的现象称为静电感应。利用静电感应而使导体带电的方法，称为感应起电。

13. 什么叫静电屏蔽？

答：若把导体内部挖空，放在电场中，空腔内的电场强度仍然等于零。利用此现象可以制造金属屏蔽罩，罩内的物体不受罩外电场的影响，这称为静电屏蔽。三极管的管帽、信号传输线的金属网套，都是应用静电屏蔽的例子。

14. 尖端放电的工作原理是什么？

答：把导体放在电场中，由于静电感应的结果，在导体中会出现感应电荷。导体表面弯曲（凸出面）越大的地方，电荷密度越大，周围电场很强，使空气分子发生电离而形成大量的自由电子和离子，在一定条件下导致空气击穿，而发生尖端放电现象，变电所安装的避雷针是利用尖端放电来吸引雷电而保护电气设备。

第二章

电路的基本概念及基本定律

1. 什么是电路？什么是电路图？

答：电路就是电流通过的路径。它由四个基本部分组成：①电源，提供电能或信号的装置，如发电机、信号源；②负载，即用电设备，它将电能或电信号转变成其他形式的能量或信号，如电炉将电能转变为热能；③连接导体，用来传输电能和传递电信号；④开关、仪表和保护装置等设备。电路作用：一是用于电能的传输和变换，二是用于电信号的传递和处理。电路模型以图形符号表示时，称为电路图。

2. 理想电路元件是什么？

答：理想电路元件反映单一的电磁性质。理想的负载元件有理想电阻元件，它反映电能转换为其他能量（热能、化学能等）而消耗掉的性质，是个耗能元件，文字符号为 R；理想电感元件，它只反映将电能转换为磁场能量并储存起来，是个储能元件，文字符号为 L；理想电容元件，它只反映将电能转换为电场能量并储存起来，也是储能元件，文字符号为 C。

3. 什么叫支路、节点、回路和网孔？

答：支路指电路通过同一电流的分支；节点指三条或三条以上支路的连接点；回路指电路中的一个闭合路径；网孔指没有被支路穿过的回路。

4. 什么叫电流与电流强度？

答：电流是电荷的定向移动形成的。设有电流流过导体，若在

时间 t 内穿过导体横截面 S 的电荷为 q，则通过导体的电流定义为电流 $I=q/t$。电流单位是安培（A）。习惯上规定正电荷运动的方向为电流方向。

【例 2-1】 某导体在 0.5min 的时间内通过导体横截面的电荷量是 90C，求导体中的电流。

解 $\qquad\qquad t=0.5\text{min}=30\text{s}$

由公式可得

$$I=\frac{q}{t}=\frac{90}{30}=3\text{A}$$

5. 什么叫电源？

答：能将其他形式的能量转换成电能的设备叫电源。发电机、蓄电池和光电池等都是电源，它们分别把机械能、化学能和光能转换成电能。

6. 什么叫电压与电动势？两者有何区别？

答：在电场中，将单位正电荷由高电位点移向低电位点时电场力所做的功称为电压，电压又等于高低两点之间的电位之差，其表达式为

$$U=W/Q$$

式中　W——电场力做的功，J；

$\qquad Q$——电荷量，C；

$\qquad U$——高低两点之间的电压，V。

电压的正方向规定为高电位指向低电位，即电位降的方向。

在电场中，将单位正电荷由低电位移向高电位时外力所做的功称为电动势 E。其表达式为 $E=W/Q$，电动势的正方向规定为由低电位指向高电位，即电位升的方向。

电压和电动势的主要区别是：电压是反映电场力做功的概念，其正方向为电位降的方向；而电动势则是反映外力克服电场力做功的概念，其正方向为电位升的方向，两者的方向相反的，电压和电动势的基本单位为伏特（V），此外还有千伏（kV）、毫伏（mV）等。

7. 什么是安全电压？

答：一般人体电阻按 1000Ω 考虑，通过人体的危险电流为 50mA，则人体承受的电压不应超过 $0.05 \times 1000Ω = 50V$，根据我国的具体条件和环境，规定安全电压额定值的等级有 42、36、24、12V 和 6V 五种。安全电压的选用，要看生产场地情况决定。

8. 什么是电源的串联？

答：把第一个电池的正极接到第二个电池的负极，第二个电池的正极和第一个电池负极接负载的两个端头。这种连接方式叫电源的串联。串联电池的总电动势等于两个电池的电动势之和即 $E = E_1 + E_2$。

9. 什么叫电源的并联？

答：把各个电池的正极和正极连接起来，引出一个接线端头，再把各个电池的负极与负极连接起来，引出一个接线端头，这种接线方式叫作电源的并联。并联电池的总电流等于各电池所供给的电流之和。

10. 什么是电源的外特性曲线？

答：用来表示电源端电压 U 与输出电流 I 之间的关系曲线，叫作电源的外特性曲线。

11. 短路、断路是什么意思？

答：若由于某种原因使负载电阻等于零，即电源两端直接短接，从而导致电路中的电流剧增，这种现象叫做短路。所谓断路，就是在闭合回路中发生断相，使电流不能导通的现象。

12. 什么叫做电阻？电流在导体内流动为什么会受到阻力？

答：电流在导体内流动所受到的阻力叫做电阻。自由电子在电场力的作用下做有规则的定向运动时，不仅要受到原子核的吸引，而且要与其他原子发生碰撞，在与其他原子碰撞时，自由电子有时被其他原子拉进去，而别的原子中的电子又可能被撞出来，这样撞来撞去，就使电子运动时受到阻力。电阻用字母 R 表示，它的单位是欧姆。

13. 什么叫做电阻率？怎样计算导体的电阻值？

答：电阻率也称电阻系数，它是指某种导体材料做成长 1m，横截面积为 1mm² 的导线，在温度为 20℃时的电阻率。电阻率用字母"ρ"表示。它反映了各种材料导电性能的好坏。电阻率大，说明导电性能差，电阻率小，说明导电性能好。

导体的电阻与构成导体的材料、导体的长度和截面积有关，他们的关系式为

$$R = \rho \cdot \frac{l}{S}$$

式中　R——导体的电阻，Ω；

　　　ρ——导体的电阻率，$\Omega \cdot mm^2/m$；

　　　S——导体截面积，mm^2。

【例 2-2】 一根长 500m，截面积为 2mm² 的铜导线，它的电阻是多少？若把它均匀拉长为原来的 2 倍，电阻变为多少？又若将它截成等长的两段，每段电阻是多少（$\rho_{Cu} = 1.75 \times 10^{-8} \Omega \cdot m$）？

解　$R = \rho \cdot \dfrac{l}{S} = 1.75 \times 10^{-8} \times \dfrac{500}{2 \times 10^{-6}} = 4.375(\Omega)$

$R'_1 = 4R = 4 \times 4.375 = 17.5(\Omega)$

$R'_2 = \dfrac{1}{2}R = \dfrac{4.375}{2} = 2.1875(\Omega)$

14. 什么是电导和电导率？

答：物体传导电流的本领称为电导。电导在数值上是电流与电压的比值衡量，在直流电路中，其数值为电阻倒数 $G = 1/R$，单位是西门子（S）。电阻率的倒数称为电导率，它是衡量物体导电性能好坏的一个物理量，通常用"γ"表示，单位是 $m/\Omega \cdot m^2$。

15. 什么是线性电阻和非线性电阻？

答：电阻值不随电压、电流的变化而变化的电阻称为线性电阻。线性电阻的阻值是一个常数，其伏安特性为一条直线，线性电阻上的电流与电压的关系服从欧姆定律。电阻值随着电压、电流变化而变化的电阻称为非线性电阻。其伏安特性为一曲线，不能用欧姆定律来运算。

16. 什么叫电阻温度系数？导体电阻与温度有什么关系？

答：温度在 $0\sim100℃$ 范围内，金属导体的电阻随温度成正比的变化。当温度每升高 $1℃$ 时，导体电阻的增加值与原来电阻之比值，叫作电阻温度系数，用字母 α 来表示，它的单位是 $1/℃$。金属导体电阻与温度的变化关系用下式表达

$$R_2 = R_1 + \alpha R_1 \ (t_2 - t_1)$$

式中　R_1——温度为 t_1 时的电阻值；

　　　R_2——温度为 t_2 时的电阻值。

【例 2-3】 长 200m，截面积为 $2mm^2$ 的铜导线，70℃时的电阻值为多少？

解　在 20℃ 时铜导线的电阻率 $\rho_{Cu} = 1.75 \times 10^{-8} \Omega \cdot m$，$l = 200m$，$S = 2 \times 10^{-6} m^2$。

代入公式 $R = \rho \dfrac{l}{S}$ 得 20℃时铜导线的电阻为

$$R_1 = 1.75 \times 10^{-8} \times \frac{200}{2 \times 10^{-6}} = 1.75(\Omega)$$

铜导线的电阻温度系数 $\alpha = 4.0 \times 10^{-3} 1/℃$，$t_1 = 20℃$，$t_2 = 70℃$，则 70℃时的电阻值为

$$R_2 = R_1 [1 + \alpha(t_2 - t_1)]$$
$$= 1.75 \times (1 + 4 \times 10^{-3} \times 50) = 2.1(\Omega)$$

【例 2-4】 发电厂铝母线的截面积 $S = 50mm \times 5mm$，电阻率 $\rho = 0.0295 \Omega \cdot mm^2/m$，总长度 $L = 50m$，计算铝母线电阻。

解　$R = (L/S) \cdot \rho = [50/(50 \times 5)] \times 0.0295$
$$= 0.0059(\Omega)$$

【例 2-5】 聚氯乙烯绝缘软铜导线的规格为 $n = 7$ 股，每股线径 $D = 1.7mm$，长度 $L = 200m$，求其电阻（铜导线的电阻率 $\rho = 1.84 \times 10^{-8} \Omega \cdot m$）。

解　铜导线截面积 $S = (\pi r^2) \cdot n = 3.14 \times (1.7/2)^2 \times 7$
$$= 15.88(mm^2)$$
$$R = (L/S) \cdot \rho = [200/(15.88 \times 10^{-6})] \times 1.84 \times 10^{-8}$$

$$=0.23(\Omega)$$

【例 2-6】　二次回路电缆全长 $L=200\mathrm{m}$，电阻率 $\rho=1.75\times 10^{-8}\Omega\cdot\mathrm{m}$，母线电压 $U=220\mathrm{V}$，电缆允许压降为 5%，合闸电流 $I=100\mathrm{A}$，求合闸电缆的截面积。

解　因为电缆允许压降 $\Delta U=220\times 5\%=11(\mathrm{V})$。

电缆电阻 $R=\rho L/S$

$$\Delta U=IR=I\rho L/S$$

所以

$$S=I\rho L/\Delta U=100\times 200\times 1.75\times 10^{-8}/11=32（\mathrm{mm}^2)$$

【例 2-7】　某断路器跳闸线圈烧坏，应重绕线圈，已知线圈内径 $d_1=27\mathrm{mm}$，外径 $d_2=61\mathrm{mm}$。裸线径 $d=0.57\mathrm{mm}$，原线圈电阻 $R=25\Omega$。铜导线电阻率 $\rho=1.75\times 10^{-8}\Omega\cdot\mathrm{m}$，计算线圈的匝数 N。

解　线圈平均直径

$$D_{\mathrm{av}}=(d_1+d_2)/2=(61+27)/2=44(\mathrm{mm})$$

漆包线的截面积

$$S=\pi(d/2)^2=3.14\times(0.57/2)^2=0.255(\mathrm{mm}^2)$$
$$=2.55\times 10^{-7}(\mathrm{m}^2)$$

绕线的总长

$$L=\pi DN=RS/\rho$$

所以

$$N=(RS/\rho)/(\pi D)=(RS)/(\pi D\rho)$$
$$=(25\times 2.55\times 10^{-7})/(1.75\times 10^{-8}\times 3.14\times$$
$$0.44\times 10^{-3})$$
$$=2555(\mathrm{匝})$$

17. 什么叫电位？它与电压有何区别？

答：单位正电荷在电场中某一点所具有的势能称为电位。电压是两点间的电位差，也即单位正电荷从电场中的某一点移到另一点时电场力所做的功。电位是指电路中某一点的势能，而电压是两点间的电位差，电位的高低与我们所选择的参考点有关。当电位的参考点改变时，电位的高低随之改变。但不论选择哪点作为参考点，任意两点之间的电压是不会改变的。

18. 为什么要规定电流、电压的参考方向？关联参考方向是什么？

答：电流的参考方向是一个选定的方向，若电流的实际方向与参考方向一致，则电流定为正值，反之定为负值。所以电流的参考方向有时又称为电流的正方向，同理，任选一点的极性为正，另一点为负，由正极指向负极的方向，称为电压的参考方向。如果对于一个元件（或一条支路），将电流和电压的参考方向取得一致，称为关联参考方向；取得相反，称为非关联参考方向。

19. 什么是欧姆定律？

答：（1）部分电路的欧姆定律：当导体中的电阻一定时，流过导体的电流与电路两端的电压成正比 $U=IR$，或 $I=U/R$，或 $R=U/I$。

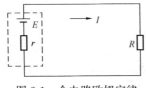

图 2-1　全电路欧姆定律

（2）全电路欧姆定律：闭合回路中的电流与电源的电动势成正比，与电路中的内电阻和外电阻之和成反比，这一规律称全电路的欧姆定律。

如图 2-1 所示，若已知电源的电动势 E，电源内阻 r，外电阻 R，则电流可由全电路的欧姆定律求出，即 $I=E/(R+r)$。

20. 什么是电功率？它是怎样表示的？

答：单位时间内电场力所做的功称为电功率，以下式表示 $P=W/t=Uq/t=UI$，功率等于电压与电流的乘积。电功率的单位是 W（瓦特），kW（千瓦）和 MW（兆瓦）。

21. 电能与电功率有什么区别？

答：电功率与电能的区别是：电能是指一段时间内电源力所做的功；而电功率是指单位时间内电源力所做的功。它们的关系是：

$$W=Pt$$

式中　W——电能，kWh；

P——电功率，kW；

t——时间，h。

22. 什么是节点电流定律?

答:在电路中流进节点的电流之和等于流出节点的电流之和,用公式表示为 $\Sigma I_{\circ} = \Sigma I_i$,习惯上规定流入节点的电流为正,流出节点的电流为负,又称基尔霍夫第一定律,以 KCL 表示,也可写为 $\Sigma I = 0$。

23. 什么是回路电压定律?

答:电路中任一闭合回路,电动势的代数和等于各个电阻上电压降的代数和,也就是基尔霍夫第二定律;用公式表示 $\Sigma E = \Sigma IR$,以 KVL 表示。

电动势和电压降的正负号规定如下:若电动势与环绕方向一致时,取正号,反之则取负号,当电流方向与环绕方向一致时,电压降取正号,反之取负号。

24. 什么是电流热效应?它有何利弊?

答:当电流通过导体,由于导体电阻存在,会引起导体发热,这种现象称为电流的热效应。即

$$Q = I^2 Rt$$

式中　Q——热量,J;

　　　I——电流,A;

　　　t——通电时间,s。

电流通过导体所发生的热量为 $Q = 0.24 I^2 Rt$(J),此式就是焦耳——楞次定律。

利用电流的热效应,可以制成各种加热电器,如电炉、电烘箱、电熨斗等。在很多情况下电流的热效应是有害的,如变压器和电动机在运行中,由于电流的热效应会使其发热,设备会因其温升超过允许值而损坏。

25. 如图 2-2 所示,是一个十二个 1Ω 电阻组成的正六面体电路,求等效电阻 R_{AB}。

答:解法一:设电路总电流为 I,由 KCL 定律知进、出六面体的电流均为 I;

由于电路对称性，AC，AD，AE 三条支路电流相等，分别为 $\dfrac{I}{3}$，AC 支路电流 I_{AC} 经 C 点又一分为二，即 $I_{AC}=I_{CF}+I_{CG}=\dfrac{I}{3}$，故 $I_{CF}=I_{CG}=\dfrac{I_{AC}}{2}=\dfrac{I}{6}$，同理 $I_{DF}=I_{DH}=I_{EG}=I_{EH}=\dfrac{I}{6}$，在 F 点，

$$I_{CF}+I_{DF}=I_{FB}=\dfrac{I}{6}+\dfrac{I}{6}=\dfrac{I}{3}。$$

$$U_{AB}=I_{AC}R+I_{CF}R+I_{FB}R=R(I_{AC}+I_{CF}+I_{FB})$$

$$=\dfrac{R}{3}\left(\dfrac{I}{3}+\dfrac{I}{6}+\dfrac{I}{3}\right)=\dfrac{5}{6}IR$$

A，B 二点等效电阻，由欧姆定律知：$R_{AB}=\dfrac{U_{AB}}{I}=\dfrac{\frac{5}{6}RI}{I}=\dfrac{5}{6}R=\dfrac{5}{6}$（Ω）。

解法二：应用等电位概念，C、D、E 为等电位，F，H，G 三点也为等电位，故电路图如图 2-3 所示，A，B 两点间等效电阻为

$$R_{AB}=\dfrac{1}{3}+\dfrac{1}{6}+\dfrac{1}{3}=\dfrac{5}{6}（Ω）。$$

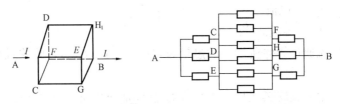

图 2-2　六面体电路　　　　图 2-3　等效电路图

26. CJ-75 型交流接触器线圈，在 20℃ 时，直流电阻 $R_1=$ 105Ω，通电后温度升高，此时测量线圈的直流电阻 $R_2=113.3Ω$，若 20℃ 时，线圈的电阻系数 $\alpha=0.003\,95$，求线圈的温度 Δt 大小。

答：因为 $R_2=R_1+R_1\alpha\Delta t$。

所以 $\Delta t=\dfrac{(R_2-R_1)}{R_1\alpha}=\dfrac{(113.3-105)}{105\times0.003\,95}=\dfrac{8.3}{0.414\,75}=20（℃）。$

27. 已知直流母线电压 $U = 220V$，跳闸线圈的电阻 $R_1 = 88\Omega$，红灯额定功率 $P_N = 88W$，额定电压 $U_N = 110V$，串联电阻 $R_2 = 2.5k\Omega$，当红灯短路时，跳闸线圈上的压降值占额定电压的百分数是多少？试判别能否跳闸？

答：红灯短路时，红灯电阻 $R_3 = 0$，根据欧姆定律 $I = U/\Sigma R$，此串联电路电流 $I = U/(R_1 + R_2) = 220/(88 + 2500) = 0.085$（A）。

跳闸线圈上的压降 $U_1 = IR_1 = 0.085 \times 88 = 7.48$（V）

跳闸线圈端电压 U_1 占额定电压的百分数为（7.48/220）× $100\% = 3.4\% < 30\%$。

所以当红灯短路时，跳闸线圈端电压百分数为 3.4%，因小于 30%，所以不能跳闸。

28. 在电磁机构控制的合闸回路中，除合闸接触器线圈电阻外，在合闸回路总电阻上取得电源电压 U 的 **60%**，计算合闸接触器线圈端电压百分数是多少？此开关能否合闸？

答：因为合闸回路总电阻与合闸接触器线圈串联在回路中，总电压是各电阻上电压之和。所以合闸接触器上端电压百分数 $= U - 60\%U = 40\%U$。

根据相关规程规定，合闸接触器的动作电压在电源电压的 $30\% \sim 65\%$ 之间，所以此开关能合闸。

29. 变电站铝母线的截面尺寸为 **50mm × 5mm**，电阻率 $\rho = 0.0295\Omega \cdot mm^2/m$，总长度 L 为 **50m**，计算铝母线电阻是多少？

答：铝母线电阻 $R = \rho \dfrac{L}{S} = 0.0295 \times \dfrac{50}{50 \times 5} = 0.0059$（$\Omega$）。

30. 聚氨乙烯绝缘软铜线的规格为 $n = 7$ 股，每股线径 $D = 1.7mm$，长度 $L = 200m$，求其电阻是多少（铜的电阻率 $\rho = 1.84 \times 10^{-8}\Omega \cdot m$）。

答：铜线截面积 $S = n(\pi r^2) = 7 \times 3.14 \times \left(\dfrac{1.7}{2}\right)^2 = 15.88$（$mm^2$）。

软线电阻 $R = \dfrac{L}{S}\rho = \dfrac{200}{15.88 \times 10^{-6}} \times 1.84 \times 10^{-8} = 0.23$（$\Omega$）。

直 流 电 路

1. 什么是电阻的串联？怎样计算串联电路的阻值？

答：把电阻一个接一个地连接起来，使电流只有一条通路，叫做电阻的串联。串联电路的总电阻为

$$R = R_1 + R_2 + R_3$$

式中　　　　　R——串联电路的总电阻；

R_1，R_2，R_3——串联电路的分电阻，Ω。

在串联电路中，总电压等于各电阻上的电压降之和，即 $U = U_1 + U_2 + U_3 = IR_1 + IR_2 + IR_3$。

【例 3-1】 两个电阻分别为 5Ω、10Ω 的电阻串联，则此串联电路的总电阻为_____Ω。

解　$R = R_1 + R_2 = 5 + 10 = 15$（$\Omega$）。

2. 两电阻串联，各电阻上的电压怎样分配？

答：如图 3-1 所示，根据欧姆定律可以计算出流过串联电路的电流为 $I = U/(R_1 + R_2)$。每个电阻上的电压降分别为：$U_1 = IR_1 = UR_1/(R_1 + R_2)$，$U_2 = IR_2 = UR_2/(R_1 + R_2)$ 这就是电阻串联电路的分压公式，即电阻大，电压降大；电阻小，电压降小。

【例 3-2】 电路如图 3-2 所示，在两个阻值分别为 2Ω、4Ω 的串联电路两端加上 12V 的电压，此时两个电阻上的电压分别为多少？

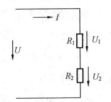

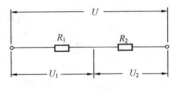

图 3-1 两个电阻的串联　　　图 3-2 ［例 3-2］的图

解 $U_1 = \dfrac{R_1 U}{R_1 + R_2} = \dfrac{2}{2+4} \times 12 = 4$ （V）。

$U_2 = \dfrac{R_2 U}{R_1 + R_2} = \dfrac{4}{2+4} \times 12 = 8$ （V）。

【例 3-3】 用一个满刻度偏转电流为 $50\mu A$，电阻 R_K 为 $2k\Omega$ 的表头，串联附加电阻 R_X，制成 10V 量程的直流电压表，如图 3-3 所示，R_X 应为多少？

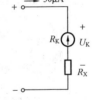

解 用表头串联附加电阻制成电压表，利用分压公式，求附加电阻的欧姆值。

当总电压为 10V （量程电压）时，为使表头满刻度偏转，表头电压应为

$U_K = R_K \times 50$

$= 2 \times 10^3 \times 50 \times 10^{-6} = 0.1$ (V)

图 3-3 ［例 3-3］的图

而表头电阻 $R_K = 2k\Omega$，附加电阻为 R_X，总电阻 R 为（$2k\Omega + R_X$）代入得

$$0.1 = \frac{R_K}{R_K + R_X} = \frac{2}{2 + R_X} \times 10$$

解得　　　　　　　　$R_X = 198k\Omega$

3. 什么叫电阻的并联？怎样计算并联电阻值？

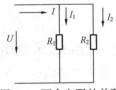

图 3-4 两个电阻的并联

答：将各电阻的两端连接于共同的两点上施以同一电压称为电阻的并联，如图 3-4 所示。并联电路的总电流等于各并联支路电阻的电流之和。即 $I = I_1 + I_2$。并

17

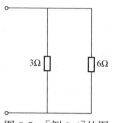

图 3-5 ［例 3-4]的图

联电路总电阻的倒数等于各支路电阻的倒数和，即 $1/R=1/R_1+1/R_2$；即总电阻 $R=R_1R_2/(R_1+R_2)$。

【例 3-4】 如图 3-5 所示，两个电阻 R_1，R_2 分别为 3Ω 和 6Ω，求其等效电阻 R。

解 $R=\dfrac{R_1R_2}{R_1+R_2}=\dfrac{3\times6}{3+6}=2$（Ω）。

4. 两电阻并联，各支路电流怎样分配?

答：$I_1=\dfrac{U}{R_1}=\dfrac{I\left(\dfrac{R_1R_2}{R_1+R_2}\right)}{R_1}=I\left(\dfrac{R_2}{R_1+R_2}\right)$。

$I_2=\dfrac{U}{R_2}=\dfrac{I\left(\dfrac{R_1R_2}{R_1+R_2}\right)}{R_2}=I\left(\dfrac{R_1}{R_1+R_2}\right)$。

上式为分流公式，总电流是按电阻值成反比分配在两个电阻上的，即电阻小的支路分配得的电流大，电阻大的支路分配的电流小。

【例 3-5】 如图 3-6 所示，若这两个 3Ω、6Ω 的并联电阻，通过线路的总电流为 $1.8A$，则通过 R_1、R_2 的电流分别为多少?

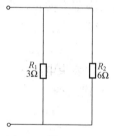

图 3-6 ［例 3-5]的图

解 $I_1=\dfrac{R_2}{R_1+R_2}I=\dfrac{6}{3+6}\times1.8=1.2$（A）。

$I_2=\dfrac{R_1}{R_1+R_2}I=\dfrac{3}{3+6}\times1.8=0.6$（A）。

【例 3-6】 用一个满刻度偏转电流为 $50\mu A$，电阻 R_K 为 $2k\Omega$ 的表头，并联分流电阻 R_X，制成量程为 $10mA$ 的直流电流表，如图 3-7 所示，R_X 应为多少?

解 用表头并联分流电阻制成电流表，利用分流公式求分流电阻的欧姆值。

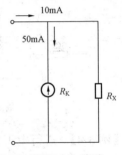

图 3-7 ［例 3-6］的图

当总电流为 10mA（量程电流）时，为使表头满刻度偏转，表头电流应为 $50\mu A$，而表头电阻为 2000Ω，分流电阻为 R_X

$$I_1 = 50 \times 10^3 = \frac{R_X}{2000 + R_X} \times 10 \quad (mA)$$

解得 $\quad\quad\quad R_X = 10.05 \, (\Omega)$

5. 何谓电阻的复联？其总电阻怎样计算？

答：各电阻既有串联，又有并联的连接，称为复联（或混联）。计算复联电路的总电阻的方法是，首先用串并联公式分别求出单纯的串联和并联部分的等值电阻，而后再计算总电阻。图 3-8（a）所示为 R_1 与 R_2 串联后再与 R_3 并联，其等效电阻为 $R = (R_1 + R_2) // R_3$。图 3-8（b）所示为 R_2 与 R_3 并联后再与 R_1 串联的电路，其等效电阻为 $R = R_1 + (R_2 // R_3)$。

【例 3-7】 画出图 3-9 所示的一端口网络的等效电路图，并求出其等效电阻。

解 如图 3-10 所示。

$$R_{ab} = 8\Omega$$

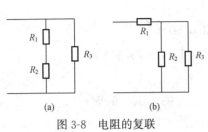

图 3-8 电阻的复联

（a）先串后并；（b）先并后串

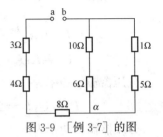

图 3-9 ［例 3-7］的图

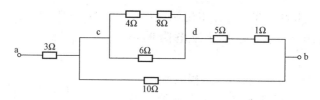

图 3-10　[例 3-7]解的图

【例 3-8】　进行电工实验时，常用滑线变阻器接成分压器电路来调节负载电阻上电压的高低。如图 3-11 所示，R_1 和 R_2 是滑线变阻器，R_L 负载电阻，已知滑线变阻器额定值，即（R_1+R_2）是 100Ω、3A。端钮 a、b 输入电压 $U_1=220\text{V}$、$R_L=50\Omega$，试问：

（1）当 $R_2=50\Omega$ 时，输出电压 U_2 是多少？并求分压器的输入功率，输出功率和分压器本身消耗的功率。

（2）当 $R_2=75\Omega$ 时，输出压是多少？滑线变阻器能否安全工作？

解　（1）当 $R_2=50\Omega$ 时，端钮 a、b 等效电阻为 R_2 和 R_L 并联后与 R_1 串联构成，故

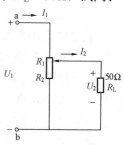

图 3-11　[例 3-8]的图

$$R_{ab}=R_1+\frac{R_2R_L}{R_2+R_L}=50+\frac{50\times 50}{50+50}=75(\Omega)$$

当总电流即滑线变阻器 R_1 段的电流

$$I_1=\frac{U_1}{R_{ab}}=\frac{220}{75}=2.93\ (\text{A})$$

I_1 在并联电阻 R_2 与 R_L 之间分配，为求 I_2，由分流公式

$$I_2=\frac{R_2}{R_2+R_L}I_1=\frac{50}{50+50}\times 2.93=1.47(\text{A})$$

$$U_2=R_LI_2=50\times 1.47=73.5(\text{V})$$

分压器输入功率为

$$P_1=U_1I_1=220\times 2.93=644.6(\text{W})$$

分压器输出功率为

$$P_2=U_2I_2=73.5\times 1.47=108.05(\text{W})$$

分压器本身消耗的功率为

$$P_0 = R_1 I_1^2 + R_2 (I_1 - I_2)^2$$
$$= 50 \times 2.93^2 + 50 \times (2.93 - 1.47)^2 = 535.83(\text{W})$$

（2）当 $R_2 = 75\Omega$ 时

$$R_{ab} = 25 + \frac{75 \times 50}{75 + 50} = 55(\Omega)$$

$$I_1 = \frac{220}{55} = 4(\text{A})$$

$$I_2 = \frac{75}{75 + 50} \times 4 = 2.4(\text{A})$$

$$U_2 = 50 \times 2.4 = 120(\text{V})$$

其中 $I_1 = 4\text{A}$，大于滑线变阻器额定电流 3A，R_1 段电阻有可能被烧坏。

6. 电阻的星形连接和三角形接法怎样进行变换?

答：在进行复杂电路的计算时，常需将三角形接法的电阻如图 3-12（a）所示，变换成星形接法如图 3-12（b）所示，或将星形接法的电阻变换为三角形接法，这样就可以将一个复杂的电路变换成简单的串并电路，其变换方法如下：

电阻三角形接法变为星形接法的变换公式为

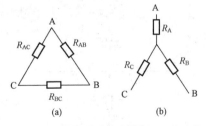

图 3-12 电阻的三角形连接和星形连接

(a) 电阻的三角形连接；

(b) 电阻的星形连接

$$R_A = \frac{R_{CA} R_{AB}}{R_{CA} + R_{AB} + R_{BC}}$$

$$R_B = \frac{R_{BC} R_{AB}}{R_{CA} + R_{AB} + R_{BC}}$$

$$R_C = \frac{R_{CA} R_{BC}}{R_{CA} + R_{AB} + R_{BC}}$$

星形接法变换成三角形接法

$$R_{AB} = R_A + R_B + \frac{R_A R_B}{R_C}$$

$$R_{BC} = R_B + R_C + \frac{R_B R_C}{R_A}$$

$$R_{CA} = R_C + R_A + \frac{R_C R_A}{R_B}$$

【例 3-9】 求出图 3-13 所示电路的等效电阻 R_{ab}。

解 把 4Ω、4Ω、8Ω 的电阻连接变为三角形接法如图 3-14 所示。

$$R_1 = 4 + 4 + \frac{4 \times 4}{8} = 10(\Omega)$$

$$R_2 = 4 + 8 + \frac{4 \times 8}{4} = 20(\Omega)$$

$$R_3 = 4 + 8 + \frac{4 \times 8}{4} = 20(\Omega)$$

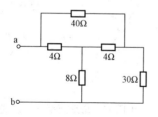

图 3-13 ［例 3-9］的图

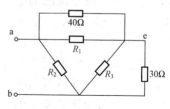

图 3-14 ［例 3-9］解的图

再由电阻的串并联，可得支路 a、e、b 的电阻

$$R' = \frac{40 R_1}{40 + R_1} + \frac{30 R_3}{30 + R_3} = \frac{40 \times 10}{45 + 10} + \frac{30 \times 20}{30 + 20} = 20(\Omega)$$

$$R_{ab} = \frac{R_2 R'}{R_2 + R'} = \frac{20 \times 20}{20 + 20} = 10(\Omega)$$

【例 3-10】 计算图 3-15 所示电路中的电流 I。

解 图 3-15 (a) 中的 5 个电阻既非串联又非并联，无法用串、并联等效电阻的概念来取 4、3 端钮间的等效电阻。

如果将接到端 1、2、3 作三角形连接的三个电阻等效变换为星形连接，如图 3-15（b）中的 R_1、R_2 和 R_3 所示，就可用串并联方法求 4、3 端钮间的等效电阻，应用△—Y变换，得

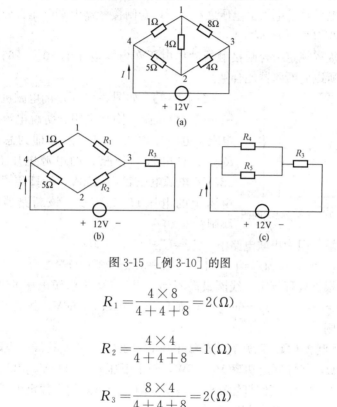

图 3-15 ［例 3-10］的图

$$R_1 = \frac{4 \times 8}{4+4+8} = 2(\Omega)$$

$$R_2 = \frac{4 \times 4}{4+4+8} = 1(\Omega)$$

$$R_3 = \frac{8 \times 4}{4+4+8} = 2(\Omega)$$

$$R_4 = 1 + R_1 = 1 + 2 = 3(\Omega)$$

$$R_5 = 5 + R_2 = 5 + 1 = 6(\Omega)$$

于是

$$I = \frac{12}{\dfrac{R_4 \times R_5}{R_4 + R_5} + R_3} = \frac{12}{\dfrac{3 \times 6}{3 + 6} + 2} = 3 \text{（A）}$$

【例 3-11】 在电磁机构的合闸回路中，除合闸接触器线圈电阻

外，合闸回路总电阻上取得电源电压 U 的 60%，计算合闸接触器线圈端电压百分数是多少？此断路器能否合闸？

解 因为合闸回路总电阻与合闸接触器电阻串联在回路中，总电源电压是各电阻上电压之和。所以合闸接触器上端电压百分数 $=U-60\%U=40\%U$。

规程规定，合闸接触器动作电压在电源电压的 $30\%\sim65\%$ 之间，所以此断路器能合闸。

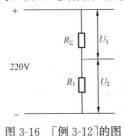

图 3-16 ［例 3-12]的图

【例 3-12】 如图 3-16 所示的电磁机构控制回路，灯电阻、附加电阻、防跳电流线圈电阻、电缆二次线圈电阻总和即为总电阻 R_Σ。该总电阻上分配到的电源电压 $U_1=187\mathrm{V}$，电源电压 $U_\Sigma=220\mathrm{V}$，计算跳闸线圈电阻上的电压 U_2 为多少？该断路器能否跳闸？

解 因为串联电路中，$U_\Sigma=U_1+U_2$，所以
$$U_2=U_\Sigma-U_1=220-187=33\ (\mathrm{V})$$

根据规程规定，线圈最高不动作电压 U_1 为电源电压的 30%，则 $U'=220\times30\%=66\ (\mathrm{V})$，而 $U_2=33\mathrm{V}<U'=66\mathrm{V}$，故断路器不能跳闸。

【例 3-13】 已知直流母线电压 $U=220\mathrm{V}$，跳闸线圈的电阻 $R_1=88\Omega$，红灯额定功率 $P_\mathrm{N}=8\mathrm{W}$，额定电压 $U_\mathrm{N}=110\mathrm{V}$，串联电阻 $R_2=2.5\mathrm{k}\Omega$，当红灯短路时，跳闸线圈上的压降值占额定电压的百分数是多少？判断其能否跳闸。

解 红灯短路时，红灯电阻 $R_3=0$，根据公式 $I=U/R_\Sigma$，此串联电路电流 $I=U/(R_1+R_2)=220/(88+2500)=0.085(\mathrm{A})$，跳闸线圈上的电压 $U_1=IR_1=0.085\times88=7.48\ (\mathrm{V})$，跳闸线圈上的压降值占额定电压的百分数是 $(7.48/220)\times100\%=3.4\%<30\%$，故不能跳闸。

7. 什么叫理想的电压源？

答：在理想情况下，电源内阻为零，端电压不随电流变化而保持定值；这样的电源为理想电压源，它简称电压源。当电流的实际

方向从理想电压源的高电位端流出，理想电压源发出能量处在电源的状态；当电流的实际方向从高电位端流入时，理想电压源吸收能量，处在负载的状态。图形符号为 +─○─ 。

8. 什么叫理想的电流源？

答：还有一种理想化的电源元件，叫作理想电流源。理想电流源的图形符号及外特性曲线如图 3-17 所示。理想电流源的外特性曲线是一条平行于电压轴的直线，理想电流源的端电压不由自身确定，而由与它相连的外电路确定。

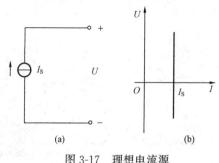

图 3-17　理想电流源
（a）图形符号；（b）外特性曲线

9. 两种电源如何进行等效变换？

答：变换时应注意：①两种模型的极性必须一致，即电流源流出的一端必须与电压源的正极端相应。②在电压源模型中，内阻 R_0 与电压源串联；在电流源模型中，内阻 R_0 与电流源并联。③在等效变换时，并不一定限于内阻 R_0，只要是一个电压源与 R 的串联组合，都可以等效变换为一个电流源与电阻 R 的并联组合，如图 3-18 所示，其中，$I_S = \dfrac{U_S}{R}$，或 $U_S = R I_S$ 利用两种电源模型的等效互换，可以使复杂电路简化。

【例 3-14】　试用电源模型的等效变换方法计算图 3-19 中所示电路中流过 2Ω 电阻的电流 I。

解　上述电路图可做如下一系列变化：

（1）由电压源与电阻的串联组合等效变换为电流源与电阻的并

联组合，如图 3-20 所示。

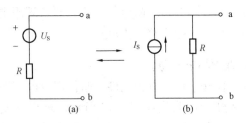

图 3-18 两种电源的等效变换

(a) 电压源模型；(b) 电流源模型

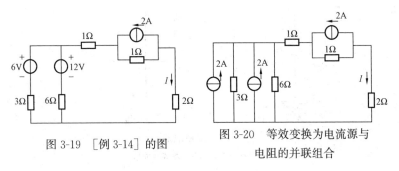

图 3-19 ［例 3-14］的图

图 3-20 等效变换为电流源与
电阻的并联组合

（2）合并后如图 3-21 所示。

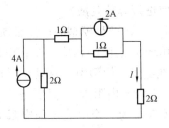

图 3-21 图 3-20 合并后的电路图

（3）由电流源与电阻源的并联组合等效变换为电压源与电阻的
串联组合，如图 3-22 所示。

（4）合并后如图 3-23 所示。

所以
$$I = \frac{6}{4+2} = 1A$$

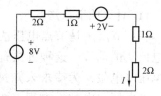

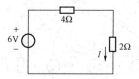

图 3-22 等效变换为电压源与   图 3-23 图 3-22 合并后的
电阻的串联组合   电路图

10. 什么叫支路法？

答：以支路电流为待求量，应用基尔霍夫两定律列出电路的方程式，从而求解支路电流的方法。关于 KCL 独立方程数＝节点数－1；KVL 独立方程数＝网孔数。

【例 3-15】 如图 3-24 所示，已知 $U_{S1}=36V$，$U_{S2}=18V$，$R_1=2\Omega$，$R_2=3\Omega$，$R_3=6\Omega$，求各支路电流。

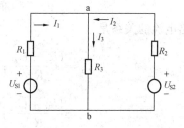

解 （1）电路中共有三条支路，两个结点，两个网孔。

图 3-24 ［例 3-15］的图

（2）应用 KCL 列出节点 a 的电流方程为

$$I_1 + I_2 = I_3$$

（3）在图 3-24 中标出了回路的绕行方向，应用 KVL 列出独立电压方程式为

$$I_1 R_1 + I_3 R_3 - U_{S1} = 0$$
$$-I_2 R_2 + U_{S2} - I_3 R_3 = 0$$

（4）以上 3 个方程式联立，代入数值，得

$$I_1 + I_2 = I_3$$
$$2I_1 + 6I_3 - 36 = 0$$
$$-3I_2 + 18 - 6I_3 = 0$$

解方程组，得

$$I_1 = 6(A)$$
$$I_2 = -2(A)$$
$$I_3 = 4(A)$$

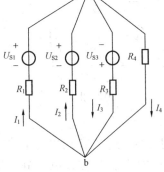

图 3-25　有两个节点的电路

11. 什么叫节点法?

答：节点法是节点电压法和节点电位法的简称。这种方法是以节点电压（电位）为待求未知量，列出节点电压（电位）方程，然后再计算支路电流的方法。

（1）弥尔曼定理。图 3-25 所示电路只有两个节点，各支路都连接在这两个节点之间，在给定电压与电阻的情况下，如果能求出节点之间的电压 U_{ab} ，节点电压 U_{ab} 与支路电流的关系是

$$I_1 = \frac{U_{S1} - U_{ab}}{R_1};\ I_2 = \frac{U_{S2} - U_{ab}}{R_2};$$

$$I_3 = \frac{U_{S3} + U_{ab}}{R_3};\ I_4 = \frac{U_{ab}}{R_4} \tag{3-1}$$

由 KCL 知　　　$I_1 + I_2 - I_3 - I_4 = 0$ 　　　(3-2)

将式（3-1）代入式（3-2）整理后得

$$U_{ab} = \left(\frac{U_{S1}}{R_1} + \frac{U_{S2}}{R_2} - \frac{U_{S3}}{R_3}\right) \Big/ \left(\frac{1}{R_1} + \frac{1}{R_2} + \frac{1}{R_3} + \frac{1}{R_4}\right)$$

推广到一般情况

$$U_{ab} = \Sigma(U_S G)/\Sigma G$$

分子实际上是代数和，只是 U_S 的参考方向与节点电压的参考方向一致的，取"＋"号；相反，取"－"号。

（2）节点电位法。在电路中任选一个节点为参考点（零电位点），则其余各节点对参考点的电压叫作节点电位。若一个电路具有 n 个节点，就有（$n-1$）个节点电位，这（$n-1$）个节点作为独立节点，参考点为非独立节点，只要知道节点电位，就可求出支路电压，从而求出支路电流。

图 3-26 所示电路，共有三个节点，有两个独立节点，需要列出两个以节点电位为未知量的独立方程，取节点 c 为参考点，根据图 3-26 中标出的各支路电流的参考方向，列出两个独立的 KCL 方程为

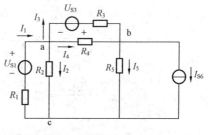

图 3-26 节点电位法

对于节点 a：$I_1 - I_2 - I_3 - I_4 = 0$。

对于节点 b：$I_3 + I_4 - I_5 - I_{S6} = 0$。

各支路电流与节点电位关系为

$$I_1 = \frac{-\varphi_a + U_{S1}}{R_1} = G_1(U_{S1} - \varphi_a)$$

$$I_2 = \frac{\varphi_a}{R_2} = G_2\varphi_a$$

$$I_3 = \frac{\varphi_a - \varphi_b + U_{S3}}{R_3} = G_3(\varphi_a - \varphi_b + U_{S3})$$

$$I_4 = \frac{\varphi_a - \varphi_b}{R_4} = G_4(\varphi_a - \varphi_b)$$

$$I_5 = \frac{\varphi_b}{R_5} = G_5\varphi_b$$

将以上各支路电流代入独立的 KCL 方程，整理后得

$$(G_1 + G_2 + G_3 + G_4)\varphi_a - (G_3 + G_4)\varphi_b$$

$$= \frac{U_{S1}}{R_1} - \frac{U_{S3}}{R_3} - (G_3 + G_4)\varphi_a + (G_3 + G_4 + G_5)\varphi_b$$

$$= \frac{U_{S3}}{R_3} - I_{S6}$$

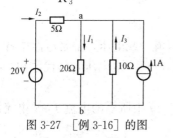

图 3-27 ［例 3-16］的图

解出这两个方程式求得节点电位，便可以求出各支路电流。

【例 3-16】 试用弥尔曼定理求如图 3-27 所示电路的各支路电流。

解 由弥尔曼定理，得

$$U_{ab} = \frac{\sum \frac{U_s}{R} + \sum I_s}{\sum \frac{1}{R}} = \frac{\frac{20}{5} + 1}{\frac{1}{5} + \frac{1}{20} + \frac{1}{10}} = 14.3(V)$$

$$I_1 = \frac{U_{ab}}{20} = \frac{14.3}{20} = 0.714(A)$$

$$I_2 = \frac{20 - U_{ab}}{5} = \frac{20 - 14.3}{5} = 1.143(A)$$

$$I_3 = -\frac{U_{ab}}{10} = -\frac{14.3}{10} = -1.43(A)$$

图 3-28 ［例 3-17］的图

【例 3-17】 试用节点分析法求图 3-28 中所示电路中各支路电流。

解 取节点 0 为参考节点，节点电压 U_1、U_2 为变量

$$\left(\frac{1}{1} + \frac{1}{2}\right)U_1 - \frac{1}{2}U_2 = 3$$

$$-\frac{1}{2}U_1 + \left(\frac{1}{2} + \frac{1}{3}\right)U_2 = 7$$

解得 $U_1 = 6V$，$U_2 = 12V$

所以
$$I_1 = \frac{U_1}{1} = \frac{6}{1} = 6 \ (A)$$

$$I_2 = \frac{U_1 - U_2}{2} = \frac{6 - 12}{2} = -3(A)$$

$$I_3 = \frac{U_2}{3} = \frac{12}{3} = 4(A)$$

12. 什么叫叠加定理?

答：在线性电路中，任一支路电流（或电压）都是电路中各个电源单独作用时，在该支路中产生的电流（或电压）的代数和，线性电路这一性质，称为叠加定理。

【例 3-18】 试用叠加定理求图 3-29 中所示的电流 I_2 及电流源电压 U。

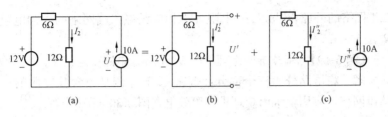

图 3-29 [例 3-18] 的图

解 按叠加定理，做出电压源单独作用的电路如图 3-29（b）所示，得出

$$I_2' = \frac{6}{6+12} = \frac{2}{3}(A)$$

$$U' = 12 \times I_2' = 12 \times \frac{2}{3} = 8(V)$$

在图 3-29（c）中做出电流源单独作用的电路，得出

$$I_2'' = \frac{12}{6+12} \times 10 = \frac{10}{3}(A)$$

$$U'' = 12 \times I_2'' = 12 \times \frac{10}{3} = 40(V)$$

则得

$$I_2 = I_2' + I_2'' = \frac{2}{3} + \frac{10}{3} = 4(A)$$

$$U = U' + U'' = 8 + 40 = 48(V)$$

13. 使用叠加定理计算线性电路应注意哪些事项？

答：①叠加定理只能用来计算线性电路的电流与电压，对非线性电路不适用。②叠加定理要注意电流与电压的方向，求代数和时，要注意电流和电压的正负。③叠加时，电路的连接以及电路中所有电阻都不能变动。电压源不作用，就把该电压源以短路；电流源不作用，是把它开路。④即使在线性电路中，对功率也不能用叠加定理来计算。

14. 什么是戴维南定理？

答：任一线性有源二端网络，就其对外电路的作用而言，都可以用一个电压源和电阻的串联电路来等效代替。这个电压源的电压等于二端网络的开路电压 U_{oc}，电阻等于相应无源二端网络的入端电阻 R_i。

【例 3-19】 用戴维南定理求图 3-30（a）电路中电流 I。

解 将电路分为三个部分：端钮 a、b 左侧是个含独立源的一端口网络，应用戴维南定理求其等效电路图 3-30（b）。

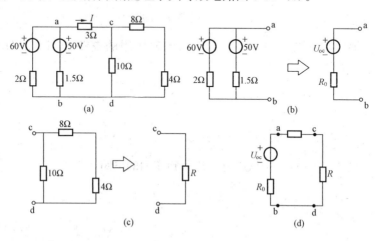

图 3-30 ［例 3-19］的图

等效电路的电压源电压等于该一端口网络的开路电压

$$U_{oc}=50+1.5I_1=\left(50+1.5\times\frac{60-50}{2+1.5}\right)=54.3 \ (\text{V})$$

等效电路的电阻等于该一端口网络中所有电源关闭时的输出电阻

$$R_0=\frac{2\times1.5}{2+1.5}=0.86(\Omega)$$

端钮 c、d 右侧是个无源一端口网络，其输入电阻，如图 3-30（c）所示

$$R=\frac{10\times(8+4)}{10+(8+4)}=5.45(\Omega)$$

于是，图 3-30（a）的电路简化为单回路电路图 3-30（d），可求得电流为

$$I=\frac{U_{oc}}{3+R+R_0}=\frac{54.3}{3+5.45+0.86}=5.83(\text{A})$$

15. 什么是诺顿定理?

答：任一线性有源二端网络，就其对外电路的作用而言，都可以用一个电流源和电阻的并联电路来等效代替，这个电流源的电流等于网络的短路电流 I_{sc}，电阻等于相应无源二端网络的入端电阻 R_i。

16. 举例说明如何用多种方法求解复杂电路。

【例 3-20】　已知 $E_1=130V$，$R_1=1\Omega$，$E_2=117V$，$R_2=0.6\Omega$，$R=24\Omega$，求各支路电流 I_1，I_2，I，如图 3-31 所示。

解　（1）支路电流法。选择节点 A 和回路 $R_1E_1AE_2R_2B$，BR_2E_2AR，列 KCL 和 KVL 方程

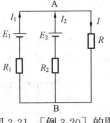

$$I_1+I_2=I$$
$$E_1-E_2=I_1R_1-I_2R_2$$
$$E_2=I_2R_2+IR$$

代入已知数据，得方程

图 3-31　[例 3-20] 的图

$$I_1+I_2=I$$
$$130-117=I_1-0.6I_2$$
$$13=I_1-0.6I_2=(I-I_2)-0.6I_2$$
$$117=0.6I_2+24I$$

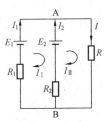

解方程组得 $I_1=10A$，$I=5A$，$I_2=-5A$（负号表明实际方向与参考方向相反）。

（2）回路电流法，如图 3-32 所示。在图 3-32 中，设回路电流 I_I，I_{II} 绕行方向为顺时针方向，列回路 KVL 方程

图 3-32　回路电流法

$$E_1-E_2=I_I(R_1+R_2)-I_{II}R_2$$
$$E_2=I_{II}(R_2+R)-I_IR_2$$

代入数值

$$130-117=1.6I_I-0.6I_{II}；117=44.6I_{II}-0.6I_I$$

解方程组得

$$I_I=10A，I_{II}=5A$$

支路电流

$$I_1 = I_I = 10 \text{（A）}$$
$$I_2 = I_{II} - I_I = 5 - 10 = -5 \text{（A）}, \quad I = I_{II} = 5 \text{（A）}$$

（3）节点电位法。在图 3-32 中选 B 点为参考点 $\varphi_B = 0$。

$$U_{AB} = \varphi_A - \varphi_B = (G_1 E_1 + G_2 E_2)/(G_1 + G_2 + G)$$
$$= (1 \times 130 + 117/0.6)/(1/1 + 1/0.6 + 1/24)$$
$$= 120(\text{V})$$
$$I_1 = (E_A - \varphi_A)/R_1 = (130 - 120)/1 = 10(\text{A})$$
$$I_2 = (E_2 - \varphi_A)/R_2 = (117 - 120)/0.6 = -5(\text{A})$$
$$I = \varphi_A/R = 120/24 = 5(\text{A})$$

（4）叠加定理。在图 3-33 中，①E_1 单独作用时，求支路电流，如图 3-33（b）所示

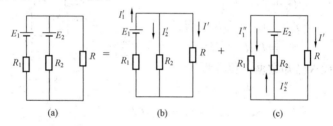

图 3-33　叠加定理法

$$R' = R_1 + R \cdot R_2/(R + R_2)$$
$$= 1 + (2.4 \times 0.6)/(2.4 + 0.6) = 1.585 \text{（}\Omega\text{）}$$

设各支路电流为 I_1'、I_2'、I'，方向如图 3-33（b）所示，则 $I_1' = E_1/R' = 130/1.585 = 82$（A），根据分流公式得

$$I_2' = I_1' \times R/(R_2 + R) = 82 \times 24/(0.6 + 24) = 80(\text{A})$$
$$I' = I_1' R_2/(R_2 + R) = 82 \times 0.6/(0.6 + 24) = 2(\text{A})$$

②E_2 单独作用时求支路电流，如图 3-33（c）所示。

$$R'' = R_2 + R_1 R/(R_1 + R)$$
$$= 0.6 + (1 \times 24)/(1 + 24) = 1.56(\Omega)$$

设各支路电流为 I_1''、I_2''、I''，方向如图 3-33（c）所示。
则

$$I_2'' = E_2/R'' = 117/1.56 = 75(\text{A})$$

$$I''_1 = I''_2 \times R/(R_1 + R) = 75 \times 24/(1 + 24) = 72(A)$$

$$I'' = I''_2 R_1/(R_1 + R) = 75 \times 1/(1 + 24) = 3(A)$$

③E_1 与 E_2 叠加作用在电路图 3-33（a）中

$$I_1 = I'_1 - I''_1 = 82 - 72 = 10(A)$$

同理

$$I_2 = I''_1 - I'_2 = 75 - 80 = -5(A)$$

$$I = I' + I'' = 2 + 3 = 5(A)$$

（5）戴维南定理。在图 3-34（a）中取虚线框内的等效电源的二端网络，先求出二端网络的开路电压，如图 3-34（b）所示。列 KVL 方程

$$E_1 - E_2 = I'R_2 + I'R_1$$

$$I' = \frac{E_1 - E_2}{R_1 + R_2} = \frac{130 - 117}{1 + 0.6} = 8.13(A)$$

等效电源电动势 $E_o = E_2 + I'R_2 = 117 + 8.13 \times 0.6 = 121.88$（V）

在图 3-34（b）中：$r_o = R_1 // R_2 = \dfrac{1 \times 0.6}{1 + 0.6} = 0.38(\Omega)$

在图 3-34（c）中：$I = \dfrac{E_o}{r_o + R} = \dfrac{121.88}{0.38 + 24} = 5(A)$

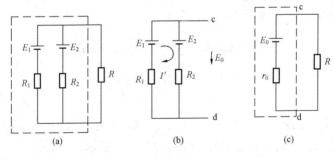

图 3-34　戴维南定理法

（6）诺顿定理。在图 3-35（b）中：

$$I_{AB} = I'_{AB} + I''_{AB} = \frac{E_1}{R_1} + \frac{E_2}{R_2}$$

$$= \frac{130}{1} + \frac{117}{0.6} = 130 + 195 = 325(A)$$

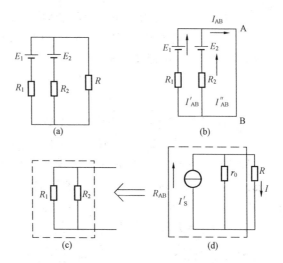

图 3-35　诺顿定理法

由图 3-35（c）求等效电阻

$$R_{AB} = R_1 // R_2 = \frac{R_1 R_2}{R_1 + R_2}$$

$$= \frac{1 \times 0.6}{1 + 0.6} = 0.375(\Omega)$$

即等效电流源

$$I'_S = 325A, \quad r_o = R_{AB} = 0.375(\Omega)$$

$$I = \frac{r_o I'_S}{r_o + R} = \frac{0.375 \times 325}{0.375 + 24} = 5(A)$$

（7）电源等效变换法。先把 E_1，R_1 和 E_2，R_2 电压源变换为电流源 I_{S1}，R_1，I_{S2}，R_2，如图 3-36（b）所示。

$$I_{S1} = \frac{E_1}{R_1} = \frac{130}{1} = 130(A)$$

$$I_{S2} = \frac{E_2}{R_2} = \frac{117}{0.6} = 195(A)$$

再把两个电流源合并为一个电流源，如图 3-36（c）所示。

$$I_S = I_{S1} + I_{S2} = 130 + 195 = 325(A)$$

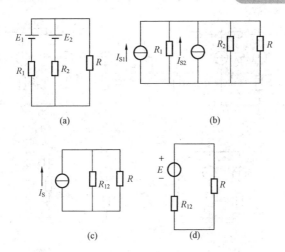

图 3-36　电源等效变换法

$$R_{12}=R_1//R_2=\frac{1\times0.6}{1+0.6}=\frac{0.6}{1.6}=\frac{3}{8}(\Omega)$$

再把电流源变为电压源，如图 3-36（d）所示

$$E=I_SR_{12}=\frac{325\times3}{8}=\frac{975}{8}\text{（V）}$$

再由欧姆定律得

$$I=\frac{E}{R_{12}+R}=5(\text{A})$$

17. 举例说明如何用戴维南定理求解复杂电路。

【例 3-21】　在图 3-37 所示电路中，试求 6Ω 电阻上电流 I 的大小。

逐步用戴维南定理，先对 ab 左边化简，求出 $U_{ab}=2\times10+10=30$（V），$R_{ab}=10$（Ω）得图 3-37（b）所示电路在图 3-37（b）中，对 ef 左边再用戴氏定理化简

$$U_{efo}=5\times0+2(5+10)+30=60\text{（V）}$$

$$R_{ef}=20\text{（Ω）}$$

得图 3-37（c）所示电路在图 3-37（c）中对 ef 左边又应用戴维南定理

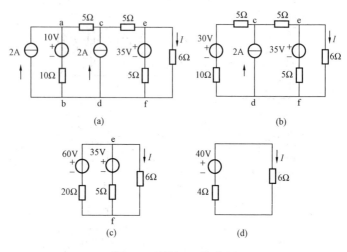

图 3-37　〔例 3-21〕的图

$$U_{\text{efo}} = \frac{5 \times (60 - 35)}{20 + 5} + 35 = 40(\text{V})$$

$$R_{\text{ef}} = \frac{20 \times 5}{20 + 5} = 4(\Omega)$$

最后在图 3-37（d）中用戴维南定理

$$I = \frac{40}{4 + 6} = 4(\text{A})$$

18. 如图 3-38 所示，南昌市无轨电车全长约 **10km**，线路每公里电阻为 **0.3Ω**，由两个大型硅整流器电源供电，现电车行驶距 **600V** 电源 **4km**，距 **580V** 电源 **6km**，电车耗电力 **40A**，问电车滑轮间电路 U_{AB} 为多少？两个电源各供多少电流？

答：将工程问题化为典型电路，如图 3-38（b）所示：

$$R_1 = 0.3 \times 6 = 1.8\ (\Omega); \quad R_2 = 0.3 \times 4 = 1.2\ (\Omega)$$

对 A 点取 K.C.L 得 $\qquad I_1 + I_2 = I$ ①

由 K.V.L 得 $\qquad 600 = 1.2 I_2 + U_{\text{AB}}$ ②

$$580 = 1.8 I_1 + U_{\text{AB}}$$ ③

由②式与③式得 $600 - 1.2 I_2 = 580 - 1.8 I_1$ 即 $20 = 1.2 I_2 - 1.8 I_1$。 ④

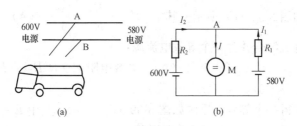

图 3-38 电路图

（a）示意图；（b）等效电路图

将①式代入④式得 $20=1.2I_2-1.8（40-I_2）$ $I_2=30.67A$；$I_1=40-I_2=9.33A$。

$$U_{AB}=600-1.2I_2=600-1.2×30.67=563.2（V）$$

19. 如图 3-39（a）所示，虚线内所示电路中，$R_1=3\Omega$，$R_2=6\Omega$，$E_1=E_2=30V$，$I_{S1}=I_{S2}=2A$，试求虚线框内电路的等效电压源。

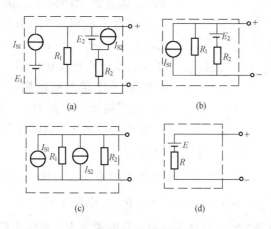

图 3-39 电路图

答：与理想电流源 I_S 串联的电压 E_1，以及与理想电压源 E_2 并联的电流源 I_S，均对外电路不起作用，故可将它们舍掉，电路变为图 3-39（b）所示。然后将串联电阻 R_2 的电压源交换为等效的电流源，如图 3-39（c）所示。其中，$I'_{S2} = \dfrac{E_2}{R_2} = \dfrac{30}{6} = 5(\text{A})$。按此图将两个电流源合并为一个等效电流源：

$I_S = I_{S1} + I'_{S2} = 2 + 5 = 7$（A），等效电阻 $R = R_1 R_2/(R_1 + R_2)$ $= 3 \times 6/(3 + 6) = 2$（Ω）。

最后得一个等效电压源如图 3-39（d）所示，其中 $E = I_S R = 7 \times 2 = 14$（V），$R = 2\Omega$（等效电压源）。

20. 电阻的星形—三角形互换口诀是什么？

（1）口诀。变时一点要牢记，三外三点不能变。星形变三角形时求某边，"两两积和除对面"；三角形变星形时求某支，"两臂之积除和三"。

（2）说明。设星形连接的三个电阻分别是 R_1、R_2、R_3；三角形连接的三个电阻分别是 R_{12}（对应星形连接的 R_1 与 R_2）；R_{23}（对应星形连接的 R_2 与 R_3）和 R_{31}（对应星形连接的 R_3 与

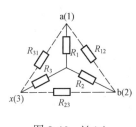

图 3-40　Y⇌△

R_1）。星变角时求某边，"两两积和对面"。这里的"两两"是指 Y 形连接时的每两个电阻。"两两积和"即为 $(R_1 R_2 + R_2 R_3 + R_3 R_1)$；"对面"是指与转换成△形接法以后一个电阻相对的原 Y 连接的那电阻，图 3-40 中 R_{12} 的"对面"应是 R_3，由此可得 Y 转换成△时的三个电阻计算公式为：

$$R_{12} = (R_1 R_2 + R_2 R_3 + R_3 R_1)/R_3$$
$$R_{23} = (R_1 R_2 + R_2 R_3 + R_3 R_1)/R_1$$
$$R_{31} = (R_1 R_2 + R_2 R_3 + R_3 R_1)/R_2$$

当△形转换成 Y 时，口诀为"角变星时求某支，两臂之积除和三"，这里的"两臂"是指与转换成 Y 的一个电阻（后面称为"一技"例如 R_1），同一个顶点的△连接时的两个电阻（例如对应 R_1 的两臂是 R_{12} 与 R_{31}），"和三"即为三角形连接的三个电阻之和（即 $R_{12} + R_{23} + R_{31}$）。由此得到△转换 Y 时的三个电阻计算公式：$R_1 =$

$R_{12}R_{31}/(R_{12}+R_{23}+R_{31})$；$R_2=R_{12}R_{23}/(R_{12}+R_{23}+R_{31})$；$R_3=$
$R_{23}R_{31}/(R_{12}+R_{23}+R_{31})$，例 3-22，求图 3-41（a）电路中 R_{ab} 等效电阻值。

解：由 Y→△方法：以三个点 a，d，b 为△的三个顶点画出三个电阻 R_{12}，R_{23} 与 R_{31}［图 3-41（b）所示］，求出 R_{12}，R_{23}，R_{31}：

$$R_1R_2+R_2R_3+R_3R_1=(1\times2+3\times2+3\times1)\Omega=11(\Omega)$$
$$R_{12}=(R_1R_2+R_2R_3+R_3R_1)/R_3=11/3=3.67(\Omega)$$
$$R_{23}=R_1R_2+R_2R_3+R_3R_1)/R_1=11/1=11(\Omega)$$
$$R_{31}=(R_1R_2+R_2R_3+R_3R_1)/R_2=11/2=5.5(\Omega)$$

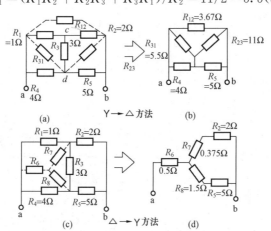

图 3-41 电路变换

将 R_1，R_2 与 R_3 去掉如图 3-40（b）所示，只有串联与并联的简单电路。

$$R_{ab}=[(R_4/\!/R_{31})+(R_{23}/\!/R_5)]/\!/R_{12}=2.24(\Omega)$$

由△→Y方法，以 a，c，d 三个点为人的三个顶点，画出三个电阻 R_6、R_7、R_8，如图 3-40（c）所示。

$R_1+R_3+R_4=1+3+4=8$，(Ω)，$R_6=R_1R_4/(R_1+R_3+R_4)=1\times4/(1+3+4)=0.5(\Omega)$。

$R_7=R_1R_3/(R_1+R_3+R_4)=(1\times3)/8=0.375(\Omega)$；$R_8=R_3R_4/(R_1+R_3+R_4)=3\times4/8=1.5(\Omega)$。

将原有的 R_1、R_3 与 R_4 去掉，即成为图 3-40（c）所示的只有串联与并联的简单电路。

$R_{ab} = R_6 + [(R_7 + R_2) // (R_8 + R_5)] = 2.24$（Ω）。两种方法求得的结果相等，也就是等效。

21. 一台电机在温度为 **20℃** 时，测得绕组（铜线）的直流电阻值为 **1.25Ω**，当该电机工作到温升稳定后，测得同一绕组的直流电阻值为 **1.45Ω**，请问该电机绕组的温升为多少［电阻温度系数 $\alpha =$ **0.0039/（1/℃）**］？

解 $R_2 = R_1[1 + \alpha(t_2 - t_1)]$

$$(t_2 - t_1) = \frac{R_2 - R_1}{\alpha R_1} = \frac{1.45 - 1.25}{0.0039 \times 1.25} = 41℃$$

第四章

电磁与电磁感应

1. 什么是磁铁？它有哪些性质？

答：能够吸引铁、钴、镍等物质的物体称磁铁。

磁铁的性质有：①具有南极和北极。②同性相斥，异性相吸。

2. 什么是磁力线？它有哪些性质？

答：磁场是较抽象的，通常用磁力线来描绘磁场，即用图形把抽象的磁场描绘出来。

它有下列性质：①磁力线上每一点的切线方向就是该点磁场的方向，磁力线彼此永不相交。②磁力线的疏密表示磁场的强弱，磁力线密集的地方表示该处磁场强，磁力线稀疏的地方表示此处的磁场弱。③磁体的磁力线在磁体外部，磁力线从 N 极发出到 S 极；在磁体内部，从 S 极回到 N 极，每根磁力线都是闭合的回线。

3. 什么是磁效应？右手螺旋定则是什么？

答：动电生磁，电流产生磁场的效应称为磁效应。

右手螺旋定则的基本内容为：

（1）对直线电流。用右手握住导线，使伸直的大拇指指向电流的方向，则弯曲的四指手指的方向就是磁力线环绕的方向。

（2）对于载流线圈。用右手握住线圈，让弯曲的四指与线圈的电流方向一致，则伸直的大拇指所指的方向就是线圈内部磁力线的方向。

4. 什么叫磁感应强度？

答：反应磁场强弱的物理量称为磁感应强度，用 B 表示垂直磁场方向的载流导体所受到的磁场力 ΔF，与电流和导体长度乘积 $I\Delta l$ 的比值称为磁感应强度，$B = \Delta F / I\Delta l$。它的单位是特斯拉，简称特，符号是 T，工程上用高斯做单位，简称高，符号是 G 或 Gs，$1G = 10^{-4}T$。

5. 什么叫磁导率?

答：磁导率是表示物质导磁能力的物理量，以 μ 符号表示。

6. 什么叫磁场强度?

答：磁场中某点的磁场强度的大小，等于同一点的磁感应强度的量值与磁导率之比，符号用 H 表示，$H = B/\mu$。

7. 什么叫全电流定律?

答：在磁场中，磁场强度矢量沿任意闭合回路的线积分等于穿过该闭合回线所围成的面积的电流代数和。电流的正负要看电流的方向与所选回线的方向之间是否符合右手螺旋定则，符合时电流取正，反之电流取负。

8. 全电流定律的应用。

答：应用全电流定律，可以求出一些规则分布的电流所产生磁场的磁场强度。应用时，常选取磁力线为闭合回线，以便于求出 H 值。

（1）环形线圈的磁场

$$H = NI / 2\pi R_{av}$$

$$B = \mu H = \mu NI / 2\pi R_{av}$$

式中　R_{av}——圆环的平均半径；

　　　　N——线圈匝数；

　　　　I——线圈电流；

　　　　μ——磁导率。

（2）长螺旋管线圈的磁场

$$H = NI / L$$

$$B = \mu NI / L$$

式中　N——螺旋管线圈的匝数；

L——螺旋管的长度；

I——螺旋管线圈的电流。

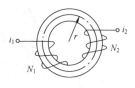

【例 4-1】 图 4-1 所示为一由铁磁材料制成的环形线圈，已知其平均半径 $r = 15cm$，电流 $i_1 = 0.1A$，$i_2 = 0.2A$，线圈匝数 $N_1 = 500$，$N_2 = 200$，求环中的磁场强度。

图 4-1 环形线圈

解
$$H \cdot 2\pi r = N_1 i_1 + N_2 i_2$$
$$H = \frac{500 \times 0.1 + 200 \times 0.2}{2\pi \times 15 \times 10^{-2}} = 96 (A/m)$$

9. 什么是磁场对载流直导体的作用？

答：磁场对载流直导体的作用叫电磁力，电动机就是依靠电磁力而旋转的，磁场作用力为 $F = BIL$。

式中：B 的单位为 T（特）；I 的单位为 A（安）；L 的单位为 m（米）；F 的单位为 N（牛）。

磁场作用力的方向由左手定则决定：将左手伸直，掌心迎着磁力线的方向，四指指向电流方向，则伸直并与四指垂直的大拇指所指的方向就是磁力线的方向。

【例 4-2】 在磁感应强度为 0.8T 的匀强磁场中，放一条与磁场方向垂直的、长度为 0.5m 的通电直导线，导线中的电流为 5A，求导线所受的安培力的大小。

解
$$F = BIL = 0.8 \times 0.5 \times 5 = 2(N)$$

10. 什么是平行载流直导体间的相互作用？

答：由于载流导体周围存在磁场，若两导体相互平行，则每根导体都处于另一根导体的磁场中。且与磁力线垂直，因此，两导体都要受到磁力线的作用。图 4-2（a）中所示的两根导体中的电流方向相同，根据导体所处磁场的方向和电流方向，用左手定则知，两导体相互吸引；图 4-2（b）中所示的两根导体的电流方向相反。

根据标明磁场 B_1、B_2 的方向可知，两导体间有相互排斥的力
$$F_1 = F_2 = \mu_1 I_1 I_2 L / 2\pi D$$

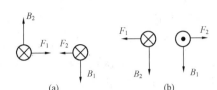

图 4-2 平行载流直导体的作用力

（a）两导体电流方向相同；（b）两导体电流方向相反

式中 D——导线间距；

　　　　L——导体的长度。

发电厂母线排是平行载流导体，母线通过短路电流，使母线产生很大的电磁力，设计母线应考虑有足够的机械强度。

11. 什么是直导体的感应电动势？

答：闭合电路的一部分导体切割磁力线时，导体就会产生感应电流

$$E = BLv$$

式中 v——相对运动速度，m/s；

　　　　L——导体的长度，m；

　　　　B——磁感应强度，T。

直导体的感应电动势的方向由右手定则确定：将右手伸直，使掌心对着磁力线方向，大拇指指向导体运动的方向，与大拇指垂直的四指就指向感应电动势的方向。

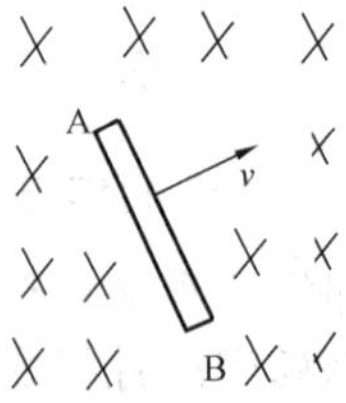

图 4-3 ［例 4-3］的图

【例 4-3】 如图 4-3 所示，一段导体 AB 在匀强磁场中沿箭头方向运动，其结果是什么？

答：结果是有感应电动势，A 点电位高。

12. 什么是线圈感应电动势?

答:线圈中感应电动势的大小,与线圈中磁通随时间的变化率成正比。电动势大小

$$|e| = \left| \frac{N\mathrm{d}\phi}{\mathrm{d}t} \right|$$

闭合回路中感应电动势的方向,总是使他产生的磁场阻碍(或反对)原来磁场的变化,这就是楞次定律。发电机就是应用此定律产生电动势的。

【例 4-4】 有一个 1000 匝的线圈,在 0.4s 内穿过它的磁通从 0.04Wb 均匀增加到 0.09Wb,求线圈中感应电动势的大小。如果线圈的电阻是 10Ω,它跟一个阻值为 90Ω 的负载电阻组成闭合电路时,电路中的电流是多大?

解
$$|e_{\mathrm{L}}| = N\left|\frac{\mathrm{d}\phi}{\mathrm{d}t}\right| = 1000 \times \frac{0.09 - 0.04}{0.4} = 125(\mathrm{V})$$

$$I = \frac{|e_{\mathrm{L}}|}{R} = \frac{125}{10} = 12.5(\mathrm{A})$$

13. 什么是自感?什么叫自感电动势?

答:当线圈通过电流时,线圈中就会有磁通,这个由线圈本身的电流产生的磁通,称为自感磁通,相应磁链称为自感磁链 ψ。其计算公式为

$$\psi = LI$$
$$L = \psi/I$$

式中 L——自感系数,简称自感。

例如含有多匝线圈和巨大铁心电路,在开断时自感电动势可能会比电源电动势大,电路中采用油断路器的消弧电路。当线圈中的电流变化时,自感磁链 ψ 也随之变化,线圈中就会产生感应电动势,线圈中由于自身电流变化而产生的感应电流现象叫自感应现象,线圈中由于自感应而产生的感应电动势叫自感电动势,计算式为

$$|e_{\mathrm{L}}| = \left| \frac{\mathrm{d}\psi}{\mathrm{d}t} \right|$$

自感电动势的方向，规定自感电动势 e_L 的参考方向与自感磁通中的参考方向符合右手螺旋关系，即 e_L 的参考方向与 i 的参考方向一致。

$$e_L = -\frac{L\,\mathrm{d}i}{\mathrm{d}t}$$

当线圈电流增加，$\mathrm{d}i/\mathrm{d}t>0$，$e_L$ 为负值，表明 e_L 的实际方向与 i 的实际方向相反。这时的自感电动势起反电动势的作用，它阻碍线圈中电流的增加。当 $\mathrm{d}i/\mathrm{d}t<0$，$e_L$ 为正，表明 e_L 的实际方向与 i 的实际方向相同，自感电动势起电源作用。

14. 线圈储能是什么？

答：线圈通过电流时，在线圈就会建立起磁场，磁场是具有能量的。电流由 0 增加至 i 时，电感元件总共吸收的能量为 $W_L = Li^2/2$，这些能量全部转变为磁场能量储存在电感元件。

15. 什么是互感？

答：两个线圈靠得很近，当一个线圈中通过电流时，它产生的磁通，有一部分要穿过另一个线圈，这部分磁通叫互感磁通，相应的磁链叫互感磁链。互感磁链 ψ_{21} 与产生它的电流 i_1 的比值 $M_{21} = \psi_{21}/i_1$ 定义为两耦合线圈的互感系数，简称互感。

16. 什么是同名端？

答：在图 4-4 中，当线圈 1 的电流 i_1 从端子通入时，它所产生的磁通方向，由右手螺旋定则确定，如 ϕ_{11} 所示（顺时针方向）。当线圈 2 的电流 i_2 从端子 3 通入时，它所产生的磁感方向如 Φ_{22}（也是顺时针方向），两个磁通方向相同，则端子 1 和端子 3 称为同

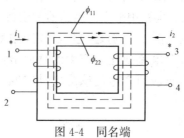

图 4-4　同名端

名端。变压器与互感器应用它决定同名端。

17. 什么是互感电动势？

答：磁耦合的线圈，当一个线圈中的电流变化时，互感磁通也随之变化，这时就会在另一个线圈中产生感应电动势，这种感应电动势叫作互感电动势。例如变压器、互感器的制造即以此为理论基础。

第五章

电　容　器

1. 什么是电容器？怎样计算电容器的电容量？

答：任何两块金属导体中间隔以绝缘体就构成了电容器，金属导体称极板绝缘体介质。以介质材料分类，电容器可以分为空气介质电容器、液体介质电容器、有机介质电容器、无机介质电容器以及电解质电容器等。根据形式的不同，电容器还可以分为固定电容器、可变电容器、半可变电容器（微调电容器）等。还可按材料、用途不同而进行分类。

电容器能储存电荷而产生电场，所以它是储能元件。电容量是电容器的重要参数。它是电容器极板上的带电量 Q 与电容器两端电压 U 之比，即

$$C = Q/U$$

式中　　C——电容，F（法拉）；

　　　　Q——电量，C（库仑）；

　　　　U——电压，V（伏）。

1F（法拉）$= 10^6 \mu$F（微法），1F（法拉）$= 10^{12}$pF（微微法）。

2. 平板电容器电容量的大小与哪些因素有关？

答：平板电容器电容量的大小与下列因素有关：

（1）极板间的距离越小，电容量越大。

（2）两极板的面积越大，电容量越大。

（3）不同的介质对两极板上正负电荷间作用的影响不同。真空电容器的电容量为最小，平板电容器的电容量为

$$C = \frac{\varepsilon S}{d}$$

式中　C——电容，F；

　　　ε——介质的介电系数；

　　　S——极板的有效面积，m^2；

　　　d——两极板间距离，m。

3. 何谓电容器充电？

答：当电容器元件与直流电源接通时，电容元件极板上的电荷逐渐增多，这个过程叫电容器元件的充电。

4. 何谓电容器放电？

答：电容元件充好电后，电容器元件通过电阻 R 被导线短接，正负电荷中和，极板上的电荷消失，这个过程称为电容元件的放电。

5. 为什么电容器能隔直流？

答：虽然电容器在充电过程中，电路中有充电电流，但充电时间极为短暂，常在千分之一秒左右，故常称暂态电流。当电容器的电场力与电源力平衡时，电流就不再移动，充电过程也就结束了。电路中不再有电流通过，电路呈开路状态，直流电不能通过电容器，因此电容器能隔直流。

6. 为什么交流电能通过电容器？

答：因为交流电源电压的大小和方向不断地变化，不断使电容器充电与放电，电路中始终有电流通过。

7. 什么是电容电流？

答：在任一时刻的电容电流与电容元件两端电压的变化率成正比。

$$i = C\frac{\mathrm{d}u}{\mathrm{d}t}$$

8. 何谓电容器的串联？怎样计算等效电容值？

答：把几个电容器头尾依次连接起来，叫作电容器的串联。串

联电容器的两端总电压，等于各个电容器上的电压之和。其总电容量为

$$\frac{1}{C} = \frac{1}{C_1} + \frac{1}{C_2} + \cdots + \frac{1}{C_n}$$

式中　　　　　C——串联电容器的总电容；

C_1，C_2，$\cdots$，C_n——各电容器电容。

【例 5-1】　求图 5-1 所示电路的等效电容及端口电压。

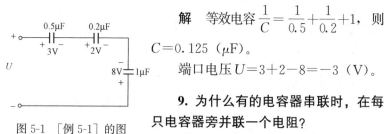

解　等效电容 $\dfrac{1}{C} = \dfrac{1}{0.5} + \dfrac{1}{0.2} + 1$，则

$C = 0.125$（μF）。

端口电压 $U = 3 + 2 - 8 = -3$（V）。

图 5-1　[例 5-1] 的图

9. 为什么有的电容器串联时，在每只电容器旁并联一个电阻？

答：为了使串联电容器的电压均匀分布，可在各电容器的两端分别并联大小相等的电阻，只要并联电阻取值合理，可获得很好的均压效果。一般取均压电阻为 1/10 绝缘电阻即可。

10. 何谓电容器的并联？其等效电容值怎样计算？

答：把几个电容器的两端分别接于共同的两点上，并施以同一电压叫电容器的并联。电容器并联后，各电容器极板上的电量为

$$Q_1 = C_1 U, \quad Q_2 = C_2 U, \quad \cdots, \quad Q_n = C_n U$$

电源供给各极板上的总电荷为

$$Q = Q_1 + Q_2 + \cdots + Q_n = C_1 U + C_2 U + \cdots + C_n U$$

总电容量为

$$C = \frac{Q}{U} = \frac{C_1 U + C_2 U + \cdots + C_n U}{U} = C_1 + C_2 + \cdots + C_n$$

并联电容器总电容量等于各电容器电容量之和。

【例 5-2】　求图 5-2 所示电路的等效电容量及端口电压。

解　等效电容量

$$C = 4 + 2 + 3 = 9(\mu F)$$

端口电压 $U=4$ （V）

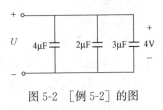

图 5-2 ［例 5-2］的图

11. 什么叫寄生电容？

答：寄生电容是泛指由于各种外界原因所引起的附加电容。例如晶体电路中的输入电容（极间电容等）、线圈匝间所具有电容（匝间电容）、由于元件结构或导线排列的不合理所引起的附加电容等，都称为寄生电容。寄生电容越大，对线路的干扰就越大，严重时会改变电路的参数，甚至造成电路无法工作。

12. 什么是电容元件的电场储能？如何计算？

答：电容元件充电后，两块极板上聚集了正、负电荷，极板间也就存在电场，并储存了电场能量。电容电压由零增加到 u 时，电容元件吸收的电能为 $W=Cu^2/2$，电容元件储存的电场能量与电容量成正比，与电容电压的平方成正比。

【例 5-3】 求电容量为 $4\mu F$，电压为 100V 的电容的储能。

解 $W=\dfrac{1}{2}Cu^2=\dfrac{1}{2}\times 4\times 10^{-6}\times 100^2=0.02(\text{J})$

13. 电容器的主要性能与标准是什么？

答：电容器的性能与标准主要有两个。即

（1）标称电容量，标在电容器外壳上的电容量称为标称（名义）电容量。是标准化的电容值，通常用 μF（微法）和 pF（皮法）表明。

（2）耐压，是指电容器长期工作时，极间电压不允许超过的规定值，以防电容器击穿和不容许的发热，耐压一般以直流电压源标在外壳上，对于交流的电容器，也标出 AC（交流）有效值。

14. 电容器如何测试？

答：电容器常见的故障有断线、短路、漏电和失效等。

（1）电容量的判别：置万用表的电阻挡 R×1k 或 R×10k 挡，将两表笔分别接触电容器的两极，若表头指针迅速正向摆动一个角度，而后逐渐复原，回到起始位置。然后互换两表笔，再接触电容器的两极，表头指针又正向偏转，且转角比前次更大，而后逐渐复原并返回起始位置，表明电容器完好。指针偏转角度越大，复原的速度越慢，说明电容量越大。

（2）漏电：万用表（R×1k 挡）。稳定时指针的指示值为电容器的绝缘电阻，某值一般为几百至几千兆欧，阻值越大，表明电容器的绝缘性能越好。

（3）短路：如万用表指针摆至满刻度，即 $R = 0$ 处，而不返回，表明电容器内部已短路。

（4）断线：将万用表两表笔接触电容器电极时，指针一点都不偏转，调换表笔仍不偏转，表明电容器已断线。

（5）电解电容器极性判别：用万用表 R×1k 电阻挡先测一次两极间的绝缘电阻，然后将两表笔调换，再测一次绝缘电阻，两次测量中阻值较大一次黑（正）表笔所接电极为正极或阻值较小的一次红（负）表笔接的为正极。对于耐压较低电解电容器，勿随意使用 R×10k 电阻挡，以免造成电解电容器击穿。

15. 对电容器进行测试时应注意什么？

答：（1）从电路中拆下的电容器要进行短接放电，以免极板上残存的电荷放电时损坏仪表或影响人身安全。

（2）测试时两手勿接触表笔的导体部分，以免人体电阻介入而影响测量结果。

第六章

单相正弦交流电路

1. 什么叫正弦交流电？为什么目前普遍应用正弦交流电？

答：正弦交流电是指电路中电流、电压及电动势的大小和方向都随着时间按正弦函数规律产生变化，这种随时间和周期性变化的电流称交变电流，简称交流。

目前，无论是生产用电与生活用电，绝大部分都应用交流电，交流电被广泛采用的主要原因：一是交流电压易于升高和降低，便于高压输送和低压用；二是交流电动机比直流电动机构造简单、造价低、使用方便。

【例 6-1】 已知工频正弦量为 50Hz，其周期 T 值为多大？角频率 W 值为多大？

解
$$T = \frac{1}{f} = \frac{1}{50\text{Hz}} = 0.02(\text{s})$$
$$W = 2\pi f = 100\pi = 314(\text{rad/s})$$

2. 什么叫交流电的周期、频率与角频率？

答：交流电变化一个循环所需的时间，称交流电的周期，用 T 符号表示，单位为秒，符号是 s，我国电网交流电的周期为 0.02s。交流电每秒钟周期性变化的次数叫频率，用 f 符号表示，单位为周/秒或赫兹（Hz），我国电网的频率为 $f = 50$Hz，周期与频率之间关系为

$$T = \frac{1}{f} \text{ 或 } f = \frac{1}{T}$$

每秒钟所变化的电角度叫角频率（ω），角频率与频率、周期的关系为

$$\omega = \frac{2\pi}{T} = 2\pi f$$

【例 6-2】 已知 $i(t) = 7.07\sin(300\pi t - 70°)$ A，$u(t) = 311\sin(300\pi\,\text{rad/s} + 285°)$V，则电流 i 及电压 u 的相位分别为____、____，它们的相位差 φ 为____，$i(t)$ 达到零值比 $u(t)$ ____。

解 $i(t)$ 的相位为 $300\pi t - 70°$

因为 $u(t) = 311\sin(300\pi t + 285°) = 311\sin(300\pi t - 75°)$（V）。

所以 $u(t)$ 的相位为 $300\pi t - 75°$。

相位差为 $\varphi = (300\pi t - 70°) - (300\pi t - 75°) = 5°$。

$i(t)$ 达到零值比 $u(t)$ 早。

3. 什么叫交流电的相位与相位差？

答：正弦交流电的波形是按正弦曲线变化的，一般数学表达式为

$$e = E_m\sin(\omega t + \varphi)$$

式中，$(\omega t + \varphi)$ 是一个变化的电角度，它反映了正弦量的变化过程，称为交流电的相位，相位的变化决定了电动势瞬时值的大小，当 $(\omega t + \varphi) = 0$ 时，电动势 $e = 0$，当 $(\omega t + \varphi) = 90°$ 时，电动势变化到最大值，计时开始 $(t = 0)$ 时的相位 φ 称为初相位。它等于周波起点到计时起点 $(t = 0)$ 所变化的电角。把两个同频率的正弦量相位之差叫做相位差，即 $\varphi = (\omega t + \varphi_A) - (\omega t + \varphi_B) = \varphi_A - \varphi_B$，由此可知，两个同频率的正弦量的相位差就是它们初相位之差。

4. 什么是交流电的最大值、有效值与平均值？

答：交流电在变化过程中所出现的最大瞬时值，称为交流电的最大值，常以 I_m、U_m 分别表示电流、电压等正弦量的最大值。交流电通过电阻性负载时，若所产生的热量与直流电在相同时间内通过同一负载所产生的热量相等时，这一直流电的大小就是交流电的有效值，常用 I、U 等符号表示电流、电压的有效值，平时所说的电流、电压的数值以及电气仪表所测的数值都是有效值。有效值与

最大值的关系为 $U=\dfrac{U_m}{\sqrt{2}}$、$I=\dfrac{I_m}{\sqrt{2}}$。交流电在半个周期内，在同一方向通过导体横截面的电量与半个周期时间的比值称平均值，常用 I_{av}、U_{av} 表示电流、电压的平均值，它与最大值和有效值的关系为 $U_{av}=0.637\,U_m=0.9U$。

【例 6-3】 已知电流 $i=14.1\sin(100\pi t-60°)$ A，其电流最大值为＿＿ A，有效值＿＿ A，平均值为＿＿ A。

解
$$I_m=14.1A$$
$$I=\frac{I_m}{\sqrt{2}}=\frac{14.1}{\sqrt{2}}=10(A)$$
$$I_{av}=0.9I=0.9\times10=9(A)$$

5. 什么叫相量？为什么正弦交流电能用相量表示？

答：相量既有大小又有方向，相量的长短表示相量的大小，相量与横轴的夹角表示相量的幅角，正弦电流 $i=I_m\sin(\omega t+\psi)$ 可在直角平面坐标上作一个矢量，其长度等于最大值 $\dot{I}_m$，它的初始位置（$t=0$ 时位置）与横轴正方向的夹角为 φ，并以角速度 ω 朝逆时针方向旋转，包括正弦量三要素的矢量称为旋转矢量，对于一个正弦量（电流、电压）可找到一个与其对应的旋转矢量，它们之间存在一一对应关系，但正弦量和旋转矢量不是相等关系，正弦量是时间函数，旋转矢量则不是，不能说旋转矢量等于正弦量。

同频率的正弦量，矢量的旋转速度相同，它们相对位置不变，只需画出旋转矢量的初始位置即可，即它的长度等于正弦量的有效值，它与横轴正方向的夹角为正弦量的初相。这样的相量称为有效相量，符号为 $\dot{I}$、$\dot{U}$、$\dot{E}$。

画相量时，相同单位的量应按相同的比例尺来画，只有同频率的正弦量才能画在同一相量图上。

6. 相量进行加减运算时有几种方法？

答：（1）头尾相加法。几个相量相加时，只要把第二个相量的始端接在第一个相量的末端，第三个相量的始端接在第二个相量的末端，这样依次连接起来，将第一个相量的始端与最后一个相量的末端连接起来，就是所有相量的总和，如图 6-1 (a) 所示。两个相量相减，实际上就是被减相量与减相量的反向相量相加，即减去一个正相量等于加上一个反相量，如图 6-1 (b) 所示。

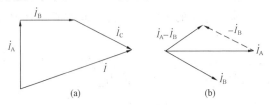

图 6-1 相量的加减法

(a) 相量加法；(b) 相量减法

（2）平行四边形法，利用平行四边形的方法求出相量的和或差，如图 6-2 所示。

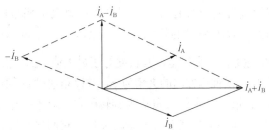

图 6-2 用平行四边形求相量加或差

7. 纯电阻交流电路中，电流与电压的关系如何？

答：纯电阻元件的电压和电流的最大值（或有效值）之间服从欧姆定律。在相位上电压与电流同相。$U_m = RI_m$，$U = IR$，相量形式

$$\dot{I} = I\underline{/0°}\text{(A)}, \quad \dot{U} = U\underline{/0°}\text{(V)}$$

所以 $\dot{U} = R\dot{I}$。

【例 6-4】 有一个 10Ω 的电阻，先通过一电流为 $i = 14.1\sin(100\pi t + 30°)$ A 的正弦电流，此时电阻元件的电压 u 为多少？

解 $\dot{I} = \dot{I}_m/\sqrt{2}$ $\dot{I} = 10\underline{/30°}$（A）

$$\dot{U} = R\dot{I} = 10 \times 10\underline{/30°} = 100\underline{/30°}\text{（V）}$$

$$u(t) = 141\sin(100\pi t + 30°)(\mathrm{V})$$

8. 什么叫瞬时功率和有功功率？

答：在交流电路中，任一时刻的电压瞬时值和电流瞬时值的乘积称为瞬时功率，用小写字母 p 表示。$p = ui$。瞬时功率在一个周期内的平均值叫平均功率，用大写字母 P 表示，即 $P = \dfrac{1}{T}\displaystyle\int_0^T p\,\mathrm{d}t$，对电阻元件有 $P = UI$，$P = I^2R = \dfrac{U^2}{R}$，平均功率也称有功功率。

【**例 6-5**】 电压 $u(t) = 100\sin314t(\mathrm{V})$，施加于 10Ω 的电阻元件。

(1)求电阻吸收的瞬时功率 $p(t)$；

(2)求电阻吸收的平均功率 P。

解 （1）已知 $u(t) = 100\sin314t$（V），则通过电阻元件的电流为

$$i(t) = \frac{u(t)}{10\Omega} = 10\sin314t(\mathrm{A})$$

故电阻元件吸收的瞬时功率为：

$$P(t) = 100\sin314t \times 10\sin314t$$
$$p(t) = u(t) \times i(t) = 500(1 - \cos628t)(\mathrm{W})$$

（2） $P = I \times I \times R = 500$ （W）。

9. 纯电感交流电路中，电压与电流的关系如何？

答：电感元件的电压与电流的最大值（或有效值）之比等于 $X_L = \omega L$（感抗）；在相位上，电压超前电流 $90°$。要注意感抗不是电压与电流瞬时值之比，即 $X_L \neq \dfrac{u}{i}$。感抗仅反映电感元件对正弦电流的限制（阻碍）作用，它只在正弦交流电路中才有意义，当频率 $f \to \infty$ 时，$X_L = 2\pi fL \to \infty$，电感元件相当开路；当频率 $f \to 0$（即直流）时，$X_L = 0$，电感元件在直流情况下相当于短路，电感元件的电压与电流关系的相量形式为 $\dot{U} = \mathrm{j}\omega L\dot{I}$。

10. 纯电感交流电路中的功率怎样计算？

答：在电感元件中，通入正弦电流 $i = I_m\sin\omega t$ 时，其吸收的瞬

时功率 $p = ui = U_{\mathrm{m}}\sin(\omega t + 90°)I_{\mathrm{m}}\sin\omega t = \dfrac{U_{\mathrm{m}}I_{\mathrm{m}}}{2}\sin2\omega t$，$p =$

$UI\sin2\omega t$ 时，瞬时 p 的曲线与时间轴 t 所包围的面积代表电感元件吸收的能量。在一个周期 T 内，正面积正好等于负面积，说明电感元件吸收的能量正好等于它所放出的能量，同一电感元件在一个周期内平均功率为零，即 $P = \dfrac{1}{T}\displaystyle\int_0^T p\,\mathrm{d}t = 0$，所以电感元件不消耗电能，是一个储能元件，但它与电源不断地交换能量，为了衡量这种能量交换的规模，定义：电感元件与电源交换功率的最大值（即交换能量的最大速率）为电感元件的无功功率，用 Q_{L} 表示

$$Q_{\mathrm{L}} = UI = I^2 X_{\mathrm{L}} = \frac{U^2}{X_{\mathrm{L}}}$$

无功功率的单位用 var（乏）。

【例 6-6】 电压 $u(t) = 100\cos10t\,\mathrm{V}$，施加于 10H 的电感元件。

(1) 求电感吸收的瞬时功率 $p(t)$；

(2) 电感的无功功率 Q；

(3) 电感的瞬时储能 $w(t)$ 和平均储能 W。

解 (1) 先计算通过电感的电流，应用相量法。

$$\dot{U} = 100\underline{/0°}\,(\mathrm{V}), \quad Z = \mathrm{j}\omega L = \mathrm{j}10 \times 10 = \mathrm{j}100(\Omega)$$

$$\dot{I} = \frac{\dot{U}}{Z} = 1\underline{/-90°}(\mathrm{A}), \quad i(t) = \cos(10t - 90°) = \sin10t\,(\mathrm{A})$$

$$P(t) = u(t)i(t) = 50\sin20t\,(\mathrm{W})$$

(2) $Q = UI = \dfrac{100 \times 1}{2} = 50\,(\mathrm{var})$。

(3) 瞬时储能：$w(t) = \dfrac{1}{2}L \times i \times i = 2.5(1 - \cos20t)\,(\mathrm{J})$。

平均储能：$W(t) = \dfrac{1}{2}L \times I \times I = 2.5\,(\mathrm{J})$。

11. 纯电容交流电路中，电压与电流的关系如何？

答：电容元件的电压和电流的最大值（或有效值）之比等于

$X_{\mathrm{L}} = \dfrac{1}{\omega C}$；在相位上，电流超前电压 90°，$X_{\mathrm{C}} = \dfrac{1}{\omega C}$ 具有阻碍正弦电

流的作用，称为容抗，单位为 Ω（欧姆），容抗 X_C 不是电压与电流瞬时值之比，即 $X_C \neq \dfrac{u}{i}$，当 $f \to \infty$ 时，$X_C = \dfrac{1}{\omega C} \to 0$，电容元件相当于短路；当 $f=0$（即直流）时，$X_C = \dfrac{1}{\omega} = \infty$，电容元件相当于开路，电容元件具有"隔直流"作用，电容元件电压与电流关系用相量形式为 $\dot{U} = \dfrac{\dot{I}}{j\omega C} = -j\dfrac{1}{\omega C}\dot{I}$。

12. 纯电容交流电路中的功率怎样计算？

答：在一个周期 T 内，瞬时功率 p_C 的曲线与时间轴 t 所包围的面积，恰好正、负面积相等，说明电容元件吸收和放出的能量相等。在正弦电路中，电容元件在一周期内的平均功率为零，即 $P_C = \dfrac{1}{T}\displaystyle\int_0^T p_C dt = 0$，电容元件不消耗电能，它也是一个储能元件。电容元件与电源不断的交换能量，为了衡量这种能量交换的规模，定义：电容元件与电源交换功率的最大值（即交换能量的最大速率）为电容元件的无功功率，用 Q_C 表示，$Q_C = UI = I^2 X_C = \dfrac{U^2}{X_C}$。

【例 6-7】 电压 $u(t)=100\cos10t$ V，施加于 $0.001F$ 的电容元件。求电容吸收的瞬时功率 $p(t)$ 和电容的无功功率 Q。

解
$$\dot{U}=100\underline{/0^\circ}\ (V)$$

$$Z=\frac{1}{j\omega C}=\frac{1}{j10\times0.001}=-j100\ (\Omega)$$

$$\dot{I}=\frac{\dot{U}}{Z}=1\underline{/90^\circ}\ (A)$$

$$i(t)=\cos(10t+90^\circ)=-\sin10t(A)$$

(1) $p(t)=u(t)i(t)=100\cos10t(-\sin10t)=-50\sin20t$
$\quad =50\cos(20t+90^\circ)(W)$

（2）$Q = -UI = -\dfrac{100 \times 1}{2} = -50$ （var）。

13. R、L、C 串联电路中，电压与电流的关系如何？

答：在 R、L、C 串联电路中，端电压有效值和电阻电压、电抗电压有效值之间构成直角三角形（称为电压三角形）的关系，底角 φ 即为电压与电流的相位差。如图 6-3 所示，随差 X_L 和 X_C 的值不同，R、L、C 串联电路有三种情况：

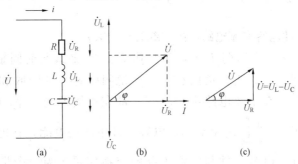

图 6-3　R、L、C 串联电路

（a）R、L、C 串联电路；（b）相量图；（c）电压三角形

（1）$X_L > X_C$，此时 $\varphi > 0$，表明电压超前电流，这种电路称为电感性电路；

（2）$X_L < X_C$，此时 $\varphi < 0$，表明电压滞后电流，这种电路称为电容性电路；

（3）$X_L = X_C$，此时 $\varphi = 0$，表明电压与电流同相位，电路发生串联谐振。

【例6-8】　图 6-4（a）所示的 R、L、C 串联电路，已知交流电压表 PV1，PV2 和 PV3 的读数分别为 30V，20V 和 10V。求：电路端电压有效值，端电压与电流的相位差，以电流为参考画出电压，电流相量图。

解　电路端电压有效值

$$U = \sqrt{U_R^2 + (U_L - U_C)^2} = \sqrt{30^2 + (20-10)^2} = 31.6\,(\text{V})$$

端电压与电流的相位差

$$\varphi = \arctan \frac{U_\text{L} - U_\text{C}}{U_\text{R}} = \arctan\left(\frac{20-12}{30}\right) = 18.4°$$

即端电压超前电流 18.4°，相量图如图 6-4（b）所示。

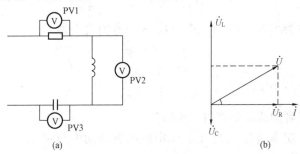

图 6-4　［例 6-8］的图

（a）电路图；（b）相量图

14．R、L、C 串联电路的功率如何计算？

答：（1）有功功率指瞬时功率在一周期内的平均值。由于 p_L 与 p_C 在一周期内的平均值为零，所以电路瞬时功率 p 的平均值等于电阻元件瞬时功率 p_R 的平均值，即 $P = P_\text{R} = U_\text{R}I = UI\cos\varphi$ 或 $P = I^2R = \dfrac{U_\text{R}^2}{R}$，所以 R、L、C 串联电路的有功功率就是电阻元件所消耗的有功功率。

（2）无功功率。无功功率是指储能元件与电源交换功率的最大值。由于电感和电容的瞬时功率在相互补偿，与电源交换的只是它们的差值，故 R、L、C 电路的无功功率 $Q = Q_\text{L} - Q_\text{C} = U_\text{L}I - U_\text{C}I = (U_\text{L} - U_\text{C})I = U_\text{X}I = UI\sin\varphi$，或 $Q = I^2X = \dfrac{U_\text{X}^2}{X}$。$Q_\text{L}$ 与 Q_C 总是正值，故 Q 值可正也可负。当电路呈感性（$X_\text{L} > X_\text{C}$）时，电感的磁场储能除与电容的电场储能交换外，多余部分再与电源进行交换，$Q > 0$，表示其为电感性无功功率。当电路呈容性（$X_\text{L} < X_\text{C}$）时，电容的电场储能除与电感的磁场储能交换外，多余部分再与电源交换。$Q < 0$，表示其为电容性无功功率。无功功率只表明电路与电源交换功率的规模，而不代表消耗功率。但在电力系统中，习惯将 $Q >$

0 称为电路消耗无功功率，而将$Q<0$称为电路"发出"无功功率。

（3）视在功率。电路的端电压和电流有效值的乘积称为视在功率，即

$$S = UI, \quad S = I^2|Z| = \frac{U^2}{|Z|}$$

单位为 VA（伏安）。P、Q、S三者的关系为

$$P = S\cos\varphi$$

$$Q = S\sin\varphi$$

$$S = \sqrt{P^2 + Q^2}$$

这三者构成功率直角三角形。

（4）功率因数。R、L、C串联的有功功率与视在功率的比值为功率因数

$$\cos\varphi = \frac{P}{S} = \frac{U_R}{U} = \frac{R}{|Z|}$$

【例 6-9】 如图 6-5（a）所示电路，有一只电感线圈，要测定它的参数 R 与 L_1。可用一只安培表和一只 $R = 1000\Omega$ 的电阻。将电阻与线圈并联，接在 $f = 50\text{Hz}$ 电源上，测得各支路电流为 $I = 0.04\text{A}$，$I_1 = 0.035\text{A}$，$I_2 = 0.01\text{A}$。试计算 R 与 L。

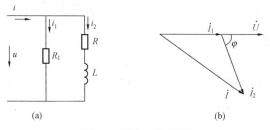

图 6-5 ［例 6-9］的图

（a）电路图；（b）相量图

解 以 $\dot{I_1}$ 为参考相量，作出各支路电流的相量图，如图 6-5（b）所示。

应用余弦定理，可得

$$\cos\varphi = \frac{I^2 - I_1^2 - I_2^2}{2I_1 I_2}$$

$$=\frac{0.04^2-0.035^2-0.01^2}{2\times0.035\times0.01}=0.3928$$

$$\varphi=\arccos0.3928=66.9°$$

线圈两端电压为 $\dot{U}=\dot{I}_1R=0.035\underline{/0°}\times1000=35\underline{/0°}(\text{V})$。

通过线圈的电流为 $\dot{I}_2=0.01\underline{/-66.9°}$（A）。

则线圈阻抗为 $Z=\dot{U}/\dot{I}_2=35\underline{/0°}/0.01\underline{/-66.9°}=3500\underline{/66.9°}=1373+\text{j}3219$（Ω）。

$R=1373Ω$；$X_L=3219Ω$；感抗 $L=X_L/\omega=3219/314=10.3$（H）。

【例 6-10】 一 R、L、C 串联电路中，$R=30Ω$，$L=254\text{mH}$，$C=80\mu\text{F}$ 电源电压 $u=311\sin(314t+20°)$（V）。试求电路的平均功率，功率因数和无功功率。

解 采用相量法 $\dot{U}=\frac{\dot{U}_m}{\sqrt{2}}=\frac{311}{\sqrt{2}}\underline{/20}=220\underline{/20°}(\text{V})$

$$=30+\text{j}(79.75-39.3)$$
$$=30+\text{j}40.45(Ω)$$

$$Z=R+\text{j}\left(\omega L-\frac{1}{\omega C}\right)=50\underline{/53.6°}(Ω)$$

$$\dot{I}=\frac{\dot{U}}{Z}=\frac{220\underline{/20°}}{50\underline{/53.6°}}=4.4\underline{/-33.6°}(\text{A})$$

$$P=I^2R=580.8(\text{W})$$
$$Q=I^2X=774.4(\text{var})$$
$$S=UI=968(\text{VA})$$
$$\cos\varphi=\frac{P}{S}=\frac{580.8}{968}=0.6$$

15. 在 R、L、C 串联电路中，什么是电压三角形？什么是阻抗三角形？什么是功率三角形？

答：R、L、C 串联电路，KVL 相量形式为：$\dot{U}=\dot{U}_R+\dot{U}_L+\dot{U}_C$。

取电流 $\dot{I}$ 为参考相量，则 $\dot{U}_R$ 与 $\dot{I}$ 同相，$\dot{U}_L$ 超前 $\dot{I}$ 90°，$\dot{U}_C$ 滞后

$\dot{I}_\text{C}$ 90°，三者构成电压直角三角形，如图 6-6（a）所示，将电压三角形各边同除以电流得到 R、L、C 串联电路的阻抗三角，如图 6-6（c）所示；将电压直角三角形各边同乘以电流，得功率三角形，如图 6-6（b）所示；三个三角形均是相似三角形。

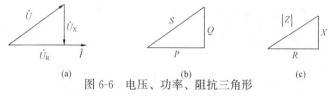

(a)　　　　　　　　(b)　　　　　　　　(c)

图 6-6　电压、功率、阻抗三角形

（a）电压直角三角形；（b）功率直角三角形；（c）阻抗直角三角形

16. 怎样提高功率因数？

答：相同功率的负载，功率因数低，占用电源设备的容量就大，电源设备的供电能力得不到充分利用，供电部门要求用户提高功率因数。提高功率因数对整个电力系统和用户服务本身，都是大有好处的。提高功率因数的一种方法是安装与感性负载并联的移相电容器，如图 6-7（a）所示。设感性负载的功率因数为 $\cos\varphi_1$，其电压和电流的相量图如图 6-7（b）所示。

并联电容器后，由于电源电压和负载参数均未改变，因而负载电流 $\dot{I}_1$ 也不变化，但增加的电容电流 $\dot{I}_\text{C}$ 使得电路的总电流由原来并电容时的 $\dot{I}_1$ 变为 $\dot{I}$，即 $\dot{I}=\dot{I}+\dot{I}_\text{C}$，它们的相量图如图 6-7（c）所示。

由于 $\dot{I}_\text{C}$ 补偿（抵消）了一部分负载电流 $\dot{I}_1$ 的垂直分量（称为无功分量），使得 $I<I_1$，同时 φ 角也小于负载的 φ_1 角，所以 $\cos\varphi>\cos\varphi_1$，达到了提高电路功率因数的目的。并联电容器后，提高了整个电路的功率因数，减少的是整个电路的总电流，而负载的电流 I_1，$\cos\varphi_1$ 以及功率均未发生变化，由于电容器不消耗电能，所以电源供给的功率未改变。

【例 6-11】　有一单相电动机，输入功率为 1.11kW，电流为 10A，电压为 220V。求电动机的功率因数？并联电容 $100\mu\text{F}$，总电流为多少？功率因数提到多少？

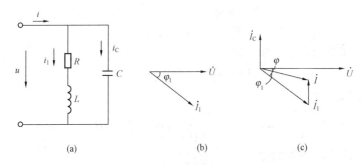

图 6-7 功率因数的提高

（a）电路图；（b）功率因数为 $\cos\varphi_1$ 的相量图；（c）并联电容器后的相量图

解 电动机的功率因数 $\cos\varphi_1 = \dfrac{P_1}{UI_1} = \dfrac{1.11 \times 10^3}{220 \times 10} = 0.5$，即

$\varphi_1 = 60°$，电容电流

$$I_C = \omega CU = 314 \times 100 \times 10^{-6} \times 220 = 6.9(\text{A})$$

根据图 6-7（c）所示的相量图，并联电容器后，总电流的水平分量（有功分量）仍等于单相电动机的水平分量（有功分量），即

$$I\cos\varphi = I_1\cos\varphi_1 = 10 \times 0.5 = 5(\text{A})$$

总电流的垂直分量（无功分量）为

$$I\sin\varphi = I_1\sin\varphi_1 - I_C = 10 \times \sin 60° - 6.9$$
$$= 10 \times 0.866 - 6.9 = 1.76(\text{A})$$

总电流

$$I = \sqrt{(I\cos\varphi)^2 + (I\sin\varphi)^2} = \sqrt{5^2 + 1.76^2} = 5.3(\text{A})$$

电路的功率因数

$$\cos\varphi = \frac{5}{5.3} = 0.94$$

【例 6-12】 某一线圈具有电阻 20Ω 和电感 0.2H，加 100V 正弦电压，频率为 50Hz，求其功率因数，若要使功率因数提高到 0.9，应并联多大的电容？

解 $$X = \omega L = 2\pi fL = 62.83(\Omega)$$
$$Z = 20 + j62.83 = 65.94\underline{/72.3°}(\Omega)$$

设 $$\dot{U} = 100\underline{/0°}$$

$$\lambda = \cos\varphi = \cos72.3° = 0.3$$
$$I_C = I\sin\varphi - I\sin\varphi'$$

而有功功率不变，即

$$UI\cos\varphi = UI\cos\varphi' = P$$

代入得

$$I_C = \frac{P}{U\cos\varphi}\sin\varphi - \frac{P}{U\cos\varphi'}\sin\varphi' = \frac{P}{U}(\tan\varphi - \tan\varphi')$$

所需电容器的电容为

$$C = \frac{Q_C}{\omega U^2} = \frac{P}{\omega U^2}(\tan\varphi - \tan\varphi') = 388(\mu F)$$

17. 什么叫谐振？

答：由电感和电容组成的电路，在外加电源的作用下将引起振荡。调节电感或电容值，使 X_L（感抗）$= X_C$（容抗），也就是使它们完全相互补偿。则电路的总电抗等于零（$X = X_L - X_C = 0$），在此条件下，电路的阻抗角等于零（$\varphi = 0°$），电路中的电流和电压就出现了同相位情况，电路的这种状态称为谐振。在谐振时，电路中的阻抗只呈现纯电阻，且振荡振幅度最强。

18. 什么叫串联谐振？它是怎样产生的？

答：在电阻、电感和电容的串联电路中，出现电路端电压和总电流同相位的现象叫做串联谐振。产生串联谐振的条件是：$\omega L = \dfrac{1}{\omega C}$，当电路参数 L、C 一定时，可改变频率使电路谐振，谐振频率为 $f_0 = \dfrac{1}{2\pi\sqrt{LC}}$，$f_0$ 又称为固有振荡频率。当电源频率一定时，通过改变电感或电容，也可使电路谐振，使电路谐振的电感、电容分别为

$$L = \frac{1}{\omega^2 C} , \quad C = \frac{1}{\omega^2 L}$$

串联谐振的特点是：电路是纯电阻，端电压和总电流同相，电抗 $X = 0$，阻抗 $Z = R$，电路的阻抗最小，电流最大，在电感和电容上可能产生比电源电压大很多倍的高电压，故串联谐振也称电压谐振。串联谐时，U_L 或 U_C 与端电压 U 之比叫做电路的品

质因数，用符号 Q 表示，即 $Q = \dfrac{U_L}{U} = \dfrac{U_C}{U} = \dfrac{\omega_0 L}{R}$ ，所以收音机的谐振回路利用这一点来选择某一频率的信号。在电力工程上，由于串联谐振会出现过电压，大电流，以致损坏电气设备，要注意避免串联谐振。

【例 6-13】　一收音机的输入电路如图 6-8 所示。已知线圈的电阻 $R = 20\Omega$，电感 $L = 20\mu H$，现欲接收频率 $f = 7.962 MHz$，5mV 的信号。问调谐电容 C 电容应为何值？电容两端输出电压为何值？

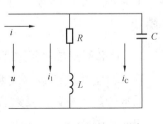

图 6-8　收音机输入电路

解　收音机的输入回路，是有电感线圈与调谐电容构成的串联谐振会回路，当电容 C 调谐于 7.962MHz 频率时，电路发生串联谐振，这时电抗，即

$$X_C = X_L = \omega L = 2\pi f L = 1000(\Omega)$$

$$C = \frac{1}{\omega X_C} = 20(pF)$$

电路的品质因数为

$$Q = \frac{\omega L}{R} = 500$$

故电容两端输出电压为

$$U_C = X_C \frac{U}{R} = 2.5(V)$$

19. 什么叫并联谐振？它产生的条件是什么？

答：在图 6-8 所示的电感线圈和电容并联电路中，出现并联电路的端电压与总电流同相位的现象叫并联谐振。产生并联谐振的条件是 $C = \dfrac{L}{R^2 + (\omega L)^2}$。

在并联谐振时，电路的总阻抗最大，电路的总电流变得最小，但对每一支路而言，其电流可能比总电流大得多，故并联谐振又称为电流谐振。并联谐振时，由于端电压与总电流同相位，使电路总的功率因数达到最大值，即 $\cos\varphi = 1$，并联谐振不会产生危害设备安全的过电压。

并联谐振应用：如自动控制、机械加工、电子钟、电视机。

20. 什么是频率特性？它与 Q 值的关系如何？

答：频率特性是指电路的感抗、容抗和阻抗随频率而变化的特性。R 越小，品质因数 Q 值越大，谐振曲线就越尖锐，选择性也就越好。

21. 什么叫复数？复数有哪几种表示形式？

答：由实数和虚数（实数与 $j=\sqrt{-1}$ 相乘而成的数为虚数）组合而成的数叫复数。复数有三种形式：

（1）代数式。

$$A = a + jb$$

式中　A——复数；

　　　a——复数的实部；

　　　b——复数的虚部。

（2）三角形式。

$$A = r\cos\phi + jr\sin\phi$$

式中　r——复数的模（$r=\sqrt{a^2+b^2}$）；

　　　ϕ——复数的幅角 $\phi = \arctan\dfrac{b}{a}$。

（3）指数形式。

$$A = re^{j\phi}$$

电工中为了书写方便常把复数的三角形式和指数形式写成坐标形式 $r\underline{/\phi}$，即 $re^{j\phi} = rr\underline{/\phi} = r\cos\phi + jr\sin\phi$。

综上所述，复数一般形式为

$$A = a + jb = r\cos\phi + jr\sin\phi = re^{j\phi} = r\,r\underline{/\phi}$$

【例 6-14】 把复数 $A=30+j40$ 用复数的四种方法分别表示出来。

解　　　　　　$A = 30 + j40$

　　　　　　　　$= 50\cos53.1° + j50\sin53.1°$

　　　　　　　　$= 50\underline{/53.1°}$

　　　　　　　　$= 50e^{j53.1°}$

22. 怎样用复数表示正弦量？

答：正弦量可以用相量表示，而相量又和复数相对应，所以复数能表示正弦量。设有一正弦量 $i=\sqrt{2}I\sin(\omega t+\phi)$ 可以用复数 $\dot{I}=I\mathrm{e}^{\mathrm{j}\phi}=Ir\underline{/\phi}$ 表示，用复数表示正弦量时，复数的模表示正弦量的有效值，复数的幅角表示正弦量的初相，在电工中常用大写字母上面加点的形式表示复数相量。如 $\dot{U}$，$\dot{I}$ 分别表示复数电压相量，复数电流相量。电阻元件上的电压与电流同相，复数电压与复数电流关系为 $\dot{U}=\dot{I}R$；电感元件上的电压在相位上超前电流 $90°$，所以 $\dot{U}=\mathrm{j}\dot{I}X_{\mathrm{L}}$；电容元件的电压相量滞后于电流 $90°$，所以 $\dot{U}=-\mathrm{j}\dot{I}X_{\mathrm{C}}$。

23. 什么是电纳？什么是导纳？什么是电导？

答：电纳（B）其数值表现为电抗除以阻抗的平方，即 $B=\dfrac{X}{Z^{2}}$，单位为欧姆。电纳可以分为电容性电纳 $B_{\mathrm{C}}=\omega C$ 和电感性电纳 $B_{\mathrm{L}}=\dfrac{1}{\omega L}$ 两类。

导纳通常用"Y"表示，其数值为电导和电纳的矢量和，也就是阻抗的倒数，它的大小是 $Y=\sqrt{G^{2}+B^{2}}=\dfrac{1}{Z}=\dfrac{1}{\sqrt{R^{2}+(X_{\mathrm{L}}-X_{\mathrm{C}})^{2}}}$（Ω），

用电压乘导纳就得到电流，即 $\dot{I}=\dot{U}Y$，电流无功分量 $I_{\mathrm{c}}=B\dot{U}$，电流有功分量 $\dot{I}_{\mathrm{a}}=\dot{U}G$，电流也有一个三角形，如图 6-9 所示。

电导（G）是电阻除以阻抗的平方，即 $G=\dfrac{R}{Z^{2}}$。

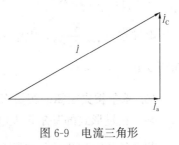

图 6-9　电流三角形

24. 什么叫复阻抗？什么叫复导纳？怎样进行复阻抗与复导纳的等值互换？

答：阻抗的复数形式叫做复阻抗。它等于电压相量与电流相量

的比值，即 $Z = \dfrac{\dot{U}}{\dot{I}}$；而复导纳则表示电流相量与电压相量的比值，

即 $Y = \dfrac{\dot{I}}{\dot{U}}$。它们之间的关系是互为倒数的。对同一段电路，可用复阻抗形式表示，也可用复导纳的形式表示。例如对于一段电阻 R 和电感 L 串联而成的电路，如图 6-10（a）所示，它的复阻抗为

$$Z = \frac{\dot{U}}{\dot{I}} = R + jX$$

$$X = \omega L$$

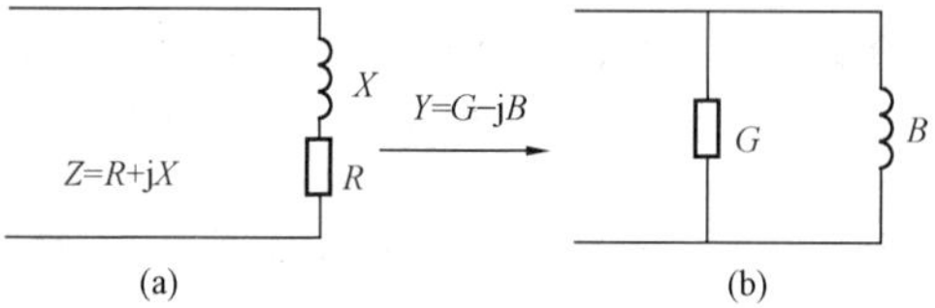

图 6-10　复阻抗与复导纳等值互换

（a）复阻抗；（b）复导纳

它的等值复导纳为

$$Y = \frac{\dot{I}}{\dot{U}} = \frac{1}{Z} = \frac{1}{R + jX} = \frac{R}{R^2 + X^2} - j\frac{X}{R^2 + X^2} = G - jB$$

电导 $G = \dfrac{R}{R^2 + X^2}$，电纳 $B = \dfrac{X}{R^2 + X^2}$ 等值复导纳的并联电路如图 6-10（b）所示。

25. 基尔霍夫定律的相量形式是什么？

答：相量形式的基尔霍夫电流定律，正弦交流电路中，连接于同一节点的各电流相量的代数和等于零，一般式为 $\Sigma \dot{I} = 0$。

若对所选的参考方向指向结点的电流相量取正号，反之则取负号。正弦交流电路中，相量形式的 KVL 为 $\Sigma \dot{U} = 0$，各电压参考方向与所选绕向相同的取正，反之取负。

26. 什么叫复功率?

答: 若两端网络的端口电压相量为 $\dot{U}$,端口电流的相量为 $\dot{I}$,则 $\dot{U}$ 与 $\dot{I}$ 的共轭复数 I^* 的乘积,定义为复功率。用符号 $\tilde{S}$ 表示

$$\tilde{S}=\dot{U}I^*$$

复功率单位仍然是伏安(VA)。

设 $\dot{U}=U\underline{/\varphi_i+\varphi}$; $\dot{I}=Z\underline{/\varphi_i}$,

则　　　$\tilde{S}=\dot{U}I^*=U\underline{/\varphi_i+\varphi} \cdot I\underline{/-\varphi_i}=UI\underline{/\varphi}$

$$\tilde{S}\underline{/\varphi}=UI\cos\varphi+jUI\sin\varphi$$

【例 6-15】 求图 6-11 所示电路的各支路吸收的复功率。

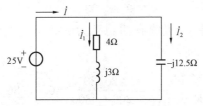

图 6-11 [例 6-15]的图

解　设 $\dot{U}=U\underline{/0°}$(V),先求各支路电流

$$\dot{I}_1=\frac{25\underline{/0°}}{4+j3}=5\underline{/-36.9°}(\text{A})$$

$$=(4-j3)(\text{A})$$

$$\dot{I}_2=\frac{25\underline{/0°}}{-j12.5}=j2(\text{A})$$

总电流 $\dot{I}=\dot{I}_1+\dot{I}_2=(4-j3)+j2=4-j(\text{A})$。

各支路吸收复功率 $\tilde{S}_1=\dot{U}I^*=25(4+j3)=100+j75(\text{VA})$, $\tilde{S}_2=\dot{U}I^*=25(-j2)=-j50(\text{VA})$。

总复功率 $\tilde{S}=-\dot{U}I^*=-25\times(4+j1)=-100-j25(\text{VA})$ 验证 $\tilde{S}_1+\tilde{S}_2+\tilde{S}=0$。

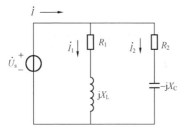

图 6-12 ［例 6-16]的图

【例 6-16】 在图 6-12 中，$R_1=100\Omega$，$X_L=200\Omega$，$R_2=200\Omega$，$X_C=300\Omega$，$\dot{U}_S=220\underline{/30°}$（V），试求电路中各元件吸收的有功功率及无功功率，并验证复功率。图中已给出电压电流的参考方向。

解

$$\dot{I}_1=\frac{\dot{U}_S}{R_1+jX_L}=\frac{220\underline{/30°}}{100+j200}$$
$$=0.98\underline{/-33.4°}(A)$$

$$S_1=\dot{U}_S\dot{I}_1^*=220\underline{/30°}\times0.98\underline{/33.4}=(96.5+j192.8)(VA)$$

其中，电阻 R_1 吸收有功功率为 96.5W，电感吸收无功功率为 192.8var。

$$\dot{I}_2=\frac{\dot{U}_S}{R_2-jX_C}=\frac{220\underline{/30°}}{200-j300}=0.61\underline{/86.3°}(A)$$

$$S_2=\dot{U}_S\dot{I}_2^*=220\underline{/30°}\times0.61\underline{/-86.3°}=(74.5-j111.6)(VA)$$

其中，电阻 R_2 吸收有功功率为 74.5W，电容吸收无功功率为 -111.6var。

电源支路电压 $\dot{U}_S$ 和电流 $\dot{I}$ 为关联参考方向，所以电源支路的电流 $\dot{I}$ 及发出的复功率分别为

$$\dot{I}=\dot{I}_1+\dot{I}_2=0.98\underline{/-33.4°}+0.61\underline{/86.3°}=0.86\underline{/4.7°}(A)$$

$$S=\dot{U}_S\dot{I}_1^*=220\underline{/30°}\times0.86\underline{/-4.7°}=(171+j81)(VA)$$

验证复功率平衡

$$S_1+S_2=(96.5+j192.8)+(74.5-j111.6)=(171+j81)=S$$

27. 什么是正弦交流电路的相量分析法？

答：在正弦交流电路中引用相量及复阻抗、复导纳后，各

元件的伏安关系以及基尔霍夫定律的相量形式与直流电路完全相似，就可把描述正弦交流电率的微分方程对换成复数的代数方程，见表 6-1，又要把正弦交流电路中的元件用相应的相量模型表示，电流、电压变量用相应的相量表示，则直流电路定律、定理与分析方法，都可直接用于正弦电路的分析与计算，这种用复数对电路进行分析计算的方法，称为相量分析法，也叫作符号法。

表 6-1　　　直流电路和正弦交流电路的基本定律对比

电路	对应的量	欧姆定律	KCL	KVL	叠加定理
直流电路	E、U、I、R、G	$I=\dfrac{U}{R}=UG$	$\sum I=0$	$\sum U=0$	代数和
交流电路	$\dot{E}$、$\dot{U}$、$\dot{I}$、Z、Y	$\dot{I}=\dfrac{\dot{U}}{Z}$	$\sum \dot{I}=0$	$\sum \dot{U}=0$	复数的代数和

28. 什么是复阻抗的串联与并联？

答：几个复阻抗串联时，其等效阻抗等于各复阻抗的代数和。$Z=\sum\limits_{i=1}^{n}Z_i$ 几个复导纳并联时，其等效等于各复导纳的代数和，$Y=\sum\limits_{i=1}^{n}Y_i$。

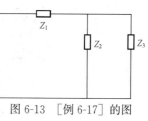

图 6-13　[例 6-17] 的图

【例 6-17】　如图 6-13 所示，复阻抗 $Z_1=20+\mathrm{j}10\Omega$；$Z_2=\mathrm{j}100\Omega$，$Z_3=100\Omega$，试求等效复阻抗。

解

$$Z=Z_1+\frac{Z_2 Z_3}{Z_2+Z_3}=20+\mathrm{j}10+\frac{\mathrm{j}100\times 100}{\mathrm{j}100+100}$$

$$=20+\mathrm{j}10+\frac{\mathrm{j}10000(100-\mathrm{j}100)}{100\times 100-\mathrm{j}^2\times 100\times 100}$$

$$=20+\mathrm{j}10+\frac{1}{2}\mathrm{j}(100-\mathrm{j}100)=70+\mathrm{j}60(\Omega)。$$

29. 什么是相量的节点电压法？

【**例 6-18**】 图 6-14 所示电路为两个节点的正弦电路，弥尔曼定律的相量形式为

$$\dot{U}_{ab} = \left(\frac{\dot{U}_{S1}}{Z_1} + \frac{\dot{U}_{S2}}{Z_2}\right) \bigg/ \left(\frac{1}{Z_1} + \frac{1}{Z_2} + \frac{1}{Z_3}\right)$$

各支路电流

$$\dot{I}_1 = \frac{\dot{U}_{S1} - \dot{U}_{ab}}{Z_1},$$

$$\dot{I}_2 = \frac{\dot{U}_{S2} - \dot{U}_{ab}}{Z_2}, \quad \dot{I}_3 = \frac{\dot{U}_{ab}}{Z_3}$$

【**例 6-19**】 在图 6-14 所示为两节点电路，已知：$Z_1 = 1 + j(\Omega)$；$Z_2 = 1 - j(\Omega)$；$Z_3 = -j\ (\Omega)$，$\dot{U}_{S1} = \dot{U}_{S2} = 10\underline{/0°}$ (V)。试求节点电压 $\dot{U}_{ab}$ 与各支路电流。

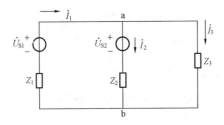

图 6-14 ［例 6-19］ 的图

解 $\dot{U}_{ab} = \left(\dfrac{10}{1+j} + \dfrac{10}{1-j}\right) \bigg/ \left(\dfrac{1}{1+j} + \dfrac{1}{1-j} + \dfrac{1}{-j}\right)$

$$= 5\sqrt{2}\underline{/-45°} = 5 - j(V)$$

各支路电流

$$\dot{I}_1 = \frac{10 - (5 - j5)}{1+j} = 5(A)$$

$$\dot{I}_2 = \frac{10 - (5 - j5)}{1 - j} = j5(A)$$

$$\dot{I}_3 = \frac{5 - j5}{-j} = 5 + j5(A)$$

30. 什么是相量的网孔法?

答：以网孔电流为待求量，根据相量的 KVL 对网孔列出电路方程，列出电路方程，求解出网孔电流，而后求出各支路电流与电压的方法称网孔法。

【例 6-20】 如图 6-15 所示电路，试用网孔法求各支路电流。

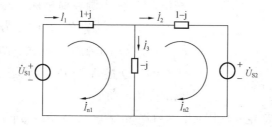

图 6-15　[例 6-20] 的图

解
$$\dot{U}_{S1} = \dot{U}_{S2} = 10\underline{/0°}\,V$$

取两网孔电流为顺时针方向，列出网孔方程

$$\begin{cases} (1 + j - j)\dot{I}_{n1} - (-j)\dot{I}_{n2} = 10\underline{/0°} \\ (1 - j - j)\dot{I}_{n2} - (-j)\dot{I}_{n1} = -10\underline{/0°} \end{cases}$$

解得：
$$\dot{I}_{n2} = -5j\ (A)$$

$$\dot{I}_{n1} = 5\ (A)$$

各支路电流

$$\dot{I}_1 = \dot{I}_{n1} = 5(A)$$

$$\dot{I}_2 = \dot{I}_{n2} = -5j(A)$$

$$\dot{I}_3 = \dot{I}_1 - \dot{I}_2 = 5 - (-5j) = 5 + 5j(A)$$

31. 镇流器铭牌不清，如何求它的电感 L 与电阻值。

答：将镇流器与一个已知电阻 r 相串联，电路如图 6-16（a）所

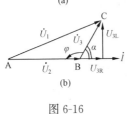

(a)

示，解此工程问题可用三个电压表 PV1，PV2，PV3 分别测电路总电压 U_1，电阻 r 上电压 U_2，镇流器上电压为 U_3。

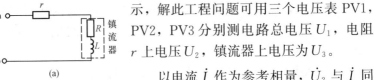

(b)

图 6-16

以电流 $\dot{I}$ 作为参考相量，$\dot{U}_2$ 与 $\dot{I}$ 同相位，$\dot{U}_2$ 大小画在横坐标上，如图 6-16（b）所示，分别以 A、B 两点为圆心，以 $\dot{U}_1$ 与 $\dot{U}_3$ 为半径画两个圆弧，两圆弧相交于 C 点，连接 AC、BC，即为三个电压组成的电压三角形。

由余弦定理得 $U_1^2 = U_2^2 + U_3^2 - 2U_2U_3\cos\varphi$, $\cos\varphi = \dfrac{U_1^2 - U_2^2 - U_3}{2U_1U_2}$ $\varphi = \arccos\dfrac{U_1^2 - U_2^2 - U_3^2}{2U_2U_3}$, 因 $\alpha = 180° - \varphi$、$I = \dfrac{U_2}{r}$;

$U_{3L} = U_3\sin\alpha$、$X_L = \dfrac{U_{3L}}{I}$; $U_{3R} = U_3\cos$、$R = \dfrac{U_{3R}}{I}$; 所以 $L = \dfrac{X_L}{2\pi f}$。

32. 在一个电阻电感与电容串联的电路中，已知 $R=4\Omega$, $L=25.5mH$, $C=40\mu F$, 外加电压 $U=220V$, $f=50Hz$, 计算 I、U_L、U_C 及 U_L/U。

答：$X_L = 2\pi f L = 2\times 3.14\times 50\times 0.255 = 80(\Omega)$; $X_C = 1/2\pi f c = l/2\pi\times 50\times 40\times 10^{-6} = 80(\Omega)$。

$X_L = X_C = 80\Omega$, 电路产生串联谐振。$Z = \sqrt{R^2 + (X_L - X_C)^2} = R = 4\Omega$。

$I = \dfrac{U}{Z} = \dfrac{220}{4} = 55(A)$ $U_L = IX_L = 55\times 80 = 4400(V)$, $U_C =$

$IX_C = 55 \times 80 = 4400(\text{V})$。

$U_L/U = 4400/220 = 20(倍)$

说明发生串联谐振元件上电压比外加电压高 20 倍，此时注意高电压危险。

33. 由于没有瓦特计，测量某电感性负载的功率时要用图 6-17 **(a)所示的三安培计法，图中 $R=1\text{k}\Omega$ 的固定电阻，设安培表 PA1、PA2、PA3 的读数各为 0.4A、0.1A 和 0.36A，试计算负载的有功功率与无功功率。**

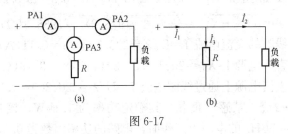

图 6-17

答：设以负载端电压相量 $\dot{U}$ 为参考相量，则 $\dot{I}_3 = 0.36\underline{/0°}(\text{A})$，见图 6-17(b)所示。

令 $\dot{I}_1 = 0.4\underline{/\varphi_1}(\text{A})$；$\dot{I}_2 = 0.1\underline{/\varphi_2}(\text{A})$。

K.C.L $\dot{I}_1 = \dot{I}_2 + \dot{I}_3$ $0.4\underline{/\varphi_1} = 0.1\underline{/\varphi_2} + 0.36\underline{/0°}$。

根据复数相等条件有：$0.4\cos\varphi_1 = 0.1\cos\varphi_2 + 0.36$（复数的模相等）。

$$0.4\sin\varphi_1 = 0.1\sin\varphi_2 （复数的幅角相等）$$

$(0.4\cos\varphi_1)^2 + (0.4\sin\varphi_1)^2 = (0.1\cos\varphi_2 + 0.36)^2 + (0.1\sin\varphi_2)^2$ （上两式平方相加）。

以 $\cos^2\varphi_1 + \sin^2\varphi_1 = 1$，$\cos^2\varphi_2 + \sin^2\varphi_2 = 1$，代入上式得 $0.4^2 = 0.1^2 + 2 \times 0.1 \times 0.36\cos\varphi_2 + 0.36^2$，解 得 $\cos\varphi_2 = \dfrac{0.4^2 - 0.1^2 - 0.36^2}{2 \times 0.1 \times 0.36} = 0.2833$；$\varphi_2 = -73.54°$（因为负载是电感性，$\dot{I}_2$ 落后 $\dot{U}$，故 φ_2 为负值）；因而 $\sin\varphi_1 = \dfrac{0.1}{0.4}\sin\varphi_2 = \dfrac{0.1}{0.4}\sin(-73.54°) = -0.2398$。

$\varphi_1 = -13.87°$，$\dot{U} = \dot{I}_3 R = 0.36\underline{/0°} \times 1000 = 360\underline{/0°}$(V)。

负载的复功率 $\tilde{S} = \dot{U}\dot{I}_2^* = 360\underline{/0°} \times 0.1\underline{/73.54°} = (102 + j34.52)$ VA，故

$$p = 102\text{W}，Q = 34.52\text{var}$$

34. 有一线圈 $L = 6.3\text{H}$，电阻 $r = 200\Omega$，外接工频交流电源的电压 $U = 220\text{V}$，计算通过线圈的电流是多少，若接到 220V 直流电源上，求电流是多少？

答：线圈的电抗 $X_L = 2\pi fL = 2 \times 3.14 \times 50 \times 6.3 = 1978.2(\Omega)$

阻抗 $Z = \sqrt{R^2 + X_L^2} = \sqrt{200^2 + (1978.2)^2} = 1988.3(\Omega)$

通过线圈的交流电流 $I = U/Z = 220/1988.3 = 0.11$(A)

接到直流电源上 $X_L = 2\pi fL = 2 \times 3.14 \times 0 \times 6.3 = 0(\Omega)$

接到直流电源上通过线圈电流 $I = U/r = 220/200 = 1.1$(A)

【例 6-21】 某感性负载，其额定功率为 1.1kW，接在电压为 220V，$f = 50\text{Hz}$ 的电源上工作时，电路的功率因数为 0.5，若想将功率因数提高到 0.8，求需并联多大容量的电容量。

解： $\cos\varphi_D = 0.5$，$\varphi_D = 60°$，$\tan\varphi_D = \tan 60° = 1.732$，$\cos\varphi_G = 0.8$，$\varphi_G = 36.9°$，$\tan\varphi_G = \tan 36.9° = 0.751$。

$$C = \frac{p}{2\pi fC_2}(\tan\varphi_D - \tan\varphi_G)$$

$$= \frac{1100}{314 \times 220^2}(1.732 - 0.751)$$

$$= 0.000\,071(\text{F}) = 71(\mu\text{F})$$

第七章

三相交流电路

1. 什么是三相交流电源？它有何用途？

答：有三个频率相同、振幅相等、相位依次相差 120°的交流电动势组成的电源称三相交流电源，如图 7-1 所示。

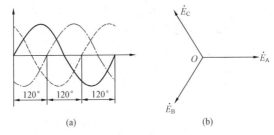

图 7-1　对称三相电动势的波形和相量图

（a）波形图；（b）相量图

三相交流电源是由三相发电机产生的，目前工农业生产所用的动力电源，几乎全部采用三相交流电源。生活用的单相交流电，如电灯，单相用电设备等，也是由三相交流电压中的一相提供的。

2. 三相交流电和单相交流电相比较有何优点？

答：三相交流电在发电、输配电以及电能转换为机械能方面，都有明显的优越性。例如制造三相发电机、变压器都较制造单相发电机、变压器省材料，而且构造简单、性能优良。又如，用同样的材料制造的三相电机，其容量比单相电机大 50%，在输送同样功率的情况下，三相输电线较单相输电线可节省有色金属 25%，而且电能损耗较单相输电时少。

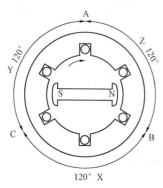

图 7-2　三相交流发电机

3. 三相交流电动势是怎样产生的？

答：在三相交流发电机中，电枢铁心槽内放置三个完全相同但空间相隔 120°的线圈，这三个线圈称为三相绕组。三相绕组的头尾分别用 Ax，By，Cz 表示，如图 7-2 所示，当转子磁极在磁场中匀速旋转时，根据电磁感应定律，在绕组中会产生出振幅相同，频率相同，两相位互差 120°的三相电动势，如果每相电动势有效值为 E，角频率为 ω，并以 e_A 为参考正弦量，则三相电动势可表示为

$$e_A = \sqrt{2}\,E\sin\omega t$$
$$e_B = \sqrt{2}\,E\sin（\omega t - 120°）$$
$$e_C = \sqrt{2}\,E\sin（\omega t + 120°）$$

若以相量形式表示

$$\dot{E}_A = E\underline{/0°} = E$$
$$\dot{E}_B = E\underline{/-120°} = \alpha^2 E$$
$$\dot{E}_C = E\underline{/120°} = \alpha E$$

$\alpha = \underline{/120°} = -\dfrac{1}{2} + \mathrm{j}\dfrac{\sqrt{3}}{2}$，称为 120°旋转算子，它们的波形和相量图如图 7-1 所示，对称三相电动势的相量表示为零，即，$\dot{E}_A + \dot{E}_B + \dot{E}_C = 0$，对称三相电动势瞬时值和为零，即，$e_A + e_B + e_C = 0$。

4. 什么叫相序？

答：三相交流电出现幅值的先后次序称为相序，上述三相电动势相序为 A→B→C→A。称为正序（顺序）若相序为 A→C→B→A；则称负序（或逆序），今后若无说明，均指正序。

5. 什么叫相电压、线电压、相电流和线电流？

答：三相电路中，每相头尾之间的电压叫做相电压。如 U_{A0}，

U_{B0}，U_{C0}（简单写为 U_A，U_B，U_C），相电压通用字母 U_P 表示，相与相之间的电压叫做线电压，如 U_{AB}，U_{BC}，U_{CA}，线电压通常用字母 U_L 表示。三相电路中，流过每相电源或每相负载的电流叫做相电流，通常用字母 I_P 表示。流过各相端线的电流叫做线电流，用字母 I_L 表示。

6. 什么是三相电源和负载的星形连接？

答：将三相绕组的末端(x、y、z)连在一起，从始端分别引导线这就是星形连接。通常绕组始端用字母 A、B、C 表示末端用字母 x、y、z 表示，三相末端连接在一起的公共点"O"为中性点，绕组始端引出的线称相线(俗称火线)，如图 7-3(a)所示，三相负载的星形连接和三相电源星形连接相同，如图 7-3(b)所示。

7. 在星形连接中，相电流、线电流的关系如何？

答：在星形连接中，由于流过每相绕组（或负载）的电流就是流过端线的电流，故星形连接线电流等于相电流，即 $I_L = I_P$。

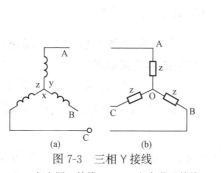

(a)　　　　　(b)

图 7-3　三相 Y 接线

(a) 三相电源 Y 接线；(b) 三相负载 Y 接线

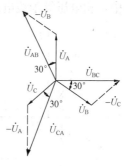

图 7-4　星形连接相、
线电压相量图

8. 在星形连接中，相电压、线电压的关系如何？

答：线电压超前相电压 $30°$，线电压的有效值是相电压有效值的 $\sqrt{3}$ 倍，如图 7-4 所示。

9. 什么叫三相电源和负载的三角形连接？

答：把一相绕组的末端与相邻绕组的始端顺次连接起来，

即 X 与 B 相连，Y 与 C 相连，Z 与 A 相连构成一个三角形回路。再从三个连接点引出三根端线，这种连接方法称三角形连接。三相负载的三角形连接与三相电源的连接方法相同，如图 7-5 所示。

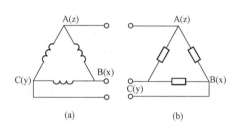

图 7-5　三角形连接

(a) 三相电压；(b) 三相负载

10. 在三角形连接中，相电压、线电压的关系如何？

答：由图 7-5 知，每相绕组两端的电压就是线电压，故三角连接中，相电压等于线电压，即

$$U_P = U_L$$

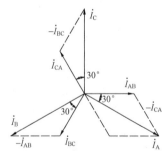

图 7-6　三角形连接相、线电流

11. 在三角形连接中，相电压、线电流的关系如何？

答：线电流滞后相电流 30°，线电流的有效值是相电流有效值的 $\sqrt{3}$ 倍，$I_L = \sqrt{3} I_P$ 即 $I = \sqrt{3} I_{AB}$ $I_B = \sqrt{3} I_{BC}$ $I_C = \sqrt{3} I_{CA}$，如图 7-6 所示。

12. 什么叫中性点？什么叫中性线？

答：在星形连接中，把电源三绕组负载末端 X、Y、Z 连在一起，成为 O 点，同时把三相负载末端 x、y、z 连在一起，成为 O′ 点，那么 O 与 O′ 点即称为中性点，中性点 O 与 O′ 的连线叫做中性线，如图 7-7 所示。

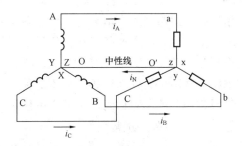

图 7-7 星形连接

13. 什么是中性点位移现象？

答：三相电路中，在电源电压对称的情况下，若三相负载对称，根据 KCL（基尔霍夫定律），不管有无中线，中性点电压都等于零。若三相负载不对称，而且没有中线或者中线阻抗较大，则负载中性点会出现电压，即电源中性点 O 和负载中性点 O′ 之间电压 U_O 不在为零，如图 7-8 所示。这种现象即为中性点位移。由相量图中可以看出，由于中性点位移，引起负载

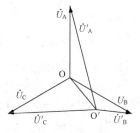

图 7-8 负载不对称
电压相量图

各相电压分配不对称，使某些相负载电压过高，而另一些相电压较正常时降低，达不到额定值，使设备不能正常工作。

14. 中性线的作用是什么？

答：在电源和负载做星形连接的系统中，中性线的作用就是消除由于三相负载不对称而引起的中性点位移，如图 7-7 所示。当三相负载不对称时，必须接入中性线，且使线阻抗为零，才能消除中性点位移。一般照明负载很难做到三相平衡，所以采用三相四线制供电方式。

15. 在低压供电系统中，三相四线制较三相三线制有何优点？

答：三相三线供电系统，只适合于三相对称负载（如三相电力

变压器、三相电动机等)。如果三相负载不对称,负载中性点就会出现电压。采用三相四线制低压供电系统,可以获得线电压与相电压两种电压,对于用电者是较方便的,在低压供电系统中,常采用动力与照明混合供电,即 380V 线电压供三相电动机用,220V 相电压供照明和单相负载用。另外在三相负载不对称时,因中性阻抗很小,也能消除因三相负载不对称时,中性点电压位移,能保证负载的正常工作。

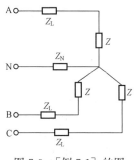

图 7-9 [例 7-1] 的图

【例 7-1】 已知某对称三相正弦交流电源的线电压为 380V,其与一组对称星形连接负载接成三相四线制电路,负载每相阻抗为 $Z = (11+j14)$ Ω,端线阻抗为 $Z_L = (0.2+j0.1)$ Ω,中性线阻抗为 $Z_N = (0.15+j0.1)$ Ω,如图 7-9 所示。试求负载的相电流和相电压。

解 由于 $U_L = \sqrt{3} U_p = 380$ (V),可得 $U_P = 220V$。

设 $\dot{U}_A = 220\underline{/0°}$ (V),又因为是对称三相电路,则中性点电压 $\dot{U}_{N'N} = 0$。

则

$$\dot{I}_A = \frac{U_A}{Z+Z_L} = \frac{220\underline{/0°}}{11+j14+0.2+j0.1}$$

$$= \frac{220\underline{/0°}}{18\underline{/51.5°}} = 12.22\underline{/-51.5°} \text{ (A)}$$

$$\dot{I}_B = \dot{I}_A\underline{/-120°} = 12.22\underline{/-171.5°} \text{ (A)}$$

$$\dot{I}_C = \dot{I}_A\underline{/120°} = 12.22\underline{/68.5°} \text{ (A)}$$

A 相负载的相电压为

$$\dot{U}_{A'N'} = Z_{\dot{I}_A} = (11+j14) \times 12.22\underline{/-51.5°}$$

$$= 17.8\underline{/51.8°} \times 12.22\underline{/-51.5°}$$

$$= 218\underline{/0.3°} \text{ (V)}$$

$$\dot{U}_{B'N'} = 218\underline{/-119.7°} \text{ (V)}$$

$$\dot{U}_{C'N'} = 218\underline{/120.3°} \text{ (V)}$$

【例 7-2】 图 7-10 所示电路中，加在三角形连接负载上的三相电压对称，线电压为 380V，三相负载每相阻抗为 $Z=(17.3+\mathrm{j}10)$ Ω；试求负载各相电流和线电流。

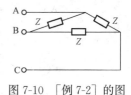

图 7-10 ［例 7-2］的图

解 设 $\dot{U}_\mathrm{A}=220\underline{/0^\circ}$ (V)，

则 $\dot{U}_\mathrm{AB}=\sqrt{3}\dot{U}_\mathrm{A}\underline{/30^\circ}=380\underline{/30^\circ}$ (V)

$\dot{U}_\mathrm{BC}=\sqrt{3}\dot{U}_\mathrm{B}\underline{/30^\circ}=\sqrt{3}\times200\underline{/-120^\circ}\times\underline{/30^\circ}$
$\quad\quad=380\underline{/-90^\circ}$ (V)

$\dot{U}_\mathrm{CA}=\sqrt{3}\dot{U}_\mathrm{C}\underline{/30^\circ}=\sqrt{3}\times220\underline{/120^\circ}\times\underline{/30^\circ}$
$\quad\quad=380\underline{/150^\circ}$ (V)

三角形连接负载承受线电压，各相电流用 $\dot{I}_\mathrm{AB}$、$\dot{I}_\mathrm{BC}$、$\dot{I}_\mathrm{CA}$ 表示，

则 $\dot{I}_\mathrm{AB}=\dfrac{\dot{U}_\mathrm{ab}}{Z_\mathrm{ab}}=\dfrac{380\underline{/30^\circ}}{17.3+\mathrm{j}10}=19\underline{/0^\circ}$ (A)

$\dot{I}_\mathrm{BC}=\dfrac{\dot{U}_\mathrm{bc}}{Z_\mathrm{bc}}=\dfrac{380\underline{/-90^\circ}}{17.3+\mathrm{j}10}=19\underline{/-120^\circ}$ (A)

$\dot{I}_\mathrm{CA}=\dfrac{\dot{U}_\mathrm{ca}}{Z_\mathrm{ca}}=\dfrac{380\underline{/150^\circ}}{17.3+\mathrm{j}10}=19\underline{/120^\circ}$ (A)

各线电流为

$\dot{I}_\mathrm{A}=\sqrt{3}I_\mathrm{AB}\underline{/-30^\circ}=\sqrt{3}\times19\underline{/-30^\circ}=32.9\underline{/-30^\circ}$ (A)

$\dot{I}_\mathrm{B}=\sqrt{3}I_\mathrm{BC}\underline{/-30^\circ}=\sqrt{3}\times19\underline{/-120^\circ}\times\underline{/-30^\circ}=32.9\underline{/-150^\circ}$ (A)

$\dot{I}_\mathrm{C}=\sqrt{3}I_\mathrm{CA}\underline{/-30^\circ}=\sqrt{3}\times19\underline{/120^\circ}\times\underline{/-30^\circ}=32.9\underline{/90^\circ}$ (A)

【例 7-3】 示相器电路由接成 Y 形的一个电容器和两个相同灯泡组成，如图 7-11 (a) 所示，试说明其原理。

解 设三相电源是 Y 连接，并设 $\dot{U}_\mathrm{A}=U_\mathrm{P}\underline{/0^\circ}$，可以作出电源相电压两相图，并确定 A、B、C、N 四点，负载中性点 N' 的位置要由中点电压 $\dot{U}_\mathrm{N'N}$ 来确定。

设 $X_\mathrm{C}=R$，根据由 N 点作出中点电压相量 $\dot{U}_\mathrm{N'N}$，便确定 N' 的

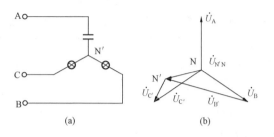

图 7-11 ［例 7-3］的图

（a）示相器电路；（b）电压位形图

位置，如图 7-11（b）所示。再由 N′至 B′作 B 相灯泡的电压相量 $\dot{U}_{B'}$，由 N′至 C′作 C 相灯泡的电压相量 $\dot{U}_{C'}$。由图知 $U_{B'} > U_{C'}$，因而 B 相灯泡比较亮，C 相灯泡比较暗。

$$\dot{U}_{N'N} = \frac{j\omega C U_P + \frac{1}{R}U_P \underline{/-120^\circ} + \frac{1}{R}U_P \underline{/120^\circ}}{j\omega C + \frac{1}{R} + \frac{1}{R}}$$

$$= \frac{jU_P + \alpha^2 U_P + \alpha U_P}{j+2}$$

$$= \frac{(-1+j)\,U_P}{2+j}$$

$$= (-0.2+j0.6)\,U_P$$

$$= 0.63U_P \underline{/108.4^\circ}\ (V)$$

实际测量相序时，可按电容器一相为 A 相，然后按 B 相亮，C 相暗的规则确定 B 相，C 相。

16. 怎样计算三相电路中的功率？

答：一个三相电源发出的总有功功率等于每相电源发出的有功功率之和；一个三相负载消耗的有功功率等于每相负载消耗有功功率之和，不论是星形连接还是三角形连接，只要三相电路对称，则三相功率等于 3 倍的单相功率。即

$$P = P_A + P_B + P_C = U_A I_A \cos\varphi_A + U_B I_B \cos\varphi_B + U_C I_C \cos\varphi$$

因三相对称，故

$$P = 3U_P I_P \cos\varphi$$

式中　P——三相有功功率；

　　　U_P——相电压；

　　　I_P——相电流。

在对称三相电路中，如用线电压 U_L 和线电流 I_L 表示三相功率。当星形连接时 $U_L=\sqrt{3}U_P$，$I_L=I_P$；三角形连接时 $U_L=U_P$，$I_L=\sqrt{3}I_P$。所以不论是星形连接还是三角形连接，其有功功率为：$P=\sqrt{3}U_LI_L\cos\varphi$。同理，三相电源或三相负载的总无功功率之和，即 $Q=Q_A+Q_B+Q_C=U_AI_A\sin\varphi_A+U_BI_B\sin\varphi_B+U_CI_C\sin\varphi_C$。如三相对称，则 $Q=3U_PI_P\sin\varphi$。在对称三相电路中，如以线电压 U_L 和线电流 I_L 表示则 $Q=\sqrt{3}U_LI_L\sin\varphi$。三相电路中规定三相视在功率为 $S=\sqrt{P^2+Q^2}$，在对称的情况下，则有 $S=\sqrt{3}UI$。如果三相负载不对称，则应分别计算各相功率，三相功率等于各相功率之和。

【例7-4】　一台 Y 形连接三相电动机的总功率、线电压、线电流分别为 3.3kW、380V、6.1A，试求它的功率因数和每相阻抗。

　　解　这台电动机的功率因数为

$$\lambda=\cos\varphi=\frac{P}{\sqrt{3}U_LI_L}=\frac{3.3\times1000}{\sqrt{3}\times380\times6.1}=0.822$$

它每相的阻抗为

$$Z=|Z|\angle\varphi=\frac{U_P}{I_P}\underline{/\arccos\lambda}=\frac{\dfrac{U_L}{\sqrt{3}}}{I_L}\underline{/\arccos\lambda}$$

$$=\frac{380}{\sqrt{3}\times6.1}\underline{/\arccos0.822}=36\underline{/34.7°}$$

$$=29.6+j20.5\ (\Omega)$$

【例7-5】　有一三相负载，每相阻抗为 $Z=29+j21.8$（Ω），试求下列两种情况下的功率：

（1）连接成星形接于 $U_L=380V$ 三相电源上；

（2）连接成三角形接于 $U_L=220V$ 三相电源上。

　　解　（1）三相负载接成星形，接于 $U_L=380V$ 时

$$U_P=\frac{U_L}{\sqrt{3}}=\frac{380}{\sqrt{3}}=220\ (V)$$

$$Z = 29 + j21.8 = 36.28 \underline{/36.9°} \quad (\Omega)$$

$$I_L = \frac{220}{|Z|} = \frac{220}{36.28} = 6.1 \quad (A)$$

$$P = \sqrt{3} U_L I_L \cos\varphi$$

$$= \sqrt{3} \times 380 \times 6.1 \times \cos36.9°$$

$$= 3.21 \quad (kW)$$

（2）三相负载接成三角形，接于 $U_L = 220V$ 时

$$I_P = \frac{220}{36.28} = 6.1 \quad (A)$$

$$I_L = \sqrt{3} I_P = \sqrt{3} \times 6.1 = 10.6 \quad (A)$$

$$P = \sqrt{3} U_L I_L \cos\varphi$$

$$= \sqrt{3} \times 220 \times 10.6 \times \cos36.9°$$

$$= 3.21 \quad (kW)$$

【例7-6】 有一台三相电动机，其绕组接成三角形，铭牌标记为：$U = 380V$、$P = 7.5kW$、$\cos\varphi = 0.8$、$\eta = 0.95$，试求额定情况下电动机的线电流和相电流。

解 线电流

$$I_L = \frac{P}{\sqrt{3} U \eta \cos\varphi} = \frac{7.5 \times 10^3}{\sqrt{3} \times 380 \times 0.8 \times 0.95} = 15 \quad (A)$$

三角形连接绕组的相电流

$$I_P = \frac{I_L}{\sqrt{3}} = \frac{I_L}{\sqrt{3}} = \frac{15}{\sqrt{3}} = 8.7 \quad (A)$$

【例7-7】 某施工地有一台容量为 $S = 320kVA$ 的三相变压器。该地原有负载功率 $P = 210kW$，功率因数 $\cos\varphi = 0.69$（感性），问此变压器能否满足要求？负载功率增加到 $255kW$ 时，问此变压器能否满足要求？

解 根据公式 $P = \sqrt{3} UI \cos\varphi = S \cos\varphi$，负载功率为 $210kW$ 时所需变压器容量。

$$S_1 = P/\cos\varphi = 210/0.69 = 304 < 320kVA \quad （此变压器能满足要求）。$$

负载功率为 255kW 时所需变压器容量：

$S_2=P/\cos\varphi=255/0.69=370>320$kVA（此变压器容量不够，应增容）。

【例 7-8】　断路器铭牌上表示额定电压 $U=110$kV，遮断容量 $S=3500$MVA，若使用在线电压 $U_L=66$kV 的系统上，遮断容量为多少？

解　因为遮断容量 $S=\sqrt{3}UI$

$$I=S/\sqrt{3}U=\frac{3500}{\sqrt{3}\times110}=183\ 70\ (\text{A})$$

使用在 66kV 系统中

$$S_1=\sqrt{3}U_LI=\sqrt{3}\times66\times10^3\times18\ 370=1909\ (\text{MVA})$$

17. 什么叫对称分量法？

答：凡是大小相等、频率相同、相位差彼此相等的三个正弦量称为对称三相正弦量。满足上述对称条件的对称正弦量共有三种：

（1）正序对称量。用 $\dot{A}_1$、$\dot{B}_1$、$\dot{C}_1$ 表示，其相序 $\dot{A}_1\rightarrow\dot{B}_1\rightarrow\dot{C}_1\rightarrow\dot{A}_1$，即 $\dot{A}_1$ 超前 $\dot{B}_1120°$，$\dot{C}_1$ 超前 $\dot{A}_1120°$，$\dot{B}_1$ 超前 $\dot{C}_1120°$，如图 7-12（a）所示。

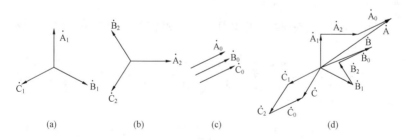

（a）　　　　　（b）　　　　　（c）　　　　　　（d）

图 7-12　三相对称正弦量

（a）正序对称量；（b）负序对称量；（c）零序对称量；（d）相加为一组不对称量

（2）负序对称量。用 $\dot{A}_2$，$\dot{B}_2$，$\dot{C}_2$ 表示，其相序是 $\dot{A}_2\rightarrow\dot{C}_2\rightarrow\dot{B}_2\rightarrow\dot{A}_2$，即 $\dot{A}_2$ 超前 $\dot{C}_2120°$，$\dot{C}_2$ 超前 $\dot{B}_2120°$，$\dot{B}_2$ 超前 $\dot{A}_2120°$，如图 7-12（b）所示。

（3）零序对称量。用 $\dot{A}_0$，$\dot{B}_0$，$\dot{C}_0$ 表示，它们的相位差是 0°，即

同相位，如图 7-12 (c) 所示。将上述三相同频率的对称量的各相相加，可以得到一组同频率的不对称量 $\dot{A}$，$\dot{B}$，$\dot{C}$，如图 7-12 (d) 所示，$\dot{A}=\dot{A}_1+\dot{A}_2+\dot{A}_3$；$\dot{B}=\dot{B}_1+\dot{B}_2+\dot{B}_0$；$\dot{C}=\dot{C}_1+\dot{C}_2+\dot{C}_0$。

18. 某施工场地有一台容量 $S=320\text{kVA}$ 的三相变压器，该工地原有负载功率 $P=210\text{kW}$，平均功率因数 $\cos\varphi=0.69$（感性），试问此变压器能否满足要求？负载功率增加到 255kW 时，此变压器的容量能否满足要求？

答：根据公式 $P=\sqrt{3}UI\cos\varphi$，负载功率为 210kW 时所需变压器的容量 $S_1=P/\cos\varphi=210/0.69=304\text{kVA}<320\text{kVA}$，负载为 255kW 时，所需变压器的容量 $S_2=255/0.69=370\text{kVA}>320\text{kVA}$。

当负载功率为 210kW 时，此变压器容量满足要求；当负载功率为 255kW 时，此台变压器容量不够，应增容。

【例 7-9】 对称三相电路的电压为 380V 联接成 Y 形对称负载，每相阻抗为 $Z=(8+j6)\ \Omega$，联接为对称△负载，负载每相阻抗为 $Z=(8+j6)\ \Omega$，分别求两种接线的负载每相的相电流与线电流、三相电路平均功率。

解： 星形接法时：相电压 $U_p=380/\sqrt{3}=220\text{V}$，$\dot{U}_a=220\underline{/0°}$ (V)。

A 相电流 $\dot{I}_a=\dfrac{220\underline{/0°}}{8+j6}=\dfrac{220\underline{/0°}}{10\underline{/36.9°}}=22\underline{/-36.9}$ (A)；$\dot{I}_b=22\underline{/-36.9°-120°}=22\underline{/-156.9°}$ (A)。

$\dot{I}_c=22\underline{/-36.9°+120°}=22\underline{/83.1°}$ (A)；线电流 $I_1=22$ (A)；线电压 $U_2=380$ (V)；负载阻抗角 $\theta_Z=\arctan\dfrac{6}{8}=36.9°$。

平均功率 $P=\sqrt{3}U_1I_1\cos\theta_2=\sqrt{3}\times380\times22\times\cos36.9°=61.58$ (kW)。

△接法时，以 $\dot{U}_{ab}$ 为参数相量 $\dot{U}_{ab}=380\underline{/0°}$ (V)；相序 $a-b-c$。

相电流 $\dot{I}_{ab}=\dfrac{\dot{U}_{ab}}{Z}=\dfrac{380\underline{/0°}}{8+j6}=38\underline{/-36.9°}$ (A)；线电流 $\dot{I}_a=\sqrt{3}$

$\dot{I}_{ab}\underline{/-30°}=\sqrt{3}\times38\underline{/-36.9°-30°}=65.82\underline{/-66.9°}$ （A）。

$\dot{I}_{b}=65.82\underline{/-186.9°}$ （A），$\dot{I}_{c}=65.82\underline{/53.1°}$ （A）。

平均功率 $P=\sqrt{3}U_{l}I_{l}\cos Q_{2}=\sqrt{3}\times380\times65.82\cos36.9°=$ 30.194 （kW）。

第八章

非正弦周期电流电路

1. 非正弦电压、电流产生的原因是什么？

答：（1）发电机产生的电动势不可能完全符合正弦波。由于发电机结构和制造上的原因，气隙磁场不均匀所产生的磁场不可能完全按正弦规律分布，感应产生的电动势不可能是理想的正弦波形。

（2）有些电源的电压本身是非正弦的，如方波发生器提供的是矩形波电压。

（3）电路中存在非线性元件，即使电源提供的是正弦电压，电路中的电压和电流也不可能是正弦波。

（4）电路中有多个不同频率的电源同时作用，即使每个电源是正弦的，重叠后的波形也是非正弦。

2. 什么是非正弦周期量的有效值与平均值？

答：非正弦周期电流、电压的有效值等于各次谐波电流、电压有效值二次方的和的平方根

$$I=\sqrt{I_0^2+I_1^2+I_2^2+\cdots}\ ,\ \ U=\sqrt{U_0^2+U_1^2+U_2^2+\cdots}$$

$$I_1=\frac{I_{1m}}{\sqrt{2}},\ \ I_2=\frac{I_{2m}}{\sqrt{2}},\ \ U_1=\frac{U_{1m}}{\sqrt{2}},\ \ U_2=\frac{U_{2m}}{\sqrt{2}}$$

非正弦周期量的平均值：把周期交变量的绝对值在一个周期内的平均值定义为平均值，即 $A_{av}=\dfrac{1}{T}\displaystyle\int_0^T f(t)\,\mathrm{d}t$ 实际上它是绝对值，习惯上就称为平均值或简称均绝值。

3. 非正弦周期电路如何分析计算？

答：非正弦电源作用于线性电路的计算方法，应用叠加定理。先求直流分量和各次谐波电路分别单独作用时产生的电流（或电压），再进行叠加。一般可按以下三个步骤进行：

（1）把给定的非正弦电源的电压（电流）分解为直流量和各次谐波分量，所取谐波次数视所要求的准确度而定。

（2）分别计算电源的直流分量与各次谐波分量单独作用时各支路中的电流。其中直流分量作用时，电容相当于开路，电感相当于短路，各次谐波分量单独作用时，计算方法同第六章。对不同频率的谐波，X_L 与 X_C 的数值是不同的，电感对基波（角频率为 ω）的感抗为 $X_{L1}=\omega L$，对 k 次谐波的感抗为 $X_{Lk}=k\omega L=kX_{L1}$，电容对基波的容抗 $X_C=\dfrac{1}{\omega C}$，对 k 次谐波容抗为 $X_{Ck}=\dfrac{1}{k\omega C}=\dfrac{X_{C1}}{k}$。对于 R、L、C 串联电路，k 次谐波的阻抗和阻抗角

$$|Z_k|=\sqrt{R^2+\left(k\omega L-\frac{1}{k\omega C}\right)^2}$$

$$\varphi_k=\arctan\frac{k\omega L-\dfrac{1}{k\omega C}}{R}$$

（3）根据叠加定理，将上面计算结果进行叠加。注意叠加，各分量应以瞬时值表示。

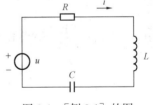

图 8-1　［例 8-1］的图

【例 8-1】　在图 8-1 所示的 RLC 串联电路中，已知 $R=10\Omega$，$L=0.05$H，$C=50\mu$F，电源电压 $u=$（$50+63.7\sin314t+21.2\sin3\times314t$）V，试求电路中的电流。

解　电源电压 u 中包括直流分量、基波及三次谐波分量。

（1）电压 u 中的直流分量单独作用时，由于电容 C 相当于开路，如图 8-2（a）所示，故

$$I_{(0)}=0$$

（2）电压 u 中的基波单独作用时，可按图 8-2（b）所示的电路

计算，即

$$\dot{U}_{(1)} = \frac{63.7}{\sqrt{2}} \underline{/0^\circ} = 45\underline{/0^\circ}(\text{V})$$

$$Z_{(1)} = \left(10 + j314 \times 0.05 - j\frac{1}{314 \times 50 \times 10^{-6}}\right) = 49\underline{/-78.2^\circ}(\Omega)$$

$$\dot{I}_{(1)} = \frac{\dot{U}_{(1)}}{Z_{(1)}} = \frac{45\underline{/0^\circ}}{49\underline{/-78.2^\circ}} = 0.918\underline{/78.2^\circ}(\text{A})$$

（3）电压 u 中的三次谐波单独作用时，可按图 8-2（c）所示的电路计算，即

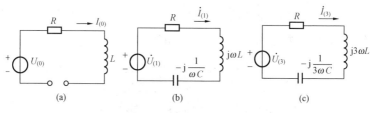

图 8-2 ［例 8-1］解的图

（a）直流分量电路；（b）基波电路；（c）3 次谐波电路

$$\dot{U}_{(3)} = \frac{21.2}{\sqrt{2}}\underline{/0^\circ} = 15\underline{/0^\circ}(\text{V})$$

$$Z_{(3)} = 10 + j3 \times 314 \times 0.05 - j\frac{1}{3 \times 314 \times 50 \times 10^{-6}}$$

$$= 27.7\underline{/68.9^\circ}(\Omega)$$

$$\dot{I}_{(3)} = \frac{\dot{U}_{(3)}}{Z_{(3)}} = \frac{15\underline{/0^\circ}}{27.7\underline{/68.9^\circ}} = 0.54\underline{/-68.9^\circ}(\text{A})$$

（4）电流 i 为基波和三次谐波电流瞬时值之和

$$i = i_{(1)} + i_{(3)}$$

$$= \left[0.918\sqrt{2}\sin(\omega t + 78.2^\circ) + 0.54\sqrt{2}\sin(3\omega t - 68.9^\circ)\right]$$

$$= \left[1.3\sin(\omega t + 78.2^\circ) + 0.764\sin(3\omega t - 68.9^\circ)\right](\text{A})$$

4. 非正弦周期量如何分解?

答:电工技术中常见的非正弦周期的傅里叶级数展开式见表 8-1。工程上常见的非正弦周期量的波形往往是具有对称性的。根据波形对称性,可直观地判断哪些谐波分量存在,哪些谐波分量不存在。

选择便利于对非正弦周期量进行谐波分析。

表 8-1 　　　　　　　几种非正弦周期量的傅里叶级数

名称	波形	傅里叶级数	有效值	平均值
矩形波		$f(t) = \dfrac{\pi}{4A}\left(\sin\omega t + \dfrac{1}{3}\sin3\omega t + \dfrac{1}{5}\sin5\omega t + \cdots\right)$	A	A
三角波		$f(t) = \dfrac{8A}{\pi^2}\left(\sin\omega t - \dfrac{1}{9}\sin3\omega t + \dfrac{1}{25}\sin\omega t - \cdots\right)$	$\dfrac{A}{\sqrt{3}}$	$\dfrac{A}{2}$
锯齿波		$f(t) = \dfrac{A}{2} - \dfrac{A}{\pi}\left(\sin\omega t + \dfrac{1}{2}\sin2\omega t + \dfrac{1}{3}\sin3\omega t + \cdots\right)$	$\dfrac{A}{\sqrt{3}}$	$\dfrac{A}{2}$
全波整流		$f(t) = \dfrac{4A_{\mathrm{m}}}{\pi}\left(\dfrac{1}{2} - \dfrac{1}{3}\cos2\omega t - \dfrac{1}{3\times5}\cos4\omega t - \dfrac{1}{5\times7}\cos6\omega t - \cdots\right)$	$\dfrac{A}{\sqrt{2}}$	$\dfrac{2}{\pi}A_{\mathrm{m}}$

续表

名称	波　　形	傅 里 叶 级 数	有效值	平均值
半波整流		$f(t) = A_{m}\left(\dfrac{1}{\pi} + \dfrac{1}{2}\sin\omega\,t - \dfrac{1}{\pi}\right.$ $\left. \times\dfrac{1}{9}\cos 2\omega t - \dfrac{2}{\pi}\right.$ $\left. \times\dfrac{1}{3\times 5}\cos 4\omega\,t - \cdots\right)$	$\dfrac{A_{m}}{2}$	$\dfrac{A_{m}}{\pi}$

【例 8-2】 试把振幅为 100V、$T = 0.02\text{s}$ 的三角波电压分解为傅里叶级数（取到五次谐波为止）。

解　电压基波的角频率 $\omega = \dfrac{2\pi}{T} = 100\pi$（rad/s）。

选择它为奇函数，查表得

$$u(t) = \frac{8U_{m}}{\pi^{2}}\left(\sin\omega\,t - \frac{1}{9}\sin 3\omega\,t + \frac{1}{25}\sin 5\omega\,t\right)$$

$$= \frac{8\times 100}{\pi^{2}}\left(\sin 100\pi t - \frac{1}{9}\sin 3\times 100\pi t + \frac{1}{25}\sin 5\times 100\pi t\right)$$

$$= (81.06\sin 100\pi t - 9\sin 3\times 100\pi t + 3.24\sin 5\times 100\pi t)\text{V}$$

5. 非正弦交流电路的有功功率计算方法是什么？

答：设有一无源二端网络在关联参考方向下的端电压和电流分为

$$u = U_{0} + \sum_{K=1}^{\infty}U_{km}\sin(k\omega\,t + \varphi_{uk})$$

$$i = I_{0} + \sum_{K=1}^{\infty}I_{km}\sin(k\omega\,t + \varphi_{ik})$$

二端网络吸收的瞬时功率为

$$p = ui = \left[U_{0} + \sum_{K=1}^{\infty}U_{km}\sin(k\omega\,t + \varphi_{uk})\right]\cdot$$

$$\left[I_{0} + \sum_{K=1}^{\infty}I_{km}\sin(k\omega\,t + \varphi_{ik})\right]$$

故平均功率为

$$P = \frac{1}{T}\int_0^T p\,\mathrm{d}t = \frac{1}{T}\int_0^T ui\,\mathrm{d}t$$

$$= \frac{1}{T}\int_0^T \Big[U_0 + \sum_{K=1}^{\infty} U_{\mathrm{km}}\sin(k\omega t + \varphi_{\mathrm{uk}})\Big] \times$$

$$\Big[I_0 + \sum_{K=1}^{\infty} I_{\mathrm{km}}\sin(k\omega t + \varphi_{\mathrm{ik}})\Big]\mathrm{d}t$$

将上式被积部分展开，根据三角函数的正交性，可得平均功率

$$P = U_0 I_0 + \sum_{K=1}^{\infty} U_k I_k \cos\varphi_k$$

$$= U_0 I_0 + U_1 I_1 \cos\varphi_1 + U_2 I_2 \cos\varphi_2 + \cdots$$

$$= P_0 + P_1 + P_2 + \cdots$$

非正弦交流电路的平均功率（即有功功率）等于各次谐波平均功率之和，只有同次谐波的电压电流才能构成平均功率。

【例 8-3】　设一端口网络在关联参考方向下，有

$$u = [10 + 141.4\sin\omega t + 50\sin(3\omega t + 60°)]\,(\mathrm{V})$$

$$i = [\sin(\omega t - 70°) + 0.3\sin(3\omega t + 60°)]\,(\mathrm{A})$$

求：一端口网络吸收的功率。

$$P_0 = U_0 I_0 = 0$$

解　$P_1 = U_1 I_1 \cos\varphi_1 = \dfrac{141.4}{\sqrt{2}} \times \dfrac{1}{\sqrt{2}}\cos(0° + 70°)$

$$= 24.2\,(\mathrm{W})$$

$$P_3 = U_3 I_3 \cos\varphi_3 = \frac{50}{\sqrt{2}} \times \frac{0.3}{\sqrt{2}}\cos(60° - 60°) = 7.5\,(\mathrm{W})$$

所以　　$P = P_0 + P_1 + P_3 = 24.2 + 7.5 = 31.7\,(\mathrm{W})$

6. 非正弦周期电压与电流用等效正弦电压与电流来代替，等效的条件是什么？

答：（1）等效正弦量的有效值应等于正弦周期量的有效值。

（2）等效正弦量的频率应等于非正弦周期量的频率（即基波频率）。

（3）等效正弦量代替非正弦周期量后，电路的功率应保持原来

非正弦电路的功率，并由此确定等效正弦电压与电流之间的相位差为

$$\varphi = \arccos \frac{P}{UI}$$

式中　P——非正弦电路的平均功率；

　　U，I——非正弦周期电压与电流的有效值。

φ 角的正负应根据实际电压与电流的波形来选择。

7. 对称三相电路中的高次谐波是什么？

答：（1）三项电源 Y 连接，线电压中不含零序谐波电压，线电压只含基波，5 次谐波，其有效值为

$$U = \sqrt{\left(\sqrt{3} U_{P1}\right)^2 + \left(\sqrt{3} U_{P5}\right)^2} = \sqrt{3} \sqrt{U_{P1}^2 + U_{P5}^2}$$

而相电压有效值

$$U_P = \sqrt{U_{P1}^2 + U_{P3}^2 + U_{P5}^2}$$

式中　U_{P1}、U_{P3}、U_{P5}——相电压各次谐波的有效值。

（2）三相电源的三角形（△）连接，相电压和线电压中都不含有 3 次谐波分量，也不含有 9 次，12 次等谐波分量。

（3）对称负载的三相三线制电路，不论负载是 Y 连接还是△连接，线电流中都不含零序谐波。

（4）对称负载三相四线制电路，在对称三相非正弦电路中，中线电流不等于零，而等于每相零序谐波电流有效值的 3 倍。

（5）中点电压：即使负载是对称的，中点电压也不再为零，而等于电源相电压中零序谐波电压的有效值，即

$$U_{N'N'} = \sqrt{U_{P3}^2 + U_{P9}^2 + \cdots}$$

第九章

电路的过渡过程

1. 电路过渡过程产生的原因是什么？

答：在电路中，电容和电感是两种储能元件，这两种元件的电压与电流之间具有微分关系，故称为动态元件。含有动态元件的电路称为动态电路。当动态电路的条件发生变化时（电路的接通、切断、短路及参数突然改变）时，电路的稳定状态也要改变。由于动态元件的电磁能量不能跃变，当电路由原来的稳定状态转入新的稳定状态，需要一个过渡过程。

2. 什么叫换路定律？

答：电感电流 i_L 和电容电压 u_C 不可能跃变，这就是换路定律，换路定律表达式为

$$i_L(0_+) = i_L(0_-)$$

$$u_C(0_+) = u_C(0_-)$$

3. 电路过渡过程的初始值如何确定？

答：电路中的各电压、电流在换路后的初始瞬间 $t=0_+$ 的值，称为过渡过程的初始值。根据换路定律，并运用 KCL 和 KVL 及元件特性可以求出初始值。

【例 9-1】 图 9-1 所示电路，在 $t=0$ 时将开关 S 合上，试求电

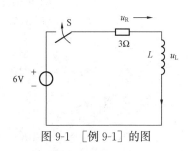

图 9-1 ［例 9-1］的图

流和各元件电压的初始值。

解 因为元件合上前电路中的电流为 0，$i(0_-)=0$ 根据换路定律 $i_L(0_+)=i_L(0_-)=0$，电阻电压和电感电压的初始值分别为

$$u_R(0_+)=Ri(0_+)=0;u_L(0_+)=U-u_R(0_+)=6-0=6(V)$$

在开关 S 合上后的瞬间，电感电压从零跃变到 6V，即是在这一瞬间，电源电压全部加在电感元件的两端。

4. 什么是 RC 电路的过渡过程？

答：将电源或信号源施加给电路的电压或电流称为激励，而激励在电路各处产生的电压和电流称为响应。

（1）零输入响应。所谓零输入，就是输入到电路的电压或电流为零，在此条件下，电路仅由储能产生的响应称为零输入响应。

RC 电路的零输入响应，就是已充电的电容对电阻放电时的响应。电容电压是单调下降的，U_C 始终在减小，随着电容电压的降低，电容器的储能必逐渐减少，减少的储能都消耗在电阻上。当电容初始储能 $W_C=\dfrac{1}{2}CU_0^2$ 全部消耗在电阻上时，放电过程就结束，过渡过程也终止。电容对电阻放电时，电容电压由起始 U_0 按指数规律衰减到零，表达式为 $u_C=u_0 e^{-\frac{t}{RC}}$，时间常数 $\tau=RC$，单位为 s（秒）。

放电电流的表达式

$$i=\frac{U_0}{R}e^{-\frac{t}{\tau}}$$

【**例 9-2**】 一 RC 放电电路，$R=10k\Omega$，$C=100\mu F$，电容元件中已充电至 100V，试求时间常数 τ，放电开始（$t=0$）后经过 3s 时电容电压为多少？放电后电容电压衰减至 50V 需时多少？

解 电路时间常数

$$\tau=RC=10\times10^3\times100\times10^{-6}=1(s)$$

当 $t=3s$ 时

$$u_C=u_0 e^{-\frac{t}{RC}}=100e^{-\frac{3}{1}}=100\times0.05=5(V)$$

$u_{\text{C}}=50\text{V}$ 时

$$50=u_0 e^{-\frac{t}{RC}}=100 e^{-t}$$

$$t=\ln\frac{100}{50}=\ln2=0.69(\text{s})$$

（2）零状态响应。指换路前电路中储能元件的储能为零，在此条件下，电路对外施激励的响应，称为零状态响应。充电过程，开始 u_{C} 上升较快，而后逐渐缓慢，最后电容器电压趋于外施电压 U_{S}，充电也停止。电容电压表达式

$$u_{\text{C}}=U_{\text{S}}-U_{\text{S}}e^{-\frac{t}{\tau}}=U_{\text{S}}\ (1-e^{-\frac{t}{\tau}})$$

充电电流表达式

$$i=C\frac{du_{\text{C}}}{dt}=\frac{U_{\text{S}}}{R}e^{-\frac{t}{\tau}}$$

【例 9-3】　在图 9-2（a）所示电路中，$t=0$ 时，将开关 S 合上试求 u_{C}（电路在换路前已达稳定）。

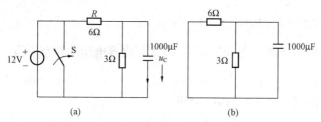

图 9-2　［例 9-3］的图

（a）电路图；（b）零输入电路

解　图 9-2（b）所示为与图 9-2（a）对应的零输入电路，其中 6Ω 和 3Ω 并联，故等效电阻

$$R=6//3=2\ (\Omega)$$

电路时间常数

$$\tau=RC=2\times1000\times10^{-6}=2\times10^{-3}\ (\text{s})$$

$$\frac{1}{\tau}=\frac{1}{2\times10^{-3}}=500\left(\frac{1}{\text{s}}\right)$$

电容电压的稳态值

$$u'_{\text{C}}=\frac{3}{6+3}\times12=4\ (\text{V})$$

故电容电压

$$u_C = 4(1-e^{-500t})\ (V)$$

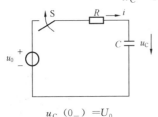

$u_C(0_-) = U_0$

图 9-3 ［例 9-4］的图

（3）全响应。指外施激励和电路的初始状态均不等于零时电路的响应，它是外施激励和电路的初始状态两者共同产生的响应，如图 9-3 所示。

电路中的电流

$$i = C\frac{du_C}{dt} = \frac{(U_S - U_0)}{R}e^{-\frac{t}{\tau}}\quad （全响应）$$

电容中的电压（全响应）$u_C = U_0 e^{-\frac{t}{\tau}} + U_S(1-e^{-\frac{t}{\tau}})$。

【例 9-4】 在图 9-3 所示的电路中，已知 $R=1k\Omega$，$C=20\mu F$，$t=0$ 时将开关 S 合上，电源电压 $U=100V$，换路前已充有电压 $u_C(0_-) = 20V$，求换路后的 u_C。

解 电路的时间常数

$$\tau = RC = 1 \times 10^3 \times 20 \times 10^{-6} = 0.02\ (s)，\quad \frac{1}{\tau} = \frac{1}{0.02} = 50\left(\frac{1}{s}\right)$$

电容电压的稳态分量 $u'_C = 100V$，电容电压的暂态分量：

$$u''_C = Ae^{-\frac{t}{\tau}} = (U_0 - U_S)e^{-\frac{t}{\tau}} = (20-100)e^{-50t} = -80e^{-50t}\ (V)$$

换路后（$t>0$）的电容电压

$$u_C = u'_C + u''_C = (100 - 80e^{-50t})\ (V)$$

零输入响应为

$$u_{C1} = U_0 e^{-\frac{t}{\tau}} = 20e^{-50t}\ (V)$$

零状态响应为

$$u_{C2} = U_0(1-e^{-\frac{t}{\tau}}) = 100(1-e^{-50t})\ (V)$$

故全响应为

$$u_C = U_0 e^{-\frac{t}{\tau}} + U_S(1-e^{-\frac{t}{\tau}}) = 20e^{-50t} + 100(1-e^{-50t})$$
$$= 100 - 80e^{-50t}\ (V)$$

5. 什么是 RL 电路的过渡过程？

答：（1）零输入响应。如图 9-4(a)所示的电路，换路前已处于稳态，设 $t=0$ 时电感 L 中的电流 $i(0_-)=I_0$，$t=(0_-)$ 时，将开关 S 闭合，使 R，L 串联电路短接，电感 L 便通过电阻 R 释放储能，从而产生过渡过程，由于换路后电路不再从电源输入能量，电路的响应是零输入响应。电感对电阻放电时，电感电流由初始值 I_0 按指数规律衰减到零。表达式为

$$i=I_0 e^{-\frac{R}{L}t}=I_0 e^{-\frac{t}{\tau}}, \quad \tau=\frac{L}{R}$$

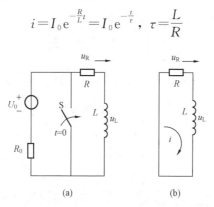

图 9-4　RL 电路的零输入响应

（a）电路图；（b）零输入电路

τ 为 RL 电路的时间常数（s），零输入响应电感电压和电阻电压分别为

$$u_L=-RI_0 e^{-\frac{t}{\tau}}, \quad u_R=Ri=RI_0 e^{-\frac{t}{\tau}}$$

（2）直流激励下的零状态响应。电路在换路前无电流，即 $i(0_-)=0$，由于电感电流不能跃变，在开关 S 合上后的瞬间，电路中的电流仍为零，以后电流增大，到达稳态时，电流增长为 $\frac{U_S}{R}$，如图 9-5 所示，稳态分量 $i'=\frac{U_S}{R}$；暂态分量 $i''=Ae^{-\frac{L}{R}t}=Ae^{-\frac{t}{\tau}}$。

$$i=i'+i''=\frac{U_S}{R}+Ae^{-\frac{t}{\tau}}=\frac{U_S}{R}(1-e^{-\frac{t}{\tau}})$$

初始条件 $i(0_-)=i(0_+)=0$，得 $A=-\frac{U_S}{R}$，$u_R=Ri=U_S(1-e^{-\frac{t}{\tau}})$；$u_L=U_S-u_R=U_S e^{-\frac{t}{\tau}}$。

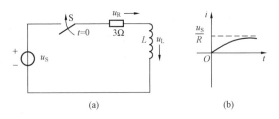

图 9-5　直流激励下的零状态响应
(a)电路图；(b)曲线图

（3）全响应 $i=\dfrac{u_S}{R}+\left(I_0-\dfrac{u_S}{R}\right)\mathrm{e}^{-\frac{t}{\tau}}$，如图 9-6 所示。

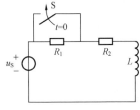

图 9-6　RL 电路全响应

【例 9-5】　在图 9-6 所示电路上，$R_1=3\Omega$，$R_2=2\Omega$，$L=100\mathrm{mH}$，直流电压源 $U_0=8\mathrm{V}$，求换路后的电感电流 i。

解　换路前的电感电流

$$I_0=\frac{U_3}{R_1+R_2}=\frac{8}{3+2}=1.6\ (\mathrm{A})$$

换路后电感电流稳态值

$$i'=\frac{u_S}{R_2}=\frac{8}{2}=4\ (\mathrm{A})$$

电路时间常数

$$\tau=\frac{L}{R}=\frac{100\times10^{-3}}{2}=0.05\ (\mathrm{s})$$

$$i=\frac{u_S}{R}+\left(I_0-\frac{u_S}{R}\right)\mathrm{e}^{-\frac{t}{\tau}}=4+(1.6-4)\ \mathrm{e}^{-20t}=4-2.4\mathrm{e}^{-20t}\ (\mathrm{A})$$

6. 什么是三要素法？

答：稳态分量 $f'(t)$，初始值 $f(0_+)$ 及电路的时间常数 τ，这三者称为三要素。只要三要素确定了，就可以直接按 $f(t)=f'(t)+[f(0_+)+f'(0_+)]\mathrm{e}^{-\frac{t}{\tau}}$ 写出全响应，这种方法称为三要素法。

在直流激励下，稳态分量 $f'(t)$ 是直流，稳态分量的初始值 $f'(0_+)$ 与 $f'(t)$ 是相同的，它们都等于稳态值 $f(\infty)$，即 $f'(0_+)=f'(t)=f(\infty)$，上式可写成

$$f(t) = f(\infty) + [f(0_+) - f(\infty)] \mathrm{e}^{-\frac{t}{\tau}}$$

【例 9-6】　在图 9-7（a）所示电路中 $R_1 = 1$（kΩ），$R_2 = 2\mathrm{k}\Omega$，$C = 3\mu\mathrm{F}$，$I_\mathrm{S} = 1\mathrm{mA}$，用三要素法求换路后的 u_C，并画出其变化曲线。

解　（1）初始值。作出 $t = 0_-$ 时的电路如图 9-7(b)所示，可得换路前的电容电压

$$u_\mathrm{C}(0_-) = (R_1 // R_2)I_\mathrm{S} = \frac{1 \times 2}{1 + 2} \times 10^3 \times 1 \times 10^{-3} = \frac{2}{3}(\mathrm{V})$$

根据换路定律得

$$u_\mathrm{C}(0_+) = u_\mathrm{C}(0_-) = \frac{2}{3}(\mathrm{V})$$

（2）稳态值。换路后到达稳态时($t = \infty$)的电路如图 9-7(c)所示

$$u_\mathrm{C}(\infty) = R_1 I_\mathrm{S} = 1 \times 10^3 \times 1 \times 10^{-3} = 1(\mathrm{V})$$

时间常数　$\tau = R_1 C = 1 \times 10^3 \times 3 \times 10^{-6} = 3 \times 10^{-3}(\mathrm{s})$

代入三要素公式得

$$\begin{aligned}
u_\mathrm{C} &= u_\mathrm{C}(\infty) + [u_\mathrm{C}(0_+) - u_\mathrm{C}(\infty)] \mathrm{e}^{-\frac{t}{\tau}} \\
&= 1 + \left(\frac{2}{3} - 1\right) \mathrm{e}^{-\frac{1000}{3}t} \\
&= \left(1 - \frac{1}{3} \mathrm{e}^{-333.3t}\right)(\mathrm{V})
\end{aligned}$$

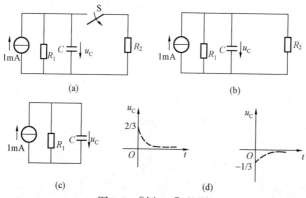

图 9-7　［例 9-6］的图

（a）电路图；（b）$t = (0_-)$ 时的电路图；（c）$t = \infty$时的电路图；（d）u_C 变化曲线

u_C 随时间 t 的变化曲线如图 9-7(d)所示。

7. 什么是电容对电阻、电感电路的放电？

答：如图 9-8 所示，开关 S 闭合之前，电容元件已充电至电压 U_0，即 $u_C(0_-)=U_0$，而电流

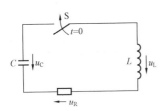

图 9-8　RLC 电路的零输入响应

$$i(0_-)=0, LC\frac{\mathrm{d}^2 u_C}{\mathrm{d}t^2}+RC\frac{\mathrm{d}u_C}{\mathrm{d}t}+u_C=0$$

特征方程为

$$LCp^2+RCp+1=0$$

电容电压的一般表达式

$$u_C=\frac{U_0}{p_1-p_2}(p_2 \mathrm{e}^{p_1 t}-p_1 \mathrm{e}^{p_2 t})\quad (p_1,$$

p_2 为特征方程式 $LCp^2+RCp+1=0$ 的根）。RLC 电路的临界电阻为 $2\sqrt{\dfrac{L}{C}}$。

（1）当 $R \gg 2\sqrt{\dfrac{L}{C}}$ 时，电路的零输入响应为衰减的非振荡过程。

（2）当 $R < 2\sqrt{\dfrac{L}{C}}$ 时，电路的零输入响应为衰减的振荡过程。

第十章

磁路和铁心线圈

1. 什么叫磁化现象？

答：铁磁物质在外磁场作用下，磁畴顺磁场转向产生很强的附加（磁化）磁场，这种现象称为磁化。

2. 什么叫起始磁化曲线？什么叫磁滞回线？

答：铁心原来没有磁性，B 与 H 均从零开始增大得到的磁化曲线为起始磁化曲线。在交变磁化时，铁磁物质的 B—H 曲线为磁滞回线。

3. 什么是基本磁化曲线？

答：对于同一种材料的铁心，磁滞回线的大小与形状及最大磁场强度 H_m 有关，图 10-1 所示的虚线就是不同 H_m 值下的一系列磁滞回线，连接各条磁滞回线的正顶点即得到的曲线，称为

图 10-1　基本磁化曲线

基本磁化曲线，如图 10-1 所示。

4. 什么叫磁路？

答：由铁磁材料构成的能使磁通集中通过的路径叫磁路。

5. 什么叫磁路的基尔霍夫定律？

答：磁路的任一分支处，各分支磁通的代数和等于零；$\Sigma\phi=0$，称为磁路的基氏第一定律。在磁路的任一闭合回路中，各

段磁压的代数和等于各磁通势的代数和，$\Sigma U_m = \Sigma F$ 称为磁路的基氏第二定律。

6. 什么是磁路的欧姆定律？

答：一段磁路的磁压等于其磁阻和磁通的乘积。即 $U_m = R_m \phi$ 叫磁路的欧姆定律。

7. 无分支磁路计算的正面问题是什么？

答：应用磁路的基氏第二定律来计算，计算步骤如下。

（1）将磁路按截面积相等和特性（材料）相同分为若干段，每段都是均匀磁路，同时要确定每段的平均长度与实际截面积。每段的平均长度以中心长度来计算。

（2）由已知的磁通求各段的磁感应强度 $B = \phi/S$。

（3）根据每段的磁感应强度 B 求对应的磁场强度 H，对于铁磁材料，可查其基本磁化曲线，对于气隙，可按下式计算

$$H_0 = B_0/\mu_0 = B_0/4\pi \times 10^{-7} = 0.8 \times 10^6 B_0 \ (\text{A/m})$$

根据磁路的基氏第二定律求出磁通势

$$F = NI = \Sigma(Hl)$$

【例 10-1】 如图所示为一直流电磁铁，磁路尺寸单位为 cm，铁心由 D_{21} 硅钢片叠成，叠装因数 $K_{FE} = 0.92$，衔铁材料为铸钢。要使电磁铁空气隙中的磁通为 3×10^{-3} Wb。试求：（1）所需磁通势；（2）若线圈匝数 $N = 1000$ 匝，求线圈的励磁电流。

解 图 10-2 所示的电磁铁磁路为无分支磁路。

（1）将磁路按材料，截面不同分成铁心，气隙，衔铁三个磁路段。

每个磁路段长度：

铁心段：$L_1 = (30-6.5) + 2 \times (30 - 3.25) = 77$(cm)

衔铁段：$L_2 = (30-6.5) + 4 \times 2 = 31.5$(cm)

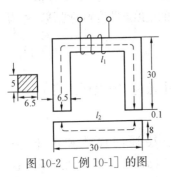

图 10-2 ［例 10-1］的图

气隙段：$\qquad L_0=0.1\times2=0.2(\text{cm})$

各磁路段有效面积：

铁心段：$\qquad S_1=6.5\times5\times0.92=30(\text{cm}^2)$

衔铁段：$\qquad S_2=8\times5=40(\text{cm}^2)$

气隙段：$S_0=ab+(a+b)L_0=5\times6.5+(5+6.5)\times0.1$

$\qquad\qquad =33.65(\text{cm}^2)$

各磁路段磁感应强度：

铁心段：$\qquad B_1=\dfrac{\varphi}{S_1}=\dfrac{3\times10^{-3}}{30\times10^{-4}}=1(\text{T})$

衔铁段：$\qquad B_2=\dfrac{\varphi}{S_2}=\dfrac{3\times10^{-3}}{40\times10^{-4}}=0.75(\text{T})$

气隙段：$\qquad B_0=\dfrac{\varphi}{S_0}=\dfrac{3\times10^{-3}}{33.65\times10^{-4}}=0.89(\text{T})$

铁心段：$\qquad H_1=536(\text{A/m})$

衔铁段：$\qquad H_2=632(\text{A/m})$

气隙中的磁场强度：

$H_0=0.8\times10^6，B_0=0.8\times10^6\times0.89=0.71\times10^6(\text{A/m})$

（2）所需磁通势：

$F=NI=H_1L_1+H_2L_2+H_0L_0$

$\quad =(536\times0.77+632\times0.315+0.71\times10^6\times0.002)$

$\quad =(612+1424)=2036(\text{A})$

励磁电流 $\qquad I=\dfrac{F}{N}=\dfrac{2036}{1000}=2.04\text{（A）}$

8. 交流铁心线圈电压与磁通的关系是什么？

答：交流铁心线圈的电压与磁通的关系是

$$U = 4.44 f N \phi_m$$

式中　ϕ_m——交流铁心线圈的磁通幅值；

　　　f——电源的频率；

　　　N——线圈匝数；

　　　U——电压的有效值。

9. 磁饱和对线圈电流和磁通的波形有何影响？

答：铁心线圈的电压为正弦波时，磁通也为正弦波，由于磁饱和的影响，磁化电流是尖顶的非正弦波。铁心线圈的电流为正弦波时，由于磁饱和的影响，磁通为平顶波电压为尖顶波。

10. 什么是交流铁心线圈的相量图和电路模型？

答：考虑线圈电阻 R，励磁电流通过 R 所产生的电压，$\dot U_R = R\dot I$，在正弦稳压电源下，漏磁电动势可以用漏抗电压来表示，漏抗电压 $\dot U_S = j\omega L_S \dot I = jX_S \dot I$，$X_S = \omega L_S$ 称为漏磁感抗。因此考虑 R 及 Φ_S（漏磁通），就是要在主磁通感应电压 $\dot U$ 之外，再加上 $\dot U_R$ 与 $\dot U_S$，三个电压相量之和便是交流铁心线圈的端电压 $\dot U_1$，即

$$\dot U_1 = \dot U_R + \dot U_S + \dot U = R\dot I + jX_S \dot I + (-\dot E)$$

主磁通感应电压相量 $\dot U$ 之后，加上与 $\dot I$ 同相位的 $R\dot I$，再加上超前 $\dot I$ 90° 的 $jX_S \dot I$，得到线圈端电压 $\dot U_1$，如图 10-3（a）所示。按此相量图，可以作得交流铁心线圈的电路模型。并联式如图 10-3（b）所示，串联式如图 10-3（c）所示。

11. 什么叫磁滞损失？

答：由于磁滞现象带来了磁滞损耗称为磁滞损失。

12. 什么叫涡流损失？

答：在交流磁通的作用下，铁心中也会产生感应电流，称为涡流。涡流使铁心发热产生的功率损耗叫涡流损失。

电工仪表中的磁性制动器，就是利用涡流使圆盘停止转动和减少指针摆动。

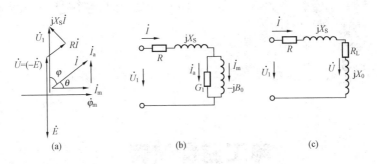

图 10-3 交流铁心线圈的相量图与电路图

(a) 相量图；(b) 并联式的电路模型；(c) 串联式的电路模型

　　在电机的铁心中产生涡流消耗电能，使电机效率降低，使铁心发热，减少涡流的办法是彼此绝缘，可用厚度为 0.3～0.5mm 硅钢片叠起做电机的铁心。

第十一章

电工测量仪表

1. 什么是电气仪表的绝对误差和相对误差？

答：绝对误差是指量值 A_x 与被量值 A_o 之差值，用 Δ 表示，$\Delta = A_x - A_o$。相对误差是绝对误差 Δ 与被测量的实际值 A_o 之间的比值，它通常以百分数 γ 表示，即 $\gamma = \dfrac{\Delta}{A_o} \times 100\%$。

2. 磁电式测量仪表的工作原理是什么？

答：直流电流表和电压表的测量机构多属于磁电式，它灵敏度和准确度高，消耗功率小，阻尼强，防外磁场能力强，工作原理可用图 11-1 说明。

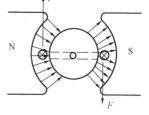

图 11-1 磁电式测量机构

在永久磁铁间隙中的磁场与载流动线圈相互作用，当有电流通过线圈时，线圈的两个有效边受到电磁力 F 的作用，其方向由左手定则决定。在力 F 作用下，线圈上作用一个转矩，使线圈转动，转动力矩 M 的大小与线圈中的电流 I 成正比。

3. 为什么磁电式仪表只能测量直流，不能测量交流？

答：磁电式仪表的磁场是由永久磁铁产生的，其方向不变，所以可动线圈所受到的电磁力作用方向，仅决定于线圈中电流的方向。当仪表用来测量直流电时，可动线圈便有直流通过，由于直流电流方向不变，转动力矩也就不变，指针将按顺时针方向偏转而有

114

指示。反之，如果通入交流电时，由于电流方向不断变化，则转动力矩也随着变化，由于仪表的可动部分具有一定的惯性而来不及变化，所以指针只能在零位左右摆动，不会使指针发生偏转，磁电式仪表反映的是被测量的平均值，而交流分量只会使仪表线圈发热，如果电流较大或时间较长，可能使仪表烧毁。

4. 怎样扩大直流电流表的量限？

答：要用量限较小的直流电流表测量较大的直流电流时，可用并联分流器的方法扩大仪表的量程。分流器是一个限值较小的电阻 r_1，将其并联到仪表的测量机构上，再串入被测电路，如图 11-2 所示；由欧姆定律

$$I_0 r_0 = \frac{r_0 r_1}{r_0 + r_1} I$$

分流器电阻值

$$r_1 = \frac{I_0 r_0}{I - I_0}$$

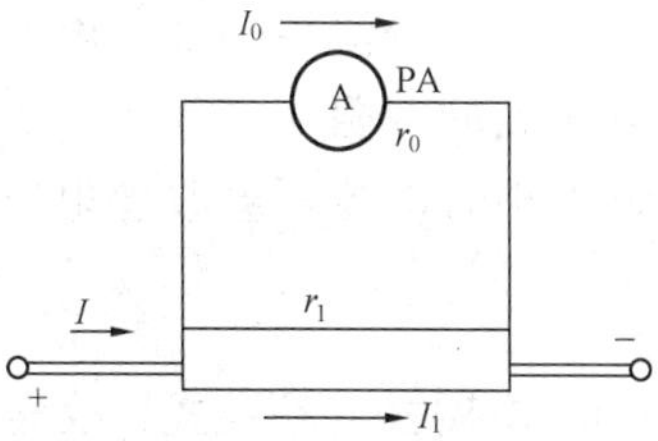

图 11-2　分流器的作用

5. 若扩大电压表量程，其分压电阻怎样计算？

答：由于磁电式测量机构仅能通过极微小的电流，故所能测得的电压值很小，满足不了实际测量的需要。若要扩大电压表的量程，在测量机构上串联一分压电阻，如图 11-3 所示，其阻值

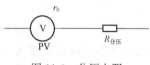

图 11-3　分压电阻

$$R = (n - 1) r_0$$

式中　n——数倍扩程。

6. 直流电流表、电压表能否测量交流？交流电流表、电压表能否测量直流？

答：有的直流表可以测量交流，有的则不能，例如永磁式测量机构的仪表只能测量直流电。永磁式测量机构是通过永久磁铁的磁场与通有直流电线圈产生的磁场相互作用，且产生转矩使指针发生偏转的。如果用这种测量机构的仪表来测量交流电，交流电流每个

周期的平均值为零，所以指针不会发生偏转，读数为零。电动系式测量机构，当电流改变方向，由于两套线圈的电流方向同时变换，其转矩方向仍是一定的，因此可以交直流两用。电磁式测量机构的电表，是以通电的固定线圈产生的磁场对动铁心的吸引，或彼此磁场磁化的静铁心与动铁心之间的作用而产生转动力矩，也可以交直流两用。

7. 电压表与电流表有何区别?

答：电压表与电流表的内部结构完全一样。由于测量对象不同，其测量线路也不同。电压表在测量电压时，因它与负载或电源并联，要分流掉一部分电流，为了不影响电路的工作情况，所以电压表的内阻应该很大；电流表与电源或负载串联，当电流表内阻很小时，才不会改变电路中的电流数据，所以电流表内阻应该小。

8. 电磁式（动铁式）仪表的转动原理是怎样的?

答：电磁式（动铁式）仪表的测量机构，由一线圈及一可动的

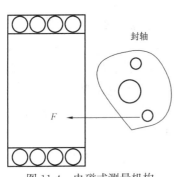

图 11-4　电磁式测量机构

铁片所组成，如图 11-4 所示。固定线圈通入电流后产生磁场，便对可动铁片产生吸力 F。可动铁片是偏心地装在轴上的，因而铁片能被线圈吸入，带动指针偏转。由于通入线圈的电流方向改变时，磁场对铁片的吸引力方向不变，这种测量机构可用于交直流电流与电压的测量。

9. 交流电压表和电流表怎样接线? 为什么?

答：用电压表和电流表测量电压和电流时，应根据测量的大小选择电表的量限，并使电表的量限略大于被测量值。由于电压表内阻很大，测量时应并联入电路，如图 11-5 所示。如错接成串联，则测量电路呈断路状态，使仪表无法工作。

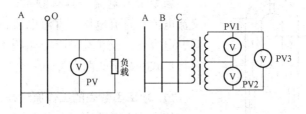

图 11-5　电压表的连接法

而电流表则相反，内阻极小，测量时使仪表串联接入电路，如图 11-6 所示，若错接成并联将造成短路，此时短路电流全部作用在内阻很小的电流线圈上，电流表很快被烧毁。

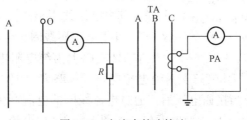

图 11-6　电流表的连接法

10. 钳形电流表的用途和工作原理如何？

答：通常应用普通电流表测量电流时，需要切断电路才将电流表或电流互感器一次线圈串接到被测电路中，而使用钳形电流表进行测量时，则可在不切断电路的情况下进行测量。

其工作原理如下：钳形电流表由电流互感器和电流表组成。互感器的铁心有一活动部分，并与手柄相连，使用时按动手柄使活动铁心张开，将被测电流的导线放入钳口中，放开后使铁心闭合，此时通过电流的导线相当于电流互感器的一次线圈，二次线圈出现感应电流，其大小由导体的工作电流与圈数比确定。电流表接在二次线圈两端，它指示电流是二次线圈中的电流，此电流与导体中工作电流成正比，所以要将归算好的刻度作为电流表的刻度，从而指示出被测电流的数值，如图 11-7 所示。钳形电流表有使用方便等优点，但它的准确度不高。

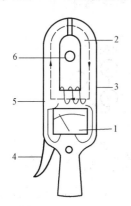

图 11-7　钳形电流
表结构原理

1—电流表；2—铁心；3—
磁通；4—手柄；5—二次
线圈；6—导体

新型钳形电流表具有测量交流电压、交流电流、直流电压、直流电流、直流电阻、电容量、交流电频率、相序等功能，有指针式和数字式两大类。

11. 功率因数表的工作原理是什么？

答：功率因数表又称相位表，按测量机构可分为电动系、铁磁电动系和电磁系三类。根据测量相数又有单相和三相。现以电动系功率因数表为例分析其工作原理，如图 11-8 所示。图中 A 为电流线圈，与负载串联。B1，B2 为电压线圈与电源并联。其中电压线圈 B2 串接一只高电阻 R_2，B1 串联一电感线圈。

在 B2 支路上为纯电阻电路，电流与电压同相位，B1 支路上为纯电感电路（忽略 R_1 的作用），电流滞后电压 90°。当接通电压后，通过电流线圈的电流产生磁场，磁场强弱与电流成正比，此时两电压线圈 B1，B2 中电流，根据载流导体在磁场中受力的原理，将产生转动力矩 M_1、M_2，由于电压线圈 B1 和 B2 绕向相反，作用在仪表测量机构上的力矩一个为转动力矩，另一个为反作用力矩，当两者平衡时，即停留在一定位置上，只要使线圈

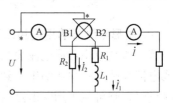

图 11-8　电动系功率因素
表结构原理

和机械角度满足一定的关系就可使仪表的指针偏转角不随负载电流和电压的大小而变化，只决定于负载电路中电压与电流的相位角，从而指示出电路中的功率因数。

12. 功率表如何接线？

答：功率表也叫瓦特表，它的电流线圈和电路串联，电压线圈和电路并联，接线如图 11-9 所示。应注意电流线圈的电源端（标

有＊号的端钮）必须与电源连接，另一端与负载连接，电路支路电压线圈有"＊"号的电源端可与电流线圈的任一端连接，另一端则跨接到负载的另一端。若不是按照上述原则接线，功率表的指针就要反指，表针容易损坏，这是不允许的。

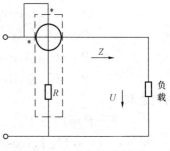

图 11-9　功率表接线图

13. 两块瓦特表为什么能测量三相有功功率、无功功率和功率因数?

答：双瓦特表测三相功率，是一块瓦特表取 AB 线电压 A 相电流，另一块瓦特表取 CB 线电压 C 相电流，如图 11-10 所示。根据图 11-10（a）的相量关系：

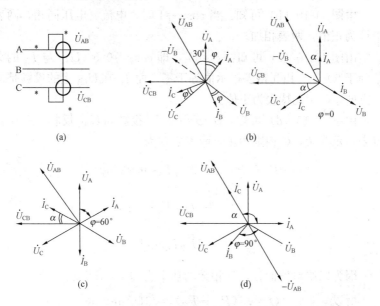

(a)

(b)

(c)

(d)

图 11-10　用两只瓦特表测三相有功功率、无功功率和 $\cos\varphi$ 向量图

（a）接线图；（b）$\cos\varphi=1$ 时的向量图；

（c）$\cos\varphi=0.5$ 时的向量图；（d）$\cos\varphi=0$ 时的向量图

$$P_1 = U_{AB}I_A\cos(30° + \varphi)$$
$$P_1 = U_{AB}I_A(\cos30°\cos\varphi - \sin30°\sin\varphi)$$
$$P_2 = U_{CB}I_C(\cos30° - \varphi)$$
$$P_2 = U_{CB}I_C(\cos30°\cos\varphi + \sin30°\sin\varphi)$$

两表之和

$$P = P_1 + P_2$$
$$= U_{AB}I_A(\cos30°\cos\varphi - \sin30°\sin\varphi)$$
$$+ U_{CB}I_C(\cos30°\cos\varphi + \sin30°\sin\varphi)$$
$$P_1 + P_2 = \sqrt{3}U_lI_l\cos\varphi$$

式中 I_l——线电流；

  U_l——线电压。

所以能测三相有功功率。当 $\varphi = 60°$ 时，$P_2 > 0$，$P_1 = 0$；当 $\varphi < 60°$时，$P_2 > 0$，$P_1 > 0$；当 $\varphi > 60°$时，$P_2 > 0$，$P_1 < 0$。

由图 11-10（b）可知：当 $\cos\varphi = 1$ 时，电流、电压同相，两表指针为正值，两表相加。

由图 11-10（c）可知：$\varphi = 60°$，即 $\cos\varphi = 0.5$，U_{AB} 与 I_A 的夹角等于 $90°$，A 相瓦特表指示值等于零，而 I_C 在 U_{CB} 上的投影是同一方向，C 相瓦特表为正值。

由图 11-10（d）可知：$\cos\varphi = 0$，I_A 投影和 U_{AB} 反相，A 相瓦特表指示为负，C 相则为正，两表之差为

$$P_1 - P_2 = -2U_{AB}I_A\sin30°\sin\varphi$$

$$= -2U_{AB}I_A\frac{1}{2}\sin\varphi$$

$$= -U_{AB}I_A\sin\varphi$$

因为以绝对值而言，三相无功功率为 $Q = \sqrt{3}UI\sin\varphi$

所以 $Q = \sqrt{3}(P_1 - P_2) = \sqrt{3}UI\sin\varphi$

又因为 $\cos\varphi = \dfrac{P}{\sqrt{P^2 + Q^2}}$

现有功功率为 $P_1 + P_2$，无功功率为 $\sqrt{3}(P_1 - P_2)$。

所以　　　　　$\cos\varphi = \dfrac{P_1 + P_2}{\sqrt{(P_1 + P_2)^2 + [\sqrt{3}(P_1 - P_2)]^2}}$

$$= \dfrac{P_1 + P_2}{\sqrt{(P_1 + P_2)^2 + 3(P_1 - P_2)^2}}$$

三相有功功率等于两表读数的代数和 $P = P_1 \pm P_2$。

14. 使用功率表测量功率时，如果发现指针反转，为什么更换电流线圈接头，而不更换电压线圈接头？

答：因为功率表的电压线圈都有附加电阻 R，在测量机构中，附加电阻是与电压线圈串联后并联于负载的，如图 11-11（a）所示。从图中可见，电压线圈的附加电阻是接在非"∗"号端，若将电压头互换，则测量线路变为图 11-11（b）所示，此时功率表中两线圈的电压接近于负载电压或电源电压。

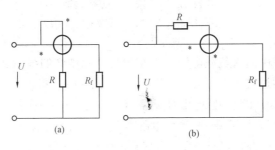

图 11-11　功率表测量功率

（a）功率表的正确接线；（b）功率表的错误接线

由于这个电压产生的静电场，使可动部分产生一个附加电磁力矩，造成测量误差，若线圈间距离较低，这个电压线圈间产生附加电磁强度很大，两线圈之间将有高电压，使线圈绝缘击穿而损坏功率表。

若换接电流线圈接头，只改变了电流方向，不会产生上述现象。故当发现指针反转时，只能更换电流线圈接头。

15. 电能表的基本工作原理是怎样的？

答：图 11-12 所示为感应式单相电能表的测量机构。在电流电磁

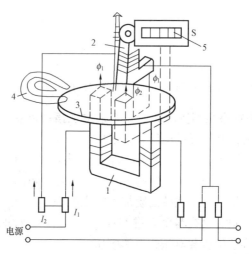

图 11-12 单相电能表基本构造

1—电流电磁铁；2—电压电磁铁；3—铝盘；

4—永久磁铁；5—计数器

铁 1 的线圈中通入负载电流 I_1，把电压电磁铁 2 的线圈加到相电压上，其中通过电流 I_2。它们分别产生交变磁通 ϕ_1 和 ϕ_2，ϕ_1 与 ϕ_2 穿过铝盘，又在铝盘中感应出涡流 i_1 与 i_2。涡流 i_1 与磁通 ϕ_1 产生电磁力 F_1；涡流 i_2 与磁通 ϕ_2 产生电磁力 F_2。电磁力 F_1 与 F_2 对铝盘产生转动力矩，驱使铝盘转动，合成转矩的平均值为

$$M = K_1 I_1 I_2 \sin\varphi'$$

式中　φ'——电流 I_1 与 I_2 夹角；

　　　K_1——比例常数。

因为电压电磁铁的电感量很大，接近于纯电感性，I_2 比 U 落后 $90°$，所以

$$\varphi' = 90° - \varphi$$

式中　φ——U 与 I_1 之间的相角差。

上式可写为

$$M = K_1 I_1 (U/X_L) \sin(90° - \varphi) = K_2 I_1 U \cos\varphi = K_2 P$$
$$K_2 = K_1 / X_L$$

式中　X_L——电压电磁铁的感抗；

K_2——常数。

铝盘切割永久磁铁产生一个涡流，此涡流与永久磁铁 4 的磁场之间产生电磁力，形成制动力矩。制动力矩与铝盘的转速成正比，即 $M' = K_3 n$，（K_3 为比例常数）；在 $K_3 n = K_2 P$ 时，铝盘转速达稳定，所以 $n = \dfrac{K_2}{K_3} P$，铝盘的转速与电路的有功功率成正比。

在一定时间 Δt 内的电能 $N = n\Delta t = K\Delta Pt = Kw$，电能表常数 $K = \dfrac{N}{W}$，它表示每一度电，铝盘应转的圈数。铝盘的圈数，可通过一套齿轮传动的积算机构记录下来，积算器指示的数字表示消耗的电能。

16. 三相三线有功电能表怎样接线？为什么能测三相有功电能？

答：三相三线有功电能表有两个电流线圈和两个电压线圈，所以叫三相两元件电能表，它能测量三相平衡或不平衡时的电能，其原理接线如图 11-13（a）所示。

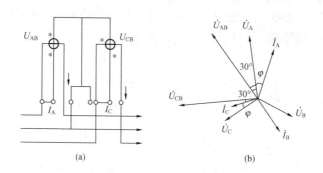

(a)　　　　　　　　(b)

图 11-13　三相有功电能表接线图与向量图

（a）三相有功电能表接线图；（b）三相有功电能表向量图

其计量根据是：三相有功电量，$A_p = \sqrt{3} U_L I_L \cos\varphi t$。

根据图 11-13（b）所示的相量关系，该表第一元件所计功率为

$$P_1 = U_{AB} I_A \cos(30° + \varphi)$$

$$P_1 = U_{AB} I_A (\cos 30° \cos\varphi - \sin 30° \sin\varphi)$$

该表第二元件所计功率

$$P_2 = U_{CB} I_C \cos(30° - \varphi)$$

$$P_2 = U_{CB} I_C (\cos 30° \cos\varphi + \sin 30° \sin\varphi)$$

$$P_1 + P_2 = U_{AB} I_A (\cos 30° \cos\varphi - \sin 30° \sin\varphi)$$
$$+ U_{CB} I_C (\cos 30° \cos\varphi + \sin 30° \sin\varphi)$$

$$P_1 + P_2 = 2U_L I_L \cos 30° \cos\varphi$$

$$= 2U_L I_L \frac{\sqrt{3}}{2} \cos\varphi = \sqrt{3} U_L I_L \cos\varphi$$

而三相有功电能为

$$A_P = \sqrt{3} U_L I_L \cos\varphi t$$

所以测得的是三相有功电能。

17. 三相四线电能表如何接线？

答：三相四元件电能表实际上是三只单相电能表的组合，它有三个电流线圈和三个电压线圈。其接线如图 11-14 所示。

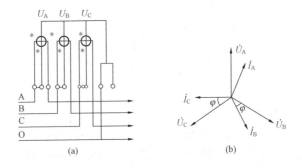

图 11-14　三相四线元件电能表接线及向量图

（a）三相四线直接接入式；（b）三相四线电能表接线向量图

18. 常用三相无功表有几种接线方式?

答：常用无功表有以下三种接线方式。

（1）正弦表：由于正弦表元件所产生的力矩与 $UI\sin\varphi$ 成正比，所以它的接法与有功表完全相同。不论电流，电压是否平衡，其计量的结果都是正确的，具体接线如图 11-15（a）所示。

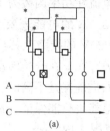

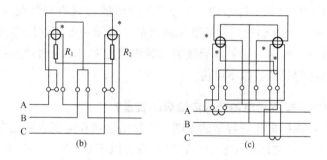

图 11-15　三相无功表接线方式

（a）二元件正弦表接线图；（b）具有 60°相角差的二元件正弦
表接线图；（c）差电流两元件接线图

（2）具有 60°相角差的三相无功电能表（DX₂ 型）：它的特点是当负载功率因数 $\cos\varphi=1$ 时，电压工作磁通 ϕ_u 与电流磁通 ϕ_1 的相位差不是 90°，而是 60°，通过电压线圈串联的电阻 R_1，R_2 的选择，可以改变 ϕ_u 的相位角，因此可以得到 ϕ_u、ϕ_1 间 60°相位差的要求。这种电能表接线如图 11-15（b）所示，可以看出其接线与普通有功电表完全一样。

（3）差电阻两元件法：在三相线电路中，用两只电流互感器。例如装在 A 相和 C 相，则 B 相二次电流为 A、C 两相的 TA（电流互感器）二次负载并联的电流，即 $\dot{I}_B = -(\dot{I}_A + \dot{I}_C)$。这

时第一元件电流为 $I_A + (-I_B)$，电压为 U_{BC}；第二元件电流为 $I_A + (-I_B)$，电压为 U_{AB}，其接线如图 11-15 （c） 所示。

19. 为什么一般家庭用电能表不宜大于 2.5A？

答：一般电度表的特点如下。

（1）电能表的起动电流在功率因数为 1 时，大约为额定电流的 0.5%～1%，所以一只 2.5A 的电能表要有 0.0125～0.025A 的电流通过才开始转动，在 220V 的线路上其功率相当于 3～6W；电能表在转动时有些机械阻力存在，在开始转动时，由于原动力矩比机械阻力大的有限，电表的准确性是不高的。

（2）一只校准了的电能表只能保证在额定电压下，当电流为额定电流的 10%～100% 范围之内，$\cos\varphi$ 为 0.5～1 时，它的误差才不超过 1%～2%，即是说一只 2.5A 的电能表只有在负载为 30～550W 时，才能够达到计量准确的目的。目前一般家庭用电瓦数均不超过这个范围。如果电能表的铭牌电流超过 2.5A 时，就达不到计量标准的目的，故不可用。

20. 怎样按用电器选择电能表的容量？

答：选择电能表容量的原则，应使用电器在电能表额定电流的 20%～120% 之间，单相 220V 照明装置以 5A/kW，三相 380V 动力用电的 1.5A/kVA，或 2A/kVA 计算为宜。一般情况可参考表 11-1 进行选择。

表 11-1 　　　　　　　　选择电能表容量参考表

电度表容量（A）	单相 220V 照明用电（kW）	三相 380V 动力用电（kW）
3	0.6 以下	—
5	0.6～1	0.6～1.7
10	1～2	2.8～5
15	2～3	5～7.5
20	3～4	7.5～10
30	4～6	10～15
50	6～10	15～25
100	—	25～50
200	—	50～100

21. 绝缘电阻表的工作原理是什么?

答:绝缘电阻表又称兆欧表、摇表。在图 11-16 中,永久磁铁 M 同时供给手摇发电机(直流发电机)和测量机构磁场。线圈 B 经过一个电阻跨接在发电机两端,它是电压线圈,A 是电流线圈,发电机的电流经过限流电阻和被测电阻 R_X,流经线圈 A 回到发电机。线圈 A 和 B 在空间位置上相差一个角度。电压线圈 B 可以在中间 C 形铁心上转动,当 E,L 两点断开时,发电机所产生的电流只通过电压线圈 B。这电流和磁场互相作用产生电磁力使线圈 B 沿逆时针方向转动,一直到进入 C 形铁心的缺口为止。这时,指针指在刻度的∞值,当 E,L 两点之间接入被测电阻时,发电机的电流经过这电阻线圈 A。线圈 A 中的电流也和磁场互相作用产生的电磁力,使线圈 A 沿顺时针方向转动,线圈 A 和 B 产生的转矩方向相反。当两个转矩相等时,指针停止转动,指示出被测电阻值。

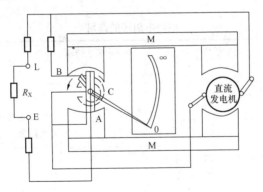

图 11-16 绝缘电阻表的线路与构造

22. 使用绝缘电阻表测量绝缘电阻时应注意哪些事项?

答:(1)选用绝缘电阻表,额定电压高的电气设备,要用额定电压高的绝缘电阻表,选用时,按表 11-2 规定进行。

(2)测量设备的绝缘电阻时,必须先切断设备的电源。对具有较大电容的设备(如电容器、变压器、电机及电缆),必须先进行放电。

（3）绝缘电阻表应水平放置，在未接线之前，先摇动绝缘电阻表看指针是否在"∞"处，再将 L，E 两个接线柱短路，慢摇绝缘电阻表，看指针是否指在"零"处，对于半导体型绝缘电阻表不宜用短路校验。

（4）绝缘电阻表引线应用多股软线，而且有良好的绝缘。

（5）不能全部停电的双回线路和母线，在被测回路感应电压超过 12V 时，或当雷雨发生时的架线路及与架空线路相连接的电气设备，禁止进行测量。

（6）测量电容器，电缆，大容量变压器和电机时，要有一定的充电时间，电容量越大，充电时间越长，一般以绝缘电阻表转动 1min 以后读数为准。

（7）在摇测绝缘时，应使绝缘电阻表保持额定转速，一般为 120r/min。

（8）被测物表面应擦拭清洁，不得有污物，影响测量的准确度。

表 11-2　　　　　　　　　绝缘电阻表的选用

设备名称	设备额定电压（V）	绝缘电阻表电压（V）	备　注
交直流电动机	500 以下 500 及以上	500 1000	无 100V 的绝缘电阻表时也可用 500V 绝缘电阻表
交流发电机定子	2300 以下 2300 及以上	1000 2500	
交流发电机转子	250 及以下 250 以上	500 1000	也可用 500V 的绝缘电阻表
变压器	2300 以下 2300 及以上	1000 2000	
低压电力及照明线路二次回路及继电器	500 以下	1000 以下 1000	

23. 万用表能进行哪些测量？结构如何？

答：万用表又叫万能表，是一种多用途的携带式电工测量仪表。它的特点是量限多，用途广。其测量机构是电压表、电流表、欧姆表原理的组合。一般万用表可以用来测量直流电流、直流电压、交流电压和电阻，有些万用表还可以用来测量交流电流、电功率、电感量、电容量等。万用表是用磁电系测量机构配合测量电路来实现各种电量的测量，万用表的结构有下列主要部分。

（1）表头：表头是万用表的主要元件，是一种高灵敏度的磁电式直流电流表，它的满刻度偏转电流一般为几微安到几百微安，其全偏转电流越小，灵敏度越高，表头的特性越好。表头的表盘上有对应各种测量所需要的多条标尺。由于表头的灵敏度要求很高，所以表头中可动线圈必须匝数多，导线细，则表头灵敏度就越高，内阻就越大。

（2）测量线路：万用表的测量线路实际就是多量限的直流电流表、电压表，整流式交流电压表和欧姆表等几种线路组合而成。其测量线路中的元件多为各种类型和数值的电阻元件（如线性，碳膜电阻等）。在测量时，将这些元件通过转换开关接入被测线路中，使仪表发生指示。测量交流电压线路中，还设有整流装置，整流后的直流再通过表头。这样与测量直流电压时原理完全相同。

（3）转换开关（又叫选择式量程开关）：万用表中各种测量种类与量限的选择是靠转换开关来实现的，转换开关里有固定接触点和活动接触点，用来闭合和分断测量回路。其活动接触点称为"刀"，固定接触点称为"掷"，通常有多刀和几十个掷，各刀之间是相互同步联动的，变换"刀"的位置，可以使表内接线重新分布，从而实现所需测量的范围和要求。

24. 怎样正确使用万用表？应注意什么？

答：为了正确使用万用表，一般应注意以下几点。

（1）测量时应将万用表放平，为保证读数准确，应使仪表放在不易受震动的地方。

（2）使用前应检查指针是否在机械零位，如不在应调至"0"位。测电阻时，将转换开关转至电阻挡上，将两测棒短接后，旋转

"Ω"调零器，使指针指零欧。当变换电阻挡位时，需重新调整调零器，使指针仍指在零。

（3）根据测量对象将转换开关转至所需挡位上，例如测量直流电压时，将开关指示箭头对准"V"符号的位置，其他测量也按上述要求操作。

（4）测量插入表孔时，应按测棒颜色插入正负孔内。红色表棒的插头应插入"＋"号的插孔内，黑色表棒插入标有"－"号孔内。

（5）选用测量范围时，应了解被测量的大致范围，使指针移动至满刻度的 2/3 附近，这样可使读数准确，若事先不知被测量的大概数值时，应尽量选用大的测量范围，若指针偏转很小，再逐步换用较小测量范围，直到指针移动至满刻度的 2/3 附近为止。在测量较高电压和较大电流时，不能带电转动开关旋转，否则会在触点产生电弧，导致触点烧毁。

（6）测量直流电压前，一定要事先了解正、负极，如果预先不知道时，要先用高于被测电压几倍的测量范围，将两测棒快接快离，若指针顺时针偏转，则说明是接对了，反之应交换测棒。

（7）当转换开关转到测量电流位置上时，绝对不能将两测棒直接跨接在电源上，否则万用表通过短路电流立刻烧毁。

（8）每当测量完后，应将转换开关转到测量高电压位置上，防止开关在电阻挡时，两个测棒被其他金属短接，使表内电池耗尽。

（9）万用表应谨慎使用，不得受振动、受热和受潮等。

25. 直流单臂电桥（惠斯登电桥）的工作原理如何？

答：惠斯登电桥是用来测量中值（1Ω～0.1MΩ）电阻的，其原理线路如图 11-17 所示，电阻 r_1，r_2，r 和被测电阻 r_x 组成一个四边形 ABCD。在 A 和 C 之间接入一组电池 E 和开关 S1，在 B 与 D 之间则接入一只灵敏的电流

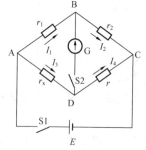

图 11-17　惠斯登电桥原理图

表 G 和开关 S2。当合上开关 S1，S2 时，调节 r_1，r_2，r 的数值，使电流表 G 的读数为零，这时 B 和 D 的电位相等，因此 $U_{AB} = U_{AD}$，同时 $U_{BC} = U_{DC}$，即：$I_1 r_1 = I_3 r_x$；$I_2 r_2 = I_4 r$，两式相除得

$$\frac{I_1 r_1}{I_2 r_2} = \frac{I_3 r_x}{I_4 r}$$

因为在电流表中并没有电流通过，所以 $I_1 = I_2$；$I_3 = I_4$（由 KCL 得），因此上式中约去电流后得 $r_1/r_2 = r_x/r$，即

$$r_x = \frac{r_1}{r_2} r$$

26. 交流电桥的工作原理是什么?

答：其电路原理与前述直流电桥相似，如图 11-18（a）所示。图中电源为一音频振荡器，平衡指示器用交流电流计，四个桥臂是由复阻抗 Z_1，Z_2，Z_3 和 Z_X 组成，电桥平衡时，应满足 $Z_1/Z_2 = Z_X/Z_3$，即

$$Z_X = Z_1 \frac{Z_3}{Z_2}$$

（1）电感测定：如图 11-18（b）所示，L_X，R_X，和 L_0，R_0 分别表示被测电感线圈和标准电感线圈的电感与电阻，R_2 与 R_3 表示相邻的两桥臂，可得 $R_X = \dfrac{R_2}{R_4} R_0$，$L_X = \dfrac{R_2}{R_3} L_0$。

（2）电容的测定：原理线路如图 11-18（c）所示，电阻 R_2 与 R_3 为相邻两桥臂，C_0 表示标准电容器电容，R_0 为标准电阻。被测电容器

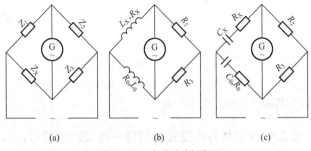

图 11-18　交流电桥原理

（a）交流电桥原理图；（b）电感的测定；（c）电容的测定

的电容量为 C_X，R_X（电容 C_X 有损耗存在电阻）；电桥平衡时满足

$$R_X = \frac{R_2}{R_3} R_0, \quad C_X = \frac{R_2}{R_3} C_0$$

27. 仪表的维护与保管应注意哪些事项？

答：为使测量仪表保持良好的工作状态，在使用中应正确操作外，还要做好以下几项工作。

（1）应根据规定，定期进行调整校验。

（2）搬运装卸时要特别小心，轻拿轻放。

（3）要经常保持清洁，每次用完后应用软棉纱擦干净，并检查外形有无异常现象。

（4）仪表的指针需经常做零位调整，使指针保持在起始位置上。

（5）仪表不用时应放在干燥的柜内，不能放在太冷，太热或潮湿污秽的地方。

（6）存放仪表的地方，不应有强磁场或腐蚀性气体。

（7）发生故障时，不可随意拆卸或随便加油，应请有经验的人进行修理。

（8）电表指针不灵敏时，不可硬敲表面，应进行拆修。

28. 数字仪表有哪些特点？

答：数字仪表具有如下几方面的特点。

（1）数字仪表是将被测的物理量，通过模数转换器（A/D），转换为数字量。读数准确，消除了视觉误差。

（2）在采样、调节、选择量程等过程中全部自动化，而且速度极快。

（3）可以直接测量动态参量和参量变化的全过程。

（4）具有多参数输入，多参数输出的特点，在自动化程度较高，以及远距离测量中多被采用。

29. 仪表和保护共用电流互感器同一组二次线圈时，应采取哪些措施？

答：若因条件限制使仪表与保护共用电流互感器同一组二次线

圈时（一般仪表与继电保护装置应尽量分别使用电流互感器的不同二次线圈），应首先取得保护与运行人员的同意，并应采用图 11-19 所示的接线。仪表回路要接于保护回路之后，二次侧进行

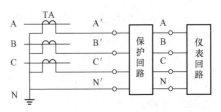

图 11-19　仪表与保护共用 TA 同一组
二次线圈的接线

工作时（如更换仪表），应短路 A，B，C，N，不要短路 A′，B′，C′，N′处，以免影响保护正确动作。

30. 全电子式电能表有哪些特点?

答：全电子式电能表有以下四个特点。

（1）测量精度高，工作频带宽，过负荷能力强；

（2）本身功耗比感应式电能表低；

（3）由于可将测量值（脉冲）输出，故可进行远方测量；

（4）引入单片微机后，可实现功能扩展，制成多功能和智能电能表等。

31. 试述全电子式电能表的工作原理。

答：全电子式电能表的工作原理是在数字功率表的基础上发展起来的，它采用乘法器实现对电功率的测量，其工作原理如图 11-20 所示。被测的高电压 u 和大电流 i 经电压变换器和电流变换器转换后送至乘法器 M，乘法器完成电压与电流瞬时值相乘，输出一个与一段时间内的平均功率正比的直流电压 U_0，然后利用 u/f 转换器，u_0 被转换成相应的脉冲频率 f_0，即得到 f_0 正比于平均功率，将该频率分频，并通过一段时间内计数器的计数，显示出相应的电能。

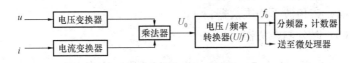

图 11-20　全电子式电能表的工作原理

32. 电子式电能表是怎样计量电能数量的？

答：电子式电能表的电路的瞬时功率 $p=ui$。若将 u 和 i 输入到乘法器中相乘，就可以得到一个和输入量的平均功率 P 成正比的平均电压 U，再将此电压至 U/f 转换器转换成为频率 f，由频率计计数，如图 11-21 所示。

图 11-21　电子式电能表计量功率的原理

从图 11-21 可知

$$u,\ i \to \infty$$
$$P \to f \to N/f$$

所以

$$P=k\ \frac{N}{t}$$

那么在 t 段时间内的电能为

$$w=Pt=k\ \frac{N}{t}t=kN$$

公式 $w=kN$ 表示对某一段时间内电能的测量，变为对这一段时间内转换的电脉冲数 kN，然后由数码管或计度器直接显示电能量。

33. 什么是乘法器？应用在电子式电能表的乘法器有哪几种？

答：乘法器是一种模拟乘法器，是一种完成两个互相关的模拟信号（如输入电能表的连续变化的电压和电流）相乘作用的电子电路。

应用在电子式电能表的乘法器有以下几种：
（1）霍尔效应乘法器；
（2）平方差法乘法器；
（3）热电变换型乘法器；
（4）三角波平均乘法器；
（5）时分割乘法器。

34. 电压变化时对电能表的误差有何影响因素？

答：电能表在运行计量时，由于电压变化波动，电能表的转盘转速与电压变化不能完全地成定比例关系，因而产生了附加误差计量。产生误差的原因有以下三方面：

（1）电压变化引起自制动力矩产生附加误差；

（2）电压变化引起低负荷补偿力矩产生附加误差；

（3）电压变化引起电压磁通和电压之间的非线性变化。

当电压升高时，自制动力矩会产生负的附加误差，非线性变化时是产生正的附加误差，而前者的误差大于后者，所以总的误差是负的附加误差；当电压降低时，上述情况相反，将出现正的附加误差。在低负荷时，以上两个附加误差不变，但低负荷补偿力矩装置产生附加误差改变了，也即当电压升高时产生正的附加误差，电压降低时产生负的附加误差。

35. 频率变化对电能表的误差有何影响？

答：频率变化对电能表会产生附加误差。

（1）电压线圈的阻抗随频率的升高而增大，使电压线圈的电流减小；电压磁通减小、驱动力矩降低，电能表转盘转动变慢。

（2）电流工作磁通和电压工作磁通的相位角改变，当频率升高时，电流和电压磁通相位角增大，使滞后的低功率因数时电能表转盘转速变快，产生正附加误差，反之频率降低时，产生负附加误差。

36. 试述三相电能表调整时的注意事项。

答：（1）应保持每组元件之间在规定负荷和功率因数时的误差值应尽量可能小，考虑到元件间的相互影响，在分元件调整时，每组元件电压线路上应加额定电压进行试验。

（2）对检验调整时接线与使用接线不同的三相电能表，必须考虑由于接线不同和电磁干扰不同所引起的附加误差。

37. 预付费电能表分哪几种？

答：按使用价值的不同，预付费电能表可分为如下四种。

（1）投币式预付电费电能表。

（2）磁卡式预付电费电能表。

（3）电卡式预付电费电能表。

（4）IC 卡预付电费电能表。

38. IC 卡预付电能表有何优点？

答：IC 卡预付电能表的优点有如下几点。

（1）抗破坏性、耐压性高。IC 卡是由芯片存储信息，具有先进的硅片制造工艺，完全可以保证磁卡的抗磁性、抗静电及防各种射线能力。IC 卡信息的保存期可达 100 年以上，读写方便，读写次数高达 10 万次以上。

（2）存储容量高，加密性强，IC 容量可做 2M 节，由于 IC 容量大，可设有逻辑电路控制访问区域，因而 IC 卡系统具有很强的加密性。

（3）相关设备成本不高，IC 卡本身为一个可以携带的数字电路，读写只需一个供插用的卡座就行，而且很多信息均可直接存放在 IC 卡上。

39. 如何防止电能表产生"潜动"的故障？

答：电能表在电压线圈的铁心上固定一铁片，在转盘的转轴上装上防潜钩，试验时，电能表只加入电压，不加电流，调整防潜装置防潜力矩平衡，制止"潜动"现象。

40. 试写出校验高压电能表倍率的计算公式。

答：高压电能表倍率校验公式如下

$$m = \frac{TV_S \times TA_S}{TV_N \times TA_N} \times K$$

式中　m——倍率；

TV_S——电压互感器实用变比；

TA_S——电流互感器实用变比；

TV_N——电压互感器铭牌变比；

TA_N——电流互感器铭牌变比；

K——铭牌常数。

【例 11-1】 有一磁电系测量机构，其满偏电流为 $100\mu A$，内阻 R_1 为 100Ω，现想测 0.5A 电流，应并联多大的分流电阻？

解　先求量程的扩倍数 n：

$$n = \frac{I}{I_c} = \frac{0.5}{100 \times 10^{-6}} = 5000$$

故分流电阻 R 为

$$R = \frac{1}{n-1} R_1 = \frac{100}{5000 - 1} = 0.02(\Omega)$$

【例 11-2】　有一磁电系测量机构满偏电流 $I_c = 500\mu A$，内阻 $R_c = 200\Omega$，要作成 60V 量限的电压表，应串联多大的附加电阻？

解　因表头电压降为

$$U_c = R_c I_c = 200 \times 500 \times 10^{-6} = 0.1(V)$$

则电压量限扩倍数为

$$m = \frac{U}{U_c} = \frac{60}{0.1} = 600$$

故

$$R_f = (m-1)R_c = (600-1) \times 200 = 119.8(k\Omega)$$

电子技术基础

1. 什么叫 P 型半导体？什么叫 N 型半导体？什么是半导体的 PN 结？

答：在半导体中掺入微量的杂质，能提高半导体的导电能力，在半导体中掺入铟、铝、硼、镓等元素后，半导体中就会产生许多带正电的空穴，靠空穴导电的半导体称 P 型半导体。

如果在半导体中掺入微量的锑、磷、砷等元素，在半导体中就会产生许多负电的电子，称 N 型半导体。

把一块半导体，一半做成 P 型，另一半做成 N 型，这时 N 型与 P 型结合的地方，由于扩散作用就形成了一个特殊层，这个特殊层就是 PN 结。试验证明 PN 结具有单向导电性。

2. 什么是半导体二极管？什么是二极管的伏安特性？

答：二极管实际上就是由一块 P 型半导体和一块 N 型半导体所组成的 PN 结，然后在这两块半导体上分别加上接触极和引线，再用管壳包封起来，它常用符号 ▷⊢ 表示，有箭头的一端表示二极管的负极，另一端表示二极管的正极。

二极管的伏安特性就是加到二极管两端的电压与通过二极管的电流之间的关系称为二极管的伏安特性，如图 12-1 所示。

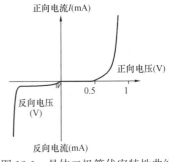

图 12-1　晶体二极管伏安特性曲线

（1）正向特性：当正向电压较小时，正向电流很小，二极管呈现较大电阻，实际上不导通；当正向电压超过一定数值（这个数值称为起始电压，对硅二极管约为 0.6V）以后，二极管电阻变得很小，正向电流增长很快。

（2）反向特性：当二极管两端加反向电压时，仅有微小的电流通过，这电流称为反向漏电流，在反向电压的一定范围内，反向电流不随反向电压增加而增大，反向电流又称反向饱和电流。

（3）反向击穿特性：若反向电压增加到某一临界电压 U_A 后，反向电流开始急剧增大，如果不限制电流，会造成二极管损坏，这种现象称为击穿，产生击穿的临界电压 U_A 称为反向击穿电压。

3. 二极管有哪些主要参数？

答：（1）最大整流电流。指二极管在长期运行时，允许通过的最大正向直流电流的平均值，如果正向平均电流超过最大整流电流，管子因过热而损坏。

（2）最大反向电流。指二极管在施加最大反向工作电压时的反向电流。最大反向电流越小越好，反向电流过大，管子单向导电性能不好。

（3）最高反向工作电压。指二极管所允许施加的最大反向峰值电压，一般为反向击穿电压的 1/2 或 2/3。

（4）最高工作频率。指二极管能够正常使用时的工作频率，二极管工作频率的高低，决定于二极管结电容的大小。

4. 常用的整流电路有哪些？它们的简单工作原理是怎样的？

答：（1）单相半波整流电路。根据半导体二极管具有单向导电的特性，只要在二极管 VD 的正极接电源的"＋"端，二极管的负极接电源的"－"端，电路才有电流流过，反之电路不通，如图 12-2 所示。图中 T 是整流变压器，U_2 是变压器的二次电压，在时间 $0\sim\pi$ 时，U_2 的"a"端是正，"b"端是负，这时 VD 导通，电阻 R 上有电压降 U_d。当时间为 $\pi\sim2\pi$ 时，U_2 的"a"端是负，"b"端是正，VD 加反向电压，这时 VD 不导通。当时间为 $2\pi\sim3\pi$ 时，VD 又导通，这就将交流电变为直流电。

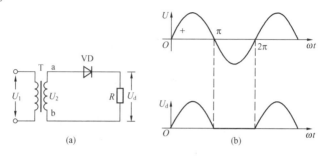

图 12-2 单相半波整流电路

（a）电路图；（b）波形图

（2）单相全波整流电路。由两个单相半波整流电路合起来组成的，它的电路如图 12-3 所示。

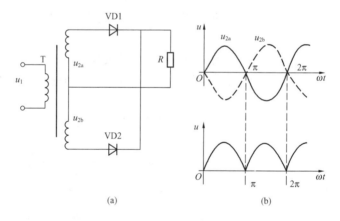

图 12-3 单相全波整流电路

（a）电路图；（b）波形图

在 T 的二次电压引出大小相等的两个电压 U_{2a}，U_{2b}，在 0～π 时间，U_{2a} 上端为正，下端为负，U_2 经过 VD1、R、变压器 T 的中心抽头形成通电回路。VD2 因加反向电压不导通，在 π～2π 时间内，U_{2b} 下端为正，上端为负，经 VD2、R、变压器中心抽头构成回路，VD1 因加反向电压不导通。两个整流组件构成两个单相半波整流电路轮流导通，使负载 R 上得到单方向的脉动电压。

（3）单相桥式整流电路，如图 12-4 所示，当电源的极性上端"＋"，下端"－"时，VD、VD3 导通，R 上有电流通过，电流由变压器 T 二次线圈上端经 VD1、R、VD3 回到变压器 T 下端，在 R 上得到一个半波整流电压。当

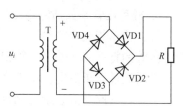

图 12-4　单相桥式整流电路

电源极性相反时，VD2、VD4 导通，电流经 VD2、R、VD4 回到 T 的上端，这样 R 上也得到一个半波整流电压，在负载 R 上得到一个和单相全波整流一样的电压波形。

（4）三相桥式整流电路。在图 12-5 中，三相电压 U_a、U_b、U_c 随时间按正弦规律变化，其相位互差 $120°$。在 $0\sim t_1$，c 相电压为正，b 相电压为负，a 相为正，此时，c 相电压最高，b 相电压最低，于是电流从 c 相出发，经 $VD5\to R\to VD4$ 回到 b 相，形成一个导电回路，这时只有 VD4、VD5 导通，其他都不导通，电压完全加在负载 R 上，在 $t_1\sim t_2$ 时间，a 相电压最高，b 相电压最低，这时电流通过的线路是：$a相\to VD1\to R\to VD4\to b相$，在 $t_2\sim t_3$ 时间里，a 相电压最高，c 相电压最低，电流通路是 $a相\to VD1\to R\to VD6\to c相$，以后依次类推，便可得到二极管的导通次序，整流后的输出电压 U 的波形如图 12-6 所示。

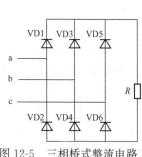

图 12-5　三相桥式整流电路

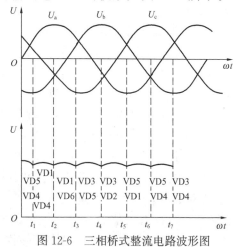

图 12-6　三相桥式整流电路波形图

5. 硅稳压管是如何起稳压作用的？其主要参数有哪些？

答：稳压管又称齐纳二极管，是一种用硅材料制成的二极管，硅稳压管的特性与普通二极管相似，硅稳压管在一定的反向击穿区域，只要流过管子的电流小于这个管子的最大允许电流，就不会烧坏稳压管，反向电流急剧变化时，反向管压降则基本保持不变，它利用反向击穿时这种特性进行稳压，硅稳压管的图形符号为———，文字符号为 VS。主要参数如下。

（1）稳定电压 U_W：在反向击穿后的稳压范围内稳压管两端的电压。

（2）稳定电流 I_W：稳压管在稳压范围内流过管子的电流。

（3）最大稳定电流 I_{Wmax}：在稳定范围内，允许流过稳压管的最大电流。

（4）最大消耗功率 P_W：稳压管正常工作时，所能承受的最大功率。

（5）动态电阻 r_W：它表示在稳定范围内，稳压管两端电压的变化与电流的变化之比值，r_W 值越小，稳压管的性能就越好。

$$r_W = \frac{\Delta U_W}{\Delta I_W}$$

6. 为什么整流电路要滤波？滤波电路主要有哪几种？各有何优缺点？

答：整流电路输出的直流中含有一定的交流分量，往往不符合设备的要求，采取滤波措施将脉动直流中的交流分量尽量滤除。采用电感、电容、电阻组成一定的滤波电路，电容的特点让交流分量通过而阻止直流分量，将它并联在整流电路两端，为输出的直流中的交流分量提供通路，使其不经过负载直接从电容器回路流回电源。电感让直流畅通而阻止交流分量通过，把它串联在负载回路中就可以挡住交流分量不让其流过负载。常用的滤波电路有电容滤波、L 型电感电容滤波、阻容滤波和 Ⅱ 型电感电容滤波四种。

【例 12-1】 整流滤波电路如图 12-7 所示，二极管是理想元件，正弦交流电压有效值 $U_2 = 20V$，负载电阻 $R_L = 400\Omega$，电容 $C = 1000\mu F$，当直流电压表的读数为下列数据时，分析哪个是合理的、哪个表明出了故障，并指出原因。（1）28V；（2）18V；（3）24V；
（4）9V（设电压表的内阻为无穷大）。

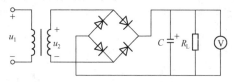

图 12-7 ［例 12-1］的图

解（1）电压表的读数为 28V 说明负载电阻 R_L 断开；

（2）电压表的读数为 18V 说明滤波电容 C 断开；

（3）电压表的读数为 24V 是正常工作情况；

（4）电压表的读数为 9V 说明任一个二极管或对边的两个二极管断开且电容 C 断开。

7. 什么是晶体三极管？它在结构上有何特点？

答：晶体管俗称晶体三极管，它是由三块半导体材料按一定形式组合而成的。它有两个 PN 结，三个电极。两个 PN 结分别称作发射结和集电结，三个电极分别叫发射极（用字母 E 表示），基极（用字母 B 表示），和集电极（用字母 C 表示）。基极 B 接在中间的半导体上，发射极 E 分别和集电极 C 接在基极两边的半导体上。晶体管的主要结构特点是基区做得很薄，一般只有几微米至几十微米。发射区的载流子数目远大于基区的载流子数目，一般要大 100

倍以上。PNP 型晶体管、NPN 型三极管的图形符号分别为 ，

；文字符号为 VT。

8. 什么是三极管的特性曲线？它们是如何测试的？

答：三极管特性曲线分为两组，即输入特性与输出特性。当三极管接成共发射极电路时，输入特性是指 U_{CE}（集—射极电压）维持定值时，I_B（基极电流）和 U_{BE}（基—射极电压）的关系曲线，如图 12-9（a）所示。输出特性是指 I_B 一定时，I_C（集电极电流）与 U_{CE} 的关系曲线。测试三极管特性曲线的电路如图 12-8 所示，电源 E_B 用来供给发射极电路的正向偏压，而电源 E_C 用来供给集电极电路的反

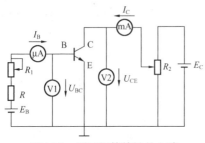

图 12-8　测三极管特性的电路

向电压。调节可变电阻 R_1 可以改变电流 I_B 和电压 U_{BE}；调节可变电阻 R_2 可以改变电流 I_C 与电压 U_{CE}。根据输出特性曲线可把三极管的工作状态分为以下三个区。

（1）截止区：当发射结电压低于死区电压时，$I_B = 0$，$I_C \approx 0$（仅有很小的穿透电流），$I_B = 0$ 的那条特性曲线以下的区域叫截止区，基本上失去了放大作用。

（2）放大区：当 U_{BE} 大于死区电压，而集电结加一定反向电压时，$I_C \approx I_E$，I_B 改变时，I_C 随着 I_B 改变，I_C 的变化比 I_B 的变化大得多，这就是三极管的放大作用。

（3）饱和区：当 $U_{BE} > U_{CE}$ 时，即使基极电流 I_B 增加很多，集电极电流增加很小，甚至不再增加，称饱和状态，如图 12-9（b）所示。

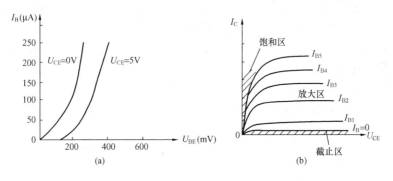

图 12-9　输入输出特性

（a）输入特性曲线；（b）输出特性的三个区域

9. 选用三极管时要考虑哪些主要参数？

答：三极管特性的参数较多，可从晶体管手册里查得，其主要参数如下。

（1）电流放大系数：基极电流 I_b 微小变化，会引起集电极电流很大的变化，这两个变化量的比叫作电流放大系数，即 $\beta =$

$\Delta I_{\mathrm{C}}/\Delta I_{\mathrm{B}}$。

（2）集电极反向电流 I_{CB}：即发射极开路时，集电结在反向电压作用下的反向电流。

（3）集电极—发射极反向电流 I_{CE}：即基极开路时，集电极与发射极之间的反向电流，又叫穿透电流。

10. 为什么放大电路要建立工作点？

答：调整静态电流的大小可使工作点（一个合适的工作状态叫工作点）位于放大电路负载上任何一点，满足对不同信号的放大要求。例如，要放大一个交流信号，在任何情况下不产生失真，就要求信号放大过程中三极管始终处于放大区。可以调整静态电流使它与信号电流相加后的工作电流始终满足三极管放大条件。

【例 12-2】 放大电路如图 12-10 所示，其中 $R_{\mathrm{b}}=120\mathrm{k}\Omega$，$R_{\mathrm{c}}=1.5\mathrm{k}\Omega$，$U_{\mathrm{cc}}=16\mathrm{V}$。三极管为 3AX21，它的 $u_{\mathrm{be}}=0.2\mathrm{V}$，$\beta=40$，$I_{\mathrm{cbo}}\approx0$。

求静态工作点 I_{bQ}、I_{cQ}、u_{ceQ}。

如果将三极管换成一只 $\beta=80$ 的管子，工作点将如何变化？

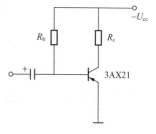

图 12-10 ［例 12-2］的图

解 （1）该放大电路是 PNP 电路，求解方法与 NPN 电路一样，电流方向按实际方向。

$$I_{\mathrm{bQ}}=\frac{U_{\mathrm{cc}}-U_{\mathrm{be}}}{R_{\mathrm{b}}}=\frac{16-0.2}{120}=0.13(\mathrm{mA})$$

$$I_{\mathrm{cQ}}=\beta I_{\mathrm{bQ}}=40\times0.13=5.2(\mathrm{mA})$$

$$I_{\mathrm{cQ}}R_{\mathrm{c}}=5.2\times10^{-3}\times1.5\times10^{3}=7.8(\mathrm{V})$$

$$U_{\mathrm{ceQ}}=-U_{\mathrm{cc}}+I_{\mathrm{cQ}}R_{\mathrm{c}}=-16+7.8=-8.2(\mathrm{V})$$

（2）若换成 $\beta=80$ 的管子，I_{bQ} 不变，而

$$I_{\mathrm{cQ}}=80\times0.13=10.4(\mathrm{mA})$$

$$I_{\mathrm{cQ}}R_{\mathrm{c}}=10.4\times10^{-3}\times1.5\times10^{3}=15.6(\mathrm{V})$$

$$U_{\mathrm{ceQ}}=-16+15.6=-0.4(\mathrm{V})$$

这说明该电路的静态工作点随管子的 β 而变化。

【**例 12-3**】 试问图 12-11 所示电路能否实现正常放大？若不能，请指出错误。图中各电容对交流信号可视为短路。

答：（1）不能实现正常放大。错在输出端接在 V_{cc} 处，无交流信号输出；

（2）不能实现正常放大。错在输入端接在 V_{cc} 处，无交流信号输入，静态工作点错误；

（3）不能实现正常放大。错在静态工作点 $I_{bQ}=0$，放大器截止失真；

（4）不能实现正常放大。错在隔直电容 C_1 使发射结无偏置；

（5）不能实现正常放大。错在交流信号短路，输出不变；

（6）发射极正偏，集电极反偏，故能实现小信号正常放大。

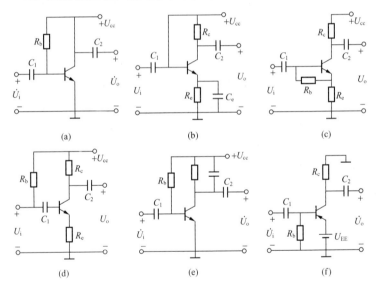

图 12-11 ［例 12-3］的图

组成放大电路的原则为：

（1）三极管必须工作在放大区，即静态时发射结正偏，集电结反偏。

（2）输入信号必须加在发射结。

（3）保证有交流信号输出。

11. 什么是交流放大器？电路中为什么要采用多级放大器？

答：能对交流信号进行放大的电路称为交流放大器。常见的交流放大电路有固定偏流式、电压负反馈式、电流负反馈式、混合负反馈式及双管直接耦合式五种。

在工业自动控制及无线电技术中，许多信号十分微弱，要放大成千上万倍这样的信号靠单级放大器是无法胜任，而多级放大器的总倍数等于各级放大器倍数的乘积。

多级放大器有利于加入各种负反馈，可以合理地安排前后各级工作重点。如前置重点放大信号电压、中间级放大电压基础上适当放大电流、末级主要放大电流，获得良好的放大效果。

12. 什么叫直流放大器？有哪几种？何谓零点漂移？如何抑制？

答：能对随时间缓慢变化的直流信号起放大作用的电路叫直流放大器。

有以下几种：（1）简单直接耦合式直流放大器：利用发射极电阻建立工作点，利用二极管或稳压管建立工作点及利用 PNP 型和 NPN 型管组成互补直流放大器。

（2）差动式直流放大器：它又分双端输入双端输出、双端输入单端输出、单端输入单端输出电路形式。

（3）调制型直流放大器：它分为机械调制式和电调制式。

（4）直流运算放大器：一种线性集成电路。

有些直流放大器即使输入无信号，输出端也有电压输出，这种输出会随温度变化和时间推移，作不规则波动变化，叫直流放大器的零点漂移。

抑制零点漂移的方法，一是精选组件，选择温度稳定性好的组件，并进行高温老化处理。二是在电路上采取抑制措施，如用深度负反馈，设置温度补偿。

13. 什么叫反馈？它在电路中起什么作用？

答：反馈是指将一个放大器的输出信号量的一部分或全部反送到输入端，和输入信号叠加的工作方式。

反馈信号对输入信号起到加强作用的叫正反馈,起减弱作用的称为负反馈。前者能提高放大器的增益和压缩频带,后者有利于提高电路的稳定性,改善线性度和抑制噪声。

14. 怎样判别放大电路的正反馈和负反馈?

答:放大电路的正反馈和负反馈可用"瞬时极性法"进行判别,即设输入端在某一瞬时输入信号极性为"+",然后按各级放大电路输入输出相位关系(中频区),确定输出端和反馈端的瞬时极性的正负。若反馈信号极性与输入信号极性相同为正反馈,相反为负反馈。

需要指出的是,瞬时极性相同相反的理解应根据反馈信号和输入信号是否作用于输入回路同一极性点来判别。反馈信号和输入信号作用于输入回路同一极性点时,瞬时极性相反是负反馈;反馈信号和输入信号作用于输入回路不同极性点时,瞬时极性相反为正反馈。

【例 12-4】 电路如图 12-12 所示,判断电路引入了什么性质的反馈(包括局部反馈和级间反馈、正反馈和负反馈、交流反馈和直流反馈、反馈的组态)。

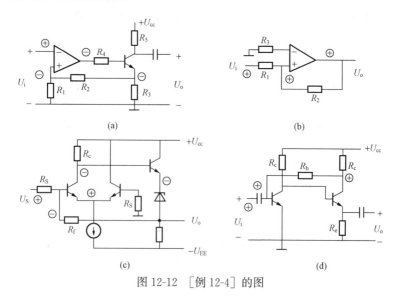

图 12-12 〔例 12-4〕的图

解 （1）电路为两级放大，R_2 引入级间反馈。用瞬时极性法判断为正反馈（瞬时极性如图所示）。交直流情况下反馈均存在，输入端以电压形式相加减，输出端取自非电压输出端，所以为交直流电流串联正反馈。R_3 是射极电阻，引入局部反馈，是交直流电流串联负反馈。

（2）R_2 引入局部反馈，交直流情况下反馈均存在，根据瞬时极性法判断为正反馈，输入端以电流形式相加减，输出端取自直接电压输出端，所以是交直流电压并联正反馈。

（3）电路为两级放大，交直流情况下反馈均存在，R_f 引入级间反馈，用瞬时极性法判断为负反馈，输入端接自直接电压输入端，输出端取自直接电压输出端，所以是交直流电压并联负反馈。

（4）电路为两级放大，交直流情况下反馈均存在，R_b 引入级间反馈，用瞬时极性法判断为正反馈，输入端接在直接电压输入端，输出端取自非直接电压输出端，所以是交直流电流并联正反馈。

15. 什么叫自激振荡？产生自激振荡的根本原因是什么？

答：放大电路无外加输入信号时，输出端仍有一定频率和幅度的信号输出，这种现象称为自激振荡。产生自激振荡的根本原因是电路形成正反馈。

16. 晶闸管的基本结构和工作特点是什么？

答：晶闸管（俗称可控硅），是具有三个 PN 结的四层半导体器件，其内部结构如图 12-13（a）所示。从芯片上分别引出三个电极：阳极 A，阴极 C 和控制级 G。当阳极和阴极之间加上正向电压而控制极不加任何信号时，晶闸管处于关断状态。此时如果在控制极和阴极之间加上一个正向小电压，则晶闸

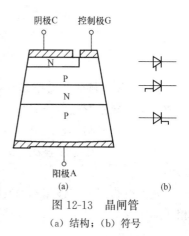

图 12-13　晶闸管
(a) 结构；(b) 符号

管将导通，有较大电流流过，称正向导通状态，即使撤走控制信号，仍保持导通，除非切断阳极电源回路或将阳极电流降低到小于维持电流，才能关断。如果在阴极和阳极之间接入反向电压，即使加入控制极触发电压，晶闸管也不会导通，具有反向阻断能力。晶闸管具有可以控制的单向导电特性。而且控制信号很小，阴极回路被控制的电流可以很大，它的这些特性在工业自动化广泛应用。

17. 晶闸管的控制角和导通角定义如何？

答：在晶闸管承受正向正弦波电压某一瞬间，设在电角度为 α 角时刻，加上触发脉冲，晶闸管即由正向阻断转为正向导通，此导通一直维持到半周期结束，电源电压降到零，晶闸管自动关断，在这一段时间导通了 θ 电角度，如图 12-14 所示。

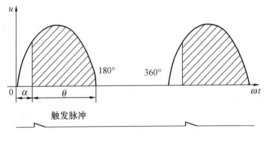

图 12-14 控制角与导通角

在 $0 \sim \pi$ 期间，电源电压全部降在晶闸管组件上，负载压降等于 0，$\alpha \sim 180°$ 期间晶闸管导通，电源电压几乎全部降在负载上，产生负载电流，把晶闸管正向阻断期间的电角度 α 称为"控制角"，将导通期间的电角度 θ 称为"导通角"，$\theta = 180° - \alpha$。

18. 常见晶闸管整流电路和触发电路有哪些种类？为什么晶闸管整流电路要采取过电压保护措施？

答：常见晶闸管整流电路有单相半波整流、单相全波整流、单相桥式整流、三相半波整流、三相桥式整流、六相半波整流和双星形整流等。

触发电路有阻容移相式触发电路、单结晶管触发电路、正弦移相式晶体管触发电路、锯齿波移相式晶体管触发电路和小功率晶闸管触发电路等。

晶闸管的耐受过电压能力较差，在交流侧及直流侧会经常产生一些过电压，如操作过电压，雷击过电压，直流侧电感负载电流突变化时感应过电压，熔丝熔断引起的过电压，晶闸管换向时的过电压等，都有可能导致组件损坏或性能下降，因此晶闸管整流电路要采取过压保护措施。

19. 单结晶体管有什么特点？什么是张弛振荡器？

答：单结晶体管又叫双基极二极管，它有两个基极和一个发射极，内部只有一个 PN 结。其特点是具有负阻效应。当第二基极和第一基极之间加以正电压，发射极电位上升到峰点电位时，发射极和第一基极之间会出现阻值随电流增大迅速减小的效应称为负阻效应，利用这一特点可以组成各种脉冲形成电路。

张弛振荡器就是由它组成一种能周期产生尖脉冲的振荡电路，尖脉冲触发晶闸管。

20. 什么是集成电路？什么是集成运算放大器？

答：集成电路是指采用半导体或薄、厚膜工艺，用外延生长技术、光刻技术、氧化物掩蔽扩散技术把电路组件（指有源或无源组件以及相互连线），集中缩小在单晶片上，元件密度高，构成一个完整的具有一定功能的电路。集成电路具有体积小、组件连接线和外部焊点减少等特点，工作可靠，工作速度快，得到广泛应用。

集成运算放大器简称集成运放，是一个高增益，低漂移，带深度负反馈的直接耦合放大器。集成运放本身并不具备计算功能，只有在外部网络配合下才能实现运算。由于其性能优良，被广泛应用于运算、测量、控制、信号产生、处理和变换等各个领域中，集成运算放大器的一般符号用图 12-15 所示符号表示。反

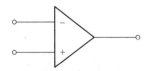

图 12-15　运算放大器的符号

相输入端用"—"表示，同相输入端用"＋"表示，三角形的顶端是放大器的输出端。

21. 理想化集成运放有什么特点？实现它们的条件各是什么？

答：理想化集成运放有两个特点，即"虚短"和"虚断"。

（1）虚短，即集成运放的同相输入端和反相输入端的对地电压数值相等，相当于短路，但又不是真正的短路，因此称为"虚短"。

虚短的条件是集成运放工作在线性放大状态。

（2）虚断，即输入电阻 $R_{id} \to \infty$，输入电流 $i_1 = 0$。相当于集成运放的两个输入端开路，但不是真正的开路，因此称为"虚断"。

虚断无条件限制，不论集成运放是否工作在线性放大状态，均能成立。

【例 12-5】 在图 12-16 中，A1、A2 均是理想运放，其中 $R_1 = 1\text{k}\Omega$，$R_2 = R_4 = R_5 = 10\text{k}\Omega$，$R_3 = R_6 = 0.9\text{k}\Omega$，电源电压 $U = \pm 15\text{V}$。求电压放大倍数 $A_u = \dfrac{U_o}{U_i}$。

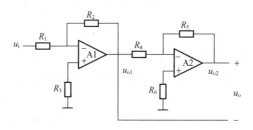

图 12-16　［例 12-5］的图

解 A1、A2 均构成反相比例运算电路，为两级运算电路，将第一级的输出作为第二级的输入，逐级写出输出的函数关系，注意该图中的输出是两级输出之差。

$$u_{o1} = -\frac{R_2}{R_1}u_i$$

$$u_{o2} = -\frac{R_5}{R_4}u_{o1} = \frac{R_2 R_5}{R_1 R_4}u_i$$

$$u_o = u_{o2} - u_{o1} = \frac{R_2 R_5}{R_1 R_4}u_i - \left(-\frac{R_2}{R_1}u_i\right)$$

$$A_u = \frac{U_o}{U_i} = \frac{R_2 R_5}{R_1 R_4} + \frac{R_2}{R_1} = \frac{10 \times 10}{1 \times 10} + \frac{10}{1} = 20$$

22. 什么叫脉冲？常见脉冲信号有哪几种？常见基本脉冲电路有哪几种？

答：脉冲是指那些随时间具有突然变化规律的信号。实际上，将正弦波以外的一些周期性电信号都称为脉冲信号。

常见脉冲信号有方波（矩形波）、三角波、锯齿波、尖波、阶梯波、梯形波等。

常见的基本脉冲电路有双稳态触发器、多谐振荡器、射极耦合双稳态触发器、锯齿波发生器。

23. 什么是 RC 微分电路和 RC 积分电路？

答：从图 12-17 可以看出，微分电路从电阻 R 两端输出；积分电路从电容 C 两端输出。

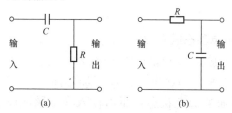

图 12-17　微分电路和积分电路

(a) 微分电路；(b) 积分电路

这两种线路是否能起到对信号的微分和积分作用，要看 RC 时间常数和输入信号脉冲宽度的配合，当微分电路 RC 时间常数远小于脉冲宽度时，输出信号与输入信号之间近似微分关系，当积分时间常数 RC 远大于脉冲宽度（大于 5 倍），输出信号与输入信号之间近似积分关系。

24. 什么是双稳态触发器？

答：双稳态触发器如图 12-18 所示，它实际上是由两个反相器相互耦合而构成的。由于反相器的输入与输出信号是反相的，因此双稳态电路有两个稳定状态：晶体管 VT1 截止，VT2 导通，这是一个稳定状态；反之，VT1 导通，VT2 便截止，这是另一个稳定状态，故称双稳定电路。

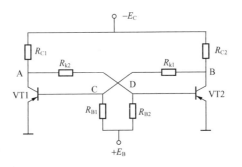

图 12-18 双稳态触发器电路

当外界条件不变时，它始终维持原来所处的稳定状态，在外加信号触发下，双稳态电路便从一个稳定状态迅速地转换到另一个稳态。

25. 什么是单稳态触发器？

答：单稳态触发器（如图 12-19 所示）也是一种电子开关。单稳态电路的特点是，当触发脉冲没有加之前，电路一直保持 VT1 截止，VT2 导通的稳定状态；而当输入一个脉冲以后，电路状态发生翻转，即 VT1 导通，VT2 截止，但是这个状态是不稳定的，过了一定时间后，它便自动回复到原来的稳定状态。它只有一个稳定状态，另一个状态是暂稳态。当改变 R_{B1}，C_B 的数值，便可以改变暂稳态存在的时间。

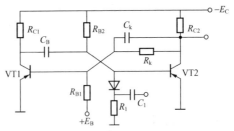

图 12-19 单稳态触发器电路

【例 12-6】 画出 555 定时器构成的单稳态电路，若取电源电压 $U_{CC}=10V$，$R=10k\Omega$，$C=0.1\mu F$，求输出脉冲宽度 T_W，若取电源电压 $U_{CC}=6V$，T_W 会有何变化？

解　555 构成的单稳态电路如图 12-20 所示。

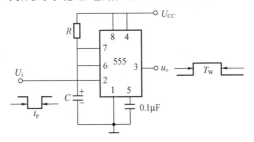

图 12-20　单稳态电路图

若取 $U_{CC}=10V$，$R=10k\Omega$，$C=0.1\mu F$，由公式 $T_W=1.1RC$ 可得

$$T_W=1.1\times 10\times 10^3\times 0.1\times 10^{-6}=1.1\times 10^{-3}=1.1ms$$

脉冲宽度 $T_W=1.1RC$ 与 U_{CC} 无关，故取 $U_{CC}=6V$ 时，T_W 仍为 1.1ms，只不过输出 u_o 的高电平因电源 U_{CC} 的减小，u_o 的幅度也相应减小而已。

26. 什么是门电路？最基本的门电路有哪些？门电路有何用途？

答：门电路是一种具有多个输入端和一个输出端的开关电路，当输入信号之间满足某一特定关系时，门电路才有信号输出，否则无信号输出，如图 12-21 所示。门电路的控制信号的通过与通不过，这好像是在满足一定的条件时才会打开的门一样，故称门电路。

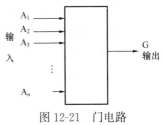

图 12-21　门电路

最基本的门电路有与门、或门和非门三种，利用各种门电路进行一定的组合，可以实现对各种信号的逻辑控制。

27. 与门的作用和工作原理是怎样的？

答：与门的作用和串联开关类似，用两只开关串联起来控制一盏灯，如图 12-22（a）所示，只有当 S1 与 S2 同时接通时，灯 H 才亮，若 S1 或 S2 中有一个断开，灯不亮。

一般而言，与门是一个具有多个输入端和一个输出端的逻辑线路，只有当所有输入端同时是规定信号输入时，才有规定信号输出。若输入端有一个为非规定信号，输出就是非规定信号。图 12-22（b）所示电路就是一个二极管两端与门。若 A，B 端同为 −12V，则二极管 VD_A，VD_B 皆截止，输出端 C 也是 −12V；否则，A，B 中有一个为 0V，如 A 为 0V，则 VD_A 导通，C 点电位近似地与 A 点相同，即输出为 0V。这样的线路，在取低电位（−12V）为规定信号时起了与门作用，称为负与门，两端的与门符号如图 12-22（c）所示。

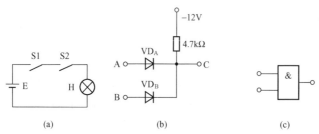

图 12-22　与门电路及逻辑符号

（a）串联开关类似与门的作用；（b）二极管两端与门；（c）两端与门符号

28. 或门的作用与工作原理是怎样的？

答：或门的作用和并联开关类似，用两个开关并联起来控制一盏灯，如图 12-23（a）所示。

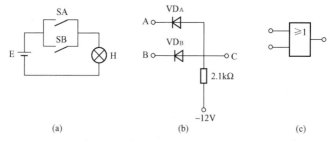

图 12-23　或门电路及逻辑符号

（a）并联开关类似或门作用；（b）二极管两端或门；（c）两端或门符号

当开关 SA 或 SB 接通时，灯都亮；当两个开关都接通时，灯也亮。

或门也是一种具有多个输入端和单个输出端的逻辑线路。图 12-23（b）所示电路就是一个二极管两端或门。当 A 端或 B 端电位为 12V，则二极管 VD_A 或 VD_B 导通，输出端也是 -12V；只有 A 端与 B 端均为 0V 时，二极管 VD_A，VD_B 都不导通，输出端为 0V，这样在取低电位为 -12V 为规定信号时起了或门作用，称为"负反门"，用图 12-23（c）的符号表示一个两端或门。

29. 非门的作用与工作原理是怎样的？

答：非门有一个输入端和一个输出端，输入信号与输出信号正好反相。非门电路如图 12-24（a）所示，它是由三极管构成的。当输入端 A 为低电位时通过 R_1、R_2 电阻分压的结果，在基极产生一个正

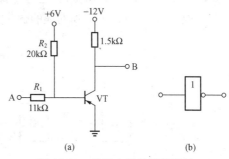

图 12-24 非门电路及逻辑符号

(a) 非门电路；(b) 非门符号

电位，使三极管截止，这时 B 点输出负电位。反之，当输入端 A 为高电位时，分压结果使基极为负电位，于是三极管导通，B 点输出高电位。它具有逻辑非的功能，称为非门。它的逻辑符号如图 12-24（b）所示。

30. 如何用继电器组成与门电路、或门电路和非门电路？

答：逻辑电路简单地说就是能完成逻辑功能的电路。如果把继电器通电吸合定为 1，失电释放定为 0，或者以其触点闭合为 1，断开为 0，便可用继电器组成各种逻辑门电路，起到逻辑控制的功能。

与门电路：用继电器组成的与门电路如图 12-25 所示。当输入信号 A=1，B=1，C=1 时，继电器 K1、K2 和 K3 均吸合，其对应的触点 K1—1、K1—2，和 K1—3 全部闭合，输出 Y=1。若其中有一个或一个以上输入信号为 0，则触点将切断正电源回路，输出 Y=0。

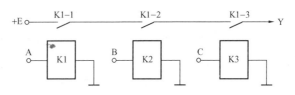

图 12-25　继电器与门电路

或门电路：如果将所有继电器的动合触点并联起来，便可得到如图 12-26 所示的或门电路。这种电路只要有一个继电器通电（A＝1，或者 B＝1，C＝1），所对应的触点便会闭合，输出 Y＝1。

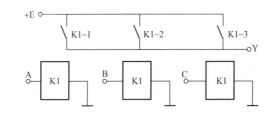

图 12-26　继电器或门电路

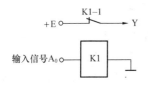

图 12-27　继电器非门电路

非门电路：用继电器组成的非门电路如图 12-27 所示。它是利用继电器的触点来实现的，即输入信号 A＝1 时，继电器 K1 吸合，触点 K1-1 断开，输出 Y＝0；而当输入信号 A＝0 时，继电器 K1 释放，触点 K1-1 闭合，输出 Y＝1。

31. 什么是逻辑代数？逻辑代数中的基本逻辑运算有哪些？

答：逻辑代数是描述、分析和简化逻辑线路的有效的数学工具，它又称为开关代数或布尔代数。

逻辑代数的变量（简称逻辑变量）的取值范围只有"0"或"1"。"0"与"1"不表示数量的多少，而是表示具体问题的两种可能。例如，用"0"与"1"代表开关线路中开关的断开和接通，电压的低和高，晶体管的截止和导通，信号的无和有两种物理状态。

一个复杂的开关线路总是由若干个开关元件组成。这种相互联系的关系反映到数学上就是几种逻辑运算。逻辑加、逻辑乘和逻辑非。

这三种逻辑运算反映了实际中开关元件之间最基本的联系。

（1）逻辑加（"或"运算），或门对应的逻辑运算是"逻辑加"C＝A＋B。

（2）逻辑乘（"与"运算），与门对应的逻辑运算是"逻辑乘"C＝A×B。

（3）逻辑非（"非"运算），"逻辑非"运算和非门相对应，记为 $B=\overline{A}$。

32. 什么叫二进制数？

答：十进制数中右边起第一位代表几个，第二位代表有几十个，第三位代表有几个一百，即"逢十进一"。二进制中只有"0"与"1"两个数码，并且由低位向高位进位是"逢二进一"。

33. 二进制与十进制数怎样相互转换？

答：（1）将二进制数化为十进制数的方法：将二进制数中有"1"的各位所代表的十进制数相加即可，例 $110101 \xrightarrow{\text{化为十进制}} 2^5 + 2^4 + 2^2 + 2^0 = 32 + 16 + 4 + 1 = 53$。

（2）将十进制数化为二进制数的方法：采用"除二取余法"，即将十进制数除以二，得一个商数和余数，再将商数除二，又得到一个新的商数和余数，如此继续下去，直到商等于零为止。然后，将所得各次余数以最后余数为最高位数字，最先余数为最低位数字依次排列，就得到所求的二进制数。

【例 12-7】 将 29 化为二进制数。

解　解题过程可写成如下格式

```
 2 29
 2 14   余1
  2 7   余0
   2 3   余1
    2 1   余1
       0  余1
```

各次余数由下往上依次得 11101，即二进制数。

34. 触发器的基本特性是什么？

答：（1）有两个稳定状态（简称稳态），可分别表示二进制数码 0 和 1，无外触发时可维持稳态。

（2）在输入信号的作用下，触发器的两个稳定状态可相互转换。输入信号消失后，新状态可长期保持下来，因此具有记忆功能，可存储二进制信息。

（3）有两个互补输出端。

35. R-S 触发器的组成及其工作原理是什么？

答：R-S 触发器由两个"与非门"所组成，线路形式如图 12-28 所示。R-S 触发器具有两个输入端，分别称为 R 端（置"0"端）和 S 端（置"1"端）。R-S 触发器具有两个输出端 C 与 $\bar{C}$。规定 C 端为高电平时，称为触发器处于"1"状态；C 端为低电平时，称为触发

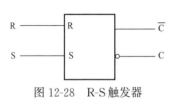

图 12-28　R-S 触发器

器处于"0"状态。在稳定工作状态下，$\bar{C}$ 与 C 的电平永远是相反的。触发器的置"1"，通常是在置"1"端 S 加一负脉冲来实现；触发器的置"0"，则是在置"0"端 R 加一负脉冲来实现。总要求触发器不断地在 0 与 1 状态之间翻转，则置 0 置 1 信号必须交替地送到 R 和 S 的两输入端。为了使触发器可靠地工作，要求输入端所加负脉冲宽度一定要大于两个非门翻转的延迟时间，否则不能实现正常触发。

36. JK 触发器的电路结构及工作原理是什么？

答：为了解决输入信号之间的约束问题，避免输入端 R、S 出现全 1 的情况，可将电路改进为主从型 JK 触发器，简称为 JK 触发器。

（1）电路结构。JK 触发器的逻辑图，如图 12-29（a）所示。由图可见，是将主从 RS 触发器 $\bar{Q}$ 和 Q 端的状态引回到两个输入端，形成 JK 触发器的信号输入端，分别称为 J 端和 K 端。JK 触发器的逻辑符号，如图 12-29（b）所示。

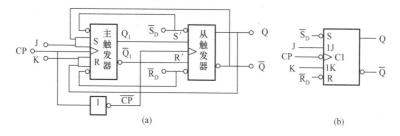

图 12-29 主从 JK 触发器的逻辑图及逻辑符号

(a) 逻辑图；(b) 逻辑符号

（2）工作原理。由逻辑图分析，JK 触发器的触发特点，可用表 12-1 说明。

表 12-1 主从 JK 触发器触发特点

CP 的变化	从触发器	主触发器
$0 \rightarrow 1$	封锁，保持原状态不变	接收 $S = J\overline{Q^n}$，$R = KQ^n$ 信号，状态更新
$1 \rightarrow 0$	接收主触发器输出信号，状态更新	封锁，保持原状态不变

可见，主从式 JK 触发器也是 CP 的下降沿触发。根据 JK 触发器的触发特点，可知：

当 CP=1 时，主触发器工作，有

$$Q_1^{n+1} = S + \overline{R}Q^n = J\overline{Q^n} + \overline{KQ^n}Q^n = J\overline{Q^n} + \overline{K}Q^n$$

当 CP=0 时，从触发器打开，则有

$$Q^{n+1} = Q_1^{n+1} = J\overline{Q^n} + \overline{K}Q^n$$

亦即：

$$Q^{n+1} = J\overline{Q^n} + \overline{K}Q^n$$

该式为 JK 触发器的特性方程。

【例 12-8】 设主从 J－K 触发器的原状态为 1，按照图 12-30 所给出的 J、K 以及 CP 的波形，画出触发器 Q 端的工作波形。

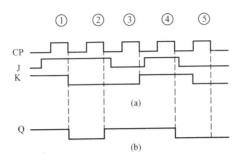

图 12-30　［例 12-8］的波形图

解　此题的特点在于激励信号 K 的某些跳变与 CP 脉冲的跳变发生在同一时刻，所以必须了解 Q 次态波形时取决于 CP 脉冲下降沿前一刻的 J、K 值而不是取决于 CP 脉冲下降沿时刻的 J、K 值。

画波形时，从第 1 个 CP 脉冲开始分析，看它的下降沿前一时刻的 J、K 为何值，再依据 J－K 触发器真值表所述的功能，确定 Q 的次态，也就是 CP 脉冲下降沿触发以后 Q 的新状态。

（1）为了便于说明，首先将 CP 脉冲从①～⑤编号。

（2）第①个 CP 脉冲下降沿前一刻，J、K 同为 1，经 CP 脉冲触发后 Q 必然翻转，所以在第 1 个 CP 脉冲下降沿后 Q 由 1 变为 0。

（3）第②个 CP 脉冲下降沿前一刻，J＝1、K＝0，经 CP 脉冲触发后 Q 置 1，所以在第②个 CP 脉冲下降沿后 Q 由 0 变为 1。

（4）第③个 CP 脉冲下降沿前一刻，J＝K＝0，经 CP 脉冲触发后 Q 保持不变，所以在第③个 CP 脉冲下降沿后 Q 仍然为 1。

（5）第④个 CP 脉冲下降沿前一刻，J＝K＝1，经 CP 脉冲触发后 Q 翻转，所以在第④个 CP 脉冲下降沿后 Q 由 1 变为 0。

（6）第⑤个 CP 脉冲下降沿前一刻，J＝K＝0，经 CP 脉冲触发后 Q 保持不变，所以在第⑤个 CP 脉冲下降沿后 Q 仍然为 0。故该题 Q 的工作波形如图 12-30（b）所示。

37. 什么是光电开关电路？

答：图 12-31 所示即为光电开关电路，这是一个利用光电二极管对光线强弱的反应，从而对电路进行切换的开关电路。

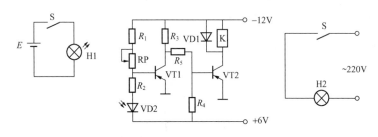

图 12-31　光电开关电路

当把开关 S 打开时，光电二极管无光照射，呈高阻抗，晶体三极管 VT1 的发射结正偏，基极有足够大的电流使 VT1 饱和。VT1 集电极电位近似为零；VT2 的发射结反偏，VT2 截止。继电器线圈 K 无电流，触头不动作。

合上开关 S 时，H1 得电发光照射到光电二极管 VD2，其阻抗变小，使 VT1 发射结反偏，VT1 由饱和（导通）转换为截止。集电极电流为零，使 VT2 发射结正偏而饱和导通，VT2 的饱和电流流过继电器 K 线圈使其动合触点闭合。照明灯 H2 亮。

38. 什么是液位控制电路？

答：图 12-32 所示即为液位控制电路。这种电路可根据容器内液体（水）位差的高低自报信。

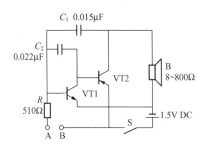

图 12-32　液位控制电路
VT1—3DG6；VT2—3AX31

两根探针 A 与 B，将它们挂在茶杯等容器的边沿上，当容器内水位上涨，接触到 A、B 时，就相当于在 A、B 两点间接入一只阻值约为 $10\text{k}\Omega$ 的电阻（液体电阻），从而触发三极管 VT1、VT2 工作，电路立即产生音频振荡，耳机 B 发出洪亮的音频声响。

39. 什么是简单的晶闸管调光电路？

答：与传统的接触式调压器调光相比较，晶闸管调光具有省电、重量轻、使用方便等优点，如图 12-33 所示。

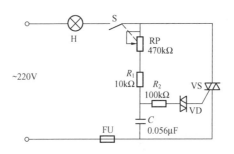

图 12-33　简单的晶闸管调光线路

　　图中 RP 为电位器，将 RP 的阻值调小，晶闸管的导通角增大，灯光的亮度增强；将 RP 的阻值调大，晶闸管的导通角减小，灯光的亮度减弱。

第十三章

电 工 的 应 用

1. 什么是变压器？它的基本结构及工作原理是什么？

答：变压器是一种能将某一等级电压（或电流）转换为另一等级的电压（或电流）的装置。

它的基本结构是由铁心及套在铁心柱上的线圈（也叫绕组）组成的。通常将接于电源侧的绕组称为一次绕组（俗称原边绕组或初级绕组）；将负载侧的绕组称为二次绕组（俗称副边绕组或次级绕组）。

根据电磁感应定律，当变压器一次绕组接入电源时，交流电源电压就在一次绕组中产生激励电流，激励电流在铁心中感应出变化的磁通，称为主磁通。主磁通以铁心为闭合回路既穿过一次绕组又经过二次绕组，于是就在二次绕组感应出交变电动势。如果二次输出端接入负载，就会在负载中流过交流电流。二次输出电压（或电流）和一次输入的电压（或电流）之间的比例与一、二次绕组之间的匝数比有着对应的关系。如果将变压器本身的损耗忽略不计，那么向变压器输入的功率就等于变压器向负载提供的功率。

2. 变压器铭牌中的型号及字母各代表什么含义？

答：变压器铭牌中的型号分两部分，前一部分代表变压器的类别、结构、特征和用途，后部分代表产品的额定容量和高压绕组的额定电压等级，其型号中的字母所代表的含义如下：

第一位字母表示变压器的类别，O 表示降压自耦，D 表示单相；S 表示三相。

第二位字母表示变压器的冷却方式，F 表示油浸风冷；J 表示油浸自冷；P 表示强迫油循环。

第三位字母表示变压器的材质，L 表示铝绕组。

第四位字母表示变压器的调压方式，Z 表示有载调压。

3. 什么是变压器的极性?

答：变压器的一、二次绕组是被同一个主磁通所连接。在同一磁通作用下，各个绕组所感应的电动势，虽然其大小和方向在不断地变化，但在同一瞬间是一定的，即一次某一端出现正极性，二次某一端也出现正极性。而其对应的另一端必然出现负极性，把各个绕组瞬时极性相同的端称为同极性端或同名端，常用"∗"或"+"标记。

【例 13-1】 变压器的同极性端可以用实验的方法测定。用直流

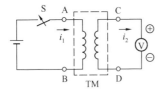

电源的测定方法如图 13-1 所示，一个绕组接到直流电源（如 3V 的电池）另一个绕组接直流电压表（或检流计）。如果合上开关 S 后，电压表正偏，问两个绕组的哪一对端钮是同名端?

图 13-1 ［例 13-1］的图

答：合上开关 S 时，流经绕组一次侧的电流从无到有，从小到大再增加，方向如图 13-1 所示。绕组 1 中产生自感电动势，使 A 端极性为正，由于电压表正偏，说明绕组二次侧的互感电动势使 C 端为正，所以 A、C 两端是同极性端。这时 i_2 的方向如图所示，这说明流入一个绕组的电流增加，使另一个绕组产生电流，这两个电流对同名端具有相反的方向。

4. 变压器为什么常采取并列运行的方式? 并列运行的条件是什么?

答：所谓并列运行是指两台或两台以上变压器的一次绕组共同接到一次母线上，二次绕组共同接到二次母线上的运行方式。

它有以下优点：

（1）并列运行时，若其中某台变压器发生故障，可以由其余变压器保证重要用户用电。

（2）电网容量很大，用一台变压器势必要造得很大，这在技

术、经济和运输上都是有问题的，采用数台变压器分担容量就能解决此矛盾。

（3）可以适应负荷的变化，减少变压器的空载损失，提高系统供电效率和功率因数。

（4）便于变压器有计划地轮流检修。

（5）便于根据负荷的逐年变化，分批的设置变压器并联运行的数量，减少一次投资。

并列运行必须满足以下条件：各台变压器一、二次额定电压相同；接线组别应该相同；变压器的阻抗百分数（即短路电压百分数）应相等。

5. 什么是变压器的接线组别？

答：变压器的时钟表示法规定：将一次高压侧的线电压的相量用长针表示，让它永远固定在 12 点位置，二次侧电压相量用短针表示，短针所指示的钟点位置就是这台变压器的接线组别。如长针在 12 点位置，短针在 11 点位置，则表示为 11 点接线。

6. 变压器常见故障的现象、原因及处理方法是什么？

答：变压器常见故障的现象、原因及处理方法见表 13-1。

表 13-1　　　变压器常见故障的现象、原因及处理方法

故障种类	故障现象	故障原因	处理方法
绕组匝间或层间短路	1. 变压器异常发热。 2. 油温升高。 3. 发出"吱吱"声。 4. 电源侧电流增大。 5. 三相绕组直流电阻不平衡。 6. 高压熔断器熔断。 7. 气体继电器动作。 8. 储油柜盖冒黑烟	1. 变压器运行年久，绕组绝缘老化。 2. 绕组绝缘受潮。 3. 绕组绕制不当，使绝缘局部受损。 4. 油道内落入杂物，使油道堵塞，局部过热	1. 更换或修复损坏的绕组、衬垫或绝缘筒。 2. 进行浸漆或干燥处理。 3. 更换或修复绕组。 4. 清除油道中的杂物

故障种类	故障现象	故障原因	处理方法
绕组接地或相间短路	1. 高压熔断器熔断。 2. 安全气道薄膜破裂，喷油。 3. 气体继电器动作。 4. 变压器油燃烧。 5. 变压器振动	1. 绕组主绝缘老化或有破损等重大缺陷。 2. 变压器进水，绝缘油严重受潮。 3. 油面过低，露出油面的引线绝缘距离不足而击穿。 4. 绕组内落入杂物。 5. 过电压击穿绕组绝缘	1. 更换或修复绕组。 2. 更换或处理变压器油。 3 拆修漏油部位，注油至正常部位。 4. 清除杂物。 5. 更换或修复绕组绝缘，并限制过电压的幅值
绕组变形或断线	1. 变压器发出异常响声。 2. 断线相无电流指示	1. 制造装配不良，绕组未压紧。 2. 短路电流的电磁力作用。 3. 导线焊接不良。 4. 雷击造成断线。 5 制造上缺陷，绕组强度不够	1. 修复变形部位或更换绕组。 2. 拧紧压圈螺钉，紧固松脱的衬垫，撑条。 3. 清除熔蚀或截面缩小的导线或补换新导线。 4. 修补绝缘，并做浸漆干燥处理。 5. 修复改善结构，提高机械强度
铁心片间绝缘损坏	1. 空载损耗变大。 2. 铁心发热，油温升高，油色变深。 3. 吊出器身检查，可见硅钢片漆膜脱落或发热。 4. 变压器内部发出异常响声	1. 硅钢片间绝缘老化。 2. 受剧烈震动，片间产生位移摩擦。 3. 铁心紧固件松动。 4. 铁心接地后发热烧坏层间绝缘	1. 对绝缘损坏的硅钢片重新涂刷绝缘漆。 2. 紧固铁心夹件。 3. 按铁心接地故障处理方法

故障种类	故障现象	故障原因	处理方法
铁心多点接地或接地不良	1. 高压熔断器熔断。 2. 铁心发热，油温升高，油色变黑。 3. 气体继电器动作。 4. 吊出器身检查，可见硅钢片局部烧熔	1. 铁心与穿芯螺杆间的绝缘老化，引起铁心多点接地。 2. 铁心接地片断开。 3. 铁心接地片连接松动	1. 更换穿芯螺杆与铁心间油绝缘管和绝缘垫。 2. 更换新接地片或将接地片压紧
套管闪络	1. 高压熔断器熔断。 2. 套管表面有放电痕迹	1. 套管表面积灰脏污。 2. 套管有裂纹或破损。 3. 套管密封不严，绝缘受潮。 4. 套管间掉入杂物	1. 清除套管表面的积灰和脏污。 2. 更换套管。 3. 更换密封垫。 4. 清除杂物
分接开关烧损	1. 高压熔断器熔断。 2. 油温升高。 3. 触头表面产生放电声。 4. 变压器油发出"咕嘟"声	1. 动触头弹簧压力不够，或过渡电阻损坏。 2 开关装配不当，造成接触不良。 3. 连接螺栓不牢固。 4. 绝缘板绝缘性能变劣。 5. 变压器油位下降，使分接开关暴露在空气中。 6. 分接开关位置错位	1. 更换或修复触头接触面更换弹簧或过渡电阻。 2. 按要求重新装配并进行调整。 3. 紧固松动的螺栓。 4. 更换绝缘板。 5. 补注变压器油至正常油位。 6. 纠正错位

故障种类	故障现象	故障原因	处理方法
变压器油质劣化	油色变暗	1. 变压器故障引起放电造成油分解。 2. 变压器油长期受热氧化使油质劣化	对变压器油进行过滤或换新油

7. 什么是电压互感器？它的作用是什么？

答：电压互感器又称 TV，它是供配电系统中配合测量仪表和继电保护的一种特殊变压器，一次绕组匝数很多，接入高压系统。二次绕组匝数很少，额定输出为 100V，负载为电压表、功率表及继电保护的电压线圈。

电压互感器的一次侧作用于一个恒压源，二次绕组内阻抗很小，接入负载本身的阻抗很大。所以负载基本上不影响它的工作，相当于变压器的空载运行状态。它本身吸收电网功率微不足道，保证了高压仪表的指示值精度，严格防止二次回路工作时短路或接地。

8. 什么是电流互感器？它的作用是什么？

答：电流互感器也称为 TA，它是配合电流表、继电保护电流线圈，反映主电路电流量值的一种特殊变压器。它的结构特点是一次绕组匝数极少，二次绕组匝数很多。一次绕组串联在主电路中，二次负载为电流表及继电保护中的电流线圈，它有如下特点：

（1）由于二次侧负载阻抗很小，所以工作时相当于二次短路变压器。

（2）由于它的二次匝数很多，二次闭合回路阻抗的大小，对铁心中励磁影响较大。

（3）电流互感器相当于恒流源，二次回路电流的大小，主要决定于二次绕组的内阻抗，负载阻抗可以忽略，这样才能保证测量的精度。

（4）电流互感器运行中严禁二次侧开路。

9. 直流电机有哪些用途?

答：直流发电机曾经是工业上直流电的主要电源之一。广泛应用于同步发电机的励磁，蓄电池充电，电解和电镀，汽车，拖拉机，火车的照明，各种调速机床等。因直流发电机本身结构复杂，维护麻烦，并且还有设备多、投资与占地面积大、效率低、经济性能差等许多缺点。近年来，使用硅整流和晶闸管整流装置作为直流电源，具有效率高、体积小、重量轻、控制灵活等一系列优点，逐步取代直流发电机，成为直流电源的主要形式。

直流电动机是电力拖动系统中的一种主要电机，直流电动机具有结构复杂、维护麻烦的缺点，但它具有良好的起动、调速和制动性能。至今直流电动机在电力拖动系统中仍然获得广泛应用。例如轧钢机，精密机床，造纸机。

10. 试述三相感应电动机的基本工作原理。

答：当定子绕组通过三相交流时便产生旋转磁场，它以同步转速 n_1 在空间顺时针旋转，如图 13-2 所示。图中虚线为某一瞬间的磁场。

静止的转子导体切割旋转磁场而感应电动势，按右手定则决定电动势方向。由于转子有一个短路绕组，感应电动势在绕

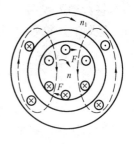

图 13-2　三相感应
电动机工作原理

组中产生电流，电流方向上半部流出纸面，下半部流入纸面。转子电流与磁场相互作用而产生电磁力 F（按左手定则确定其方向），电磁力作用在转子上形成电磁转矩，使转子以转速 n 按旋转磁场方向旋转。

如果要改变转子转向，只要任意对调两根电源线，使旋转磁场改变方向，电动机即可反转。由于转子和旋转磁场的转向相同，所以转子转速 n 不能达到同步转速 n_1，若 $n = n_1$，则转子导体与旋转磁场之间无相对的运动，不能再切割磁力线而产生转矩。因此感应电动机转速 n 总要和同步转速 n_1 有一个转速差。感应电动机又称

异步电动机。"异步"二字就是指 n 与 n_1 不同步意思。

11. 异步电动机有哪些主要用途？

答：单相异步电动机使用单相交流电源，一般功率很小，从几十瓦到几百瓦，在日常生活、医疗及工业上得到广泛应用，如电扇、鼓风机、吸尘器、电冰箱、空气调节器、医疗器械等。

三相异步电动机的功率可以从几百瓦到几千瓦，由于结构简单、运行可靠、价格低廉，所以广泛应用于工农业生产中，如在工业上拖动各种机床，轧钢机、起重机械、鼓风机，在农业上用于排灌、脱粒、磨粉和其他农副产品的加工。

异步电动机的主要缺点是：功率因数低，调速性能较差。

12. 三相异步电动机的铭牌含义是什么？

答：（1）型号：三相异步电动机的型号采用大写汉语拼音字母，国际通用符号和阿拉伯数字表示。型号的组成形式为：

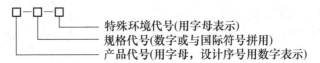

特殊环境代号(用字母表示)
规格代号(数字或与国际符号拼用)
产品代号(用字母，设计序号用数字表示)

产品代号由类型代号（y）、特点代号和设计序号等三个小节组成。例如：

异步电动机——y；

封闭式异步电动机——y_0；

绕线式转子异步电动机——yR；

高起转矩异步电动机——yQ；

高转差率异步电动机——yH；

大型高速异步电动机——yK；

多速异步电动机——yD；

电磁调速异步电动机——yCT；

立式深井泵用异步电动机——yLB。

规格代号中小型电动机机座长度，用国际通用符号表示，如 S

表示短机座，M 表示中机座，L 表示长机座。

特殊环境代号用字母表示，如：

高原用——G；

船用——H；

户外用——W；

化工防腐用——F；

热带用——T；

湿热带用——TH；

干热带用——TA。

异步电动机型号举例：

y 355M$_{2-4}$

规格代号，表示中心高355mm，中机座2号铁芯长，4极

产品代号，表示异步电动机

（2）额定功率：在额定运行情况下，电动机轴上输出的机械功率（kW）。

（3）额定电压：在额定运行情况下定子绕组端应加的线电压，有时在铭牌上标有两种电压值。

例如，220/380V，这是指定子绕组采用三角形或星形连接时的线电压值。

（4）额定电流：在额定情况下定子的线电流值，通常在铭牌上也标有两种，对应定子绕组的不同接法。

（5）额定转速：即额定运行时电动机的转速。

（6）频率：指所接电源频率，我国标准频率为50Hz。

（7）接法：指定子绕组的连接方式，分为星形连接，以"Y"表示；三角形连接，以"△"表示。

（8）工作方式：指运行方式是连续的还是断续的。

（9）温升：电动机绕组最高允许温度和环境温度的差值。

此外，还有cosφ、绝缘等级、重量、制造厂家，出厂编号及出厂年月等。

13. 异步电动机的常见故障、原因及处理方法是什么？

答：异步电动机的常见故障、原因及处理方法见表13-2。

表 13-2　　异步电动机的常见故障，原因及处理方法

故障现象	故障可能原因	处理方法
通电后电动机不能起动，但无异响，也无异味和冒烟	1. 电源未通（至少二相未通）。 2. 熔丝熔断（至少二相熔断）。 3. 过电流继电器整定值调得过小。 4. 控制设备接线错误	1. 检查电源开关，接线盒处是否有断线，并予以修复。 2. 检查熔丝规格，熔断原因，换新熔丝。 3. 调节继电器整定值与电动机配合。 4. 改正接线
通电后电动机转不动，然后熔丝熔断	1. 缺一相电源。 2. 定子绕组相间短路。 3. 定子绕组接地。 4. 定子绕组接线错误。 5. 熔丝横截面过小	1. 找出电源回路断线处并接好。 2. 查出短路点，予以修复。 3. 查出接地点，予以消除。 4. 查出错接处并改接正确。 5. 更换熔丝
通电后电动机转不动，但有嗡嗡声	1. 定、转子绕组或电源有一相断路。 2. 绕组引出线或绕组内部接错。 3. 电源回路接点松动，接触电阻大。 4. 电动机负载过大或转子被卡。 5. 电源电压过低。 6. 轴承被卡住	1. 查明断路点，予以修复。 2. 判断绕组首尾端是否正确，将错处改正。 3. 紧固松动的接线螺丝，用万用表判断各接点是否假接，予以修复。 4. 减载或查出并消除机械故障。 5. 检查三相绕组接线是否将△形接法误接为 Y 形，若为误接应改正。 6. 更换合格油脂或修复轴承
电动机起动困难，带额定负载时的转速低于额定值较多	1. 电源电压过低。 2. △形接法电动机误接为 Y 形。 3. 笼形转子开焊或断裂。 4. 定子绕组局部线圈接错。 5. 电动机过载	1. 测量电源电压，设法改善。 2. 纠正接法。 3. 检查开焊和断点并修复。 4. 查出错接处，予以改正。 5. 减小负载

故障现象	故障可能原因	处理方法
电动机空载电流不平衡，三相相差较大	1. 定子绕组匝间短路。 2. 重绕时，三相绕组匝数不相等。 3. 电源电压不平衡。 4. 定子绕组部分线圈间接线错误	1. 检修定子绕组，消除短路故障。 2. 严重时重新绕制定子线圈。 3. 测量电源电压，设法消除不平衡。 4. 查出错误接处，予以改正
电动机空载或负载时电流表指针不稳，摆动	1. 笼型转子导条开焊或断条。 2. 绕线型转子一相断路或电刷、集电环短路装置接触不良	1. 查出断条或开焊处，予以修复。 2. 检查绕线型转子回路并加以修复
电动机过热甚至冒烟	1. 电动机过载或频繁起动。 2. 电源电压过高或过低。 3. 电动机缺相运行。 4. 定子绕组匝间或相间短路。 5. 定、转子铁心相摩擦（扫膛）。 6. 笼型转子断条或绕线型转子绕组的焊点开焊。 7. 电动机通风不良 8. 定子铁心硅钢片之间绝缘不良或有毛刺	1. 减小负载，按规定次数控制起动。 2. 调整电源电压。 3. 查出短路处，予以修复。 4. 检修或更换定子绕组。 5. 查明原因，消除摩擦。 6. 查明原因，重新焊好转子绕组。 7. 检查风扇，疏通风道。 8. 检修定子铁心，处理铁心绝缘
电动机运行时响声不正常，有异响	1. 定、转子铁心松动。 2. 定、转子铁心相摩擦（扫膛）。 3. 轴承缺油。 4. 轴承磨损或油内有异物。 5. 风扇与风罩相擦	1. 检修定、转子铁心，重新压紧。 2. 消除摩擦，必要时车小转子。 3. 加润滑油。 4. 更换或清洗轴承。 5. 重新安装风扇或风罩

故障现象	故障可能原因	处理方法
电动机在运行中振动较大	1. 电动机地脚螺栓松动。 2. 电动机地基不平或不牢固。 3. 转子弯曲或不平衡。 4. 联轴器中心未校正。 5. 风扇不平衡。 6. 轴承磨损间隙过大。 7. 转轴上所带负载机械的转动部分不平衡。 8. 定子绕组局部短路或接地。 9. 绕线式转子局部短路	1. 拧紧地脚螺栓。 2. 重新加固地基并整平。 3. 校直转轴并做转子动平衡试验。 4. 重新校正，校正平衡。 5. 检修风扇，校正平衡。 6. 检修轴承，必要时更换。 7. 做静平衡或动平衡试验，调整平衡。 8. 寻找短路或接地点，进行局部修理或更换绕组。 9. 修复转子绕组
轴承过热	1. 滚动轴承中润滑脂过多。 2. 润滑脂变质或含杂质。 3. 轴承与轴颈或端盖配合不当。 4. 轴承盖内孔偏心，与轴相擦。 5. 皮带张力太紧或联轴器装配不正确。 6. 轴承间隙过大或过小。 7. 转轴弯曲	1. 按规定加润滑脂。 2. 清洗轴承后换洁净润滑脂。 3. 过紧刹车，磨轴颈或端盖内孔，过松可用黏结剂修复。 4. 修理轴承盖，清除摩擦。 5. 适当调整皮带张力，校正联轴器。 6. 调整间隙或更换新轴承。 7. 校正转轴或更换转子
绝缘电阻偏低	1. 绕组受潮。 2. 绝缘老化。 3. 绝缘局部损坏。 4. 绕组或接线板严重脏污	1. 干燥绕组。 2. 更换新绝缘。 3. 恢复损坏处的绝缘。 4. 清除污垢
外壳带电	1. 未接地（零）或接地线头脱落，或接地线头失效，或接零的零线中断。 2. 绕组受潮，绝缘能力降低。 3. 绝缘局部损坏或相线触及外壳	1. 找出故障点，按规定接地。 2. 进行干燥处理。 3. 修理或更新绝缘，重新接好引出线

14. 三相感应电动机各部位允许的温升规定为多少？

答：电动机允许温升是指在规定环境温度下，电动机各部分元件允许超出的最高温度，换句话说，允许最高温度减去规定的环境温度称为温升。

电动机绕组与铁心的允许温升根据绝缘材料的类型而定，B级绝缘绕组和铁心的允许温升为80℃，E级绝缘为75℃。电动机滚动轴承允许温升规定为55℃。环境温度均规定为+40℃。

15. 同步电机的基本类型有哪几种？其特点如何？

答：同步电机按用途不同分为发电机、电动机和补偿机三种。

同步发电机用途最为广泛，交流电能几乎全部由同步发电机发出的。同步发电机把机械能转换为电能，电动机把电能转换为机械能，补偿机专用于调节电网的无功功率，改善电网的功率因数。所以，补偿机基本上没有有功功率的转换。

按电机转子结构的不同，同步电机可以分为凸极式和隐极式两种。凸极式在转子表面有明显的磁极，当在磁极绕组中通以励磁电流后，每个磁极就会交替出现南、北极。隐极式电机从转子上看，没有明显的磁极，当在转子绕组通以励磁电流后，转子的周围也会出现南、北极的极性。转速较高的同步电机（3000r/min）都采用隐极式，转速较低的（1000r/min以下）常采用凸极式。

同步电机无论是作为发电机还是作为电动机使用，转子转速 n 和定子电流频率 f 之间保持严格不变的关系，即

$$n = n_1 = 60f/p$$

式中　p——电机的极对数。

换句话说，转子转速 n 总是和定子旋转磁场的转速 n_1 相等，这是同步电机的一个主要特点。

16. 汽轮发电机和水轮发电机在转子结构上有哪些区别？

答：原动机为汽轮机的发电机称为汽轮发电机；原动机为水轮机的发电机称为水轮发电机。汽轮发电机是一种高速原动机，因此，汽轮发电机的转子转速较高，由于机械强度的原因而使用隐极式转子。转子呈细长状，常卧式安装。

水轮机属于低速机械，又多为立轴式，因此，水轮发电机多为立式安装，并且磁极数较多，转子直径较大，轴向尺寸小，呈扁盘形，转子转速较低，故均为凸极式结构。

17. 同步发电机的励磁方式有哪几种？

答：同步发电机的励磁方式主要有直流发电机励磁和半导体整流装置励磁两种。

18. 同步发电机投入电网的并列条件是什么？有几种并列方法？

答：同步发电机和电网并列时，要求不产生有害的冲击电流，合闸后转子能很快投入同步，并且转速平稳，不发生振荡。并列运行的条件如下。

（1）发电机的电压和电网电压应具备相同的有效值、极性和相位；

（2）发电机频率应与电网频率相等；

（3）对三相发电机，要求其相序与电网一致。

并列方法有准同步法和自同步法两种。

准同步法是把发电机调整到完全符合并列条件，然后投入电网，判定是否满足投入条件，可采用暗灯法，准同步法的优点是，冲击电流小，缺点是调整麻烦，时间长。

自同步并列法是将未加励磁的发电机（励磁绕组经电阻短接），由原动机拖动到同步转速附近时，即合闸投入电网并列，同时加上励磁，利用同步发电机自整步作用将转子自动投入同步。这种方法冲击电流放大，并列时间短，多用于事故情况下的并列运行。

19. 同步电动机的主要特点是什么？有哪些主要用途？

答：同步电动机的主要特点是转速不随负载而变化，是一种恒转速电动机，电动机的功率因数较高，可以通过调节励磁电流，使功率因数等于 1 或在超前情况下运行，从而改善整个电网的功率因数。同步电动机广泛用于拖动大容量恒定转速的机械负载，如大型空气压缩机、轧钢机、球磨机、送风机、大型水泵等，功率可以达到几千或几万千瓦。

20. 什么是控制电动机？

答：在自动控制系统中作为测量元件，比较元件（检测）、放大元件、执行和计算元件用的旋转电动机统称为控制电动机。

按照电流分类，控制电动机可分为直流和交流两种。直流控制电动机有测速发电动机，电动机放大机和伺服电动机三种；交流控制电动机有伺服电动机、测速发电机、旋转变压器、自整角机和步进电动机等。

控制电动机主要用于生产过程中的自动控制和自动调节系统、遥控和遥测系统、同步随动和自动监测系统、自动化记录装置和自动仪器及模拟计算装置中。

从原理和特性上讲，控制电动机和一般旋转电动机大致相似。但是，控制电动机主要用作信号转换和把信号转换为功率。所以，评价控制电动机性能的好坏，主要看其输出量的大小，特性的精确度和灵敏度快速响应，工作稳定以及特性的线性程度等方面。

21. 国产电力电容器型号的含义是什么？字母表示什么意思？

答：国产电力电容器的型号，通常是用字母和数字两部分来表示。字母部分表示电容器的型式，均为汉语拼音的第一个字母；数字部分表示电容器的额定电压，额定容量以及电容器的相数等。其代表意义如下：

（1）字母部分：第一个字母 y 代表移相；c 代表串联；第二个字母 y 代表油浸（矿物油浸）；L 代表氯化联苯浸渍；第三个字母 W 代表户外（无第三个字母为户内）。最后的字母 TH 代表湿热带。

（2）数字部分：第一个数字表示额定电压（kV）；第二个数字表示额定容量（var）；第三个数字表示相数。

22. 电容器的搬运和保存应注意什么？

答：（1）搬运电容器时应注意直立放置，严禁搬拿套管。

（2）保存电容器应在防雨的仓库内，周围温度应在－40～＋50℃范围内，相对湿度不应大于95％。

（3）户内式电容器必须保存于户内。

（4）在仓库中存放电容器应直立放置，套管向上，严禁将电容器相支撑。

23. 并联电容器定期维修时，应注意哪些事项？

答：（1）维修或处理电容器故障时，应断开电容器的断路器，拉开断路器两侧的隔离开关，并对并联电容器组完全放电且接地后，才允许进行工作。

（2）检修人员戴绝缘手套，用短接线对电容器两极进行短路后，才可接触设备。

（3）对于额定电压低于电网电压，装在对地绝缘构架上的电容器组停用维修时，其绝缘构架也应接地。

24. 母线有几种？它们的适用范围如何？

答：母线分硬母线和软母线两种。硬母线又分为矩形母线和管型母线。

（1）管型母线通常和插销隔离开关配合使用，目前一般采用铝管，施工方便，但载流容量小。

（2）矩形母线一般适用于主变压器至配电室内用，其优点是施工安装方便，运行中变化小，载流量大，但造价高。

（3）软母线用于室外，因间隔大导线有所摆动也不致造成线间距离不够，且造价低。

25. 母线油漆颜色有什么规定？

答：（1）三相交流母线：U 相代表黄色，V 相代表绿色，W 相代表红色。

（2）单相交流母线：从三相母线分支来的应与引出相颜色相同。

（3）直流母线：赭色代表正极，蓝色代表负极。

（4）直流均衡汇流母线及交流中性汇流母线：紫色代表不接地；紫色带黑色横条代表接地。

26. 母线哪些地方不准涂漆？

答：（1）母线的各部连接处及距离连接处 10cm 以内的地方。

（2）间隔内硬母线要留 50~70cm，用于停电挂接临时地线用。

（3）涂有温度漆（测量母线发热程度）的地方。

27. 为什么室外配电母线不涂色？

答：由于室外配电母线多半是采用绞线（架空线），当温度变化时，导线的伸缩极为显著，如果导线的表面上涂色，将迅速地遭到损坏。同时，由于室外的空气流动速度很大，比室内以自然冷却时的空气速度平均要大 4～6 倍，所以室外配电母线表面散热方式为对流。涂色不能显著地增加其散热能力，所以室外配电母线一般均不涂色。

28. 母线常见故障有哪些？

答：（1）接头因接触不良，电阻增大，造成发热严重使接头烧红。

（2）支持绝缘子绝缘不良，使母线对地的绝缘电阻降低。

（3）当大的故障电流通过母线时，在电动力和弧光作用下，使母线发生弯曲、折断或烧伤。

29. 电气设备中的铜铝接头，为什么不直接连接？

答：如把铜和铝用简单的机械法连接在一起，特别是在潮湿并含盐分的环境中（空气中总含有一定水分和少量的可溶性无机盐类），铜和铝这对接头就相当于浸泡在电解液内的一对电极，便会形成电位差为 1.68V 的原电池。在原电池的作用下，铝会很快地丧失电子而被腐蚀掉，从而使电气接头慢慢松弛，造成接触电阻增大。当流过电流时，接头发热，温度升高还会引起铝本身的塑性变形，更使接头部分的接触电阻增大。如此恶性循环，直到接头烧毁为止。因此，电气设备的铜铝接头应采用经闪光焊接在一起的铜铝过渡接头后再分别连接。

30. 为什么母线的对接螺栓不能拧得过紧？

答：螺栓拧得过紧，则垫圈下母线部分被压缩，母线的截面减小。在运行中，母线通过电流发热，由于铝或铜的膨胀系数比钢大，垫圈下母线进一步被压缩，母线不能自由膨胀，此时如果母线电流减小，温度降低，母线的收缩率比螺栓大，于是形成一个间隙。这样接触电阻加大，温度升高，接触面就氧化，使接触电阻更大，最后使螺栓连接部分发生过热现象。因此，温度低，螺栓应拧紧一点；温度高，应拧松一点。

31. 在绝缘子上安装矩形母线，为什么母线的孔眼一般都钻成椭圆形？

答：因为负荷通过母线时，会使母线发热膨胀，当负荷电流变小时，母线又会变冷收缩，负荷电流是经常变动的，因此母线会经常地伸缩。孔眼成椭圆形，就会给母线留出伸缩余量，防止因母线伸缩而使母线及绝缘损坏。

32. 电缆型号中字母和数字所代表的含义是什么？

答：电缆型号分四部分。第一部分表达电缆类别、绝缘结构、导体材料、内护层类别、结构特征；铠装层类别、外被层类别。

（1）电缆类别：K 为控制电缆、p 为信号电缆、B 为绝缘电线、R 为绝缘软线，Y 为移动式软电缆；

（2）导体：T 为铜芯，L 为铝芯；

（3）绝缘结构：Z 为纸绝缘，X 为橡皮绝缘，V 为塑料绝缘，塑料护套；

（4）内护套：Q 为铅包，L 为铝包；

（5）特征：D 为不滴油。

第二部分数字表达铠装层类别和外被层用阿拉伯数字表达；第一个数字表达铠装层型；第二个数字表达外被层类型。

第三部分表达电缆芯数。

第四部分表达截面积、电压等级、长度。例如：YJLV22－3×120－10－300 表示铝芯、交联聚乙烯绝缘，聚氯乙烯内护套，双钢带铠装，聚氯乙烯外被层。三芯；横截面 120mm^2，电压 10kV，长度 300m 电力电缆。

33. 常用的 10kV 以下电力电缆有几种？运用于什么场所？

答：常用的 10kV 以下的电力电缆有以下四种。

（1）油浸纸绝缘铅包电力电缆：包括裸铅包的 ZLQ（ZQ）型及铅包麻被的 ZLQ₁（ZQ₁）型，适于在室内无腐蚀处敷设。铅包

钢带铠装的 ZLQ_2（ZQ_2）型及铅包裸钢带铠装的 ZLQ_{20}（ZQ_{20}）型，适于地下敷设，能承受机械损伤，但不能受大拉力。铅包细钢丝铠装的 ZLQ_3（ZQ_3）及铅包裸细钢丝铠装的 ZLQ_{30}（ZQ_{30}）型适于地下敷设，能承受机械损伤和相当的拉力。铅包粗钢丝铠装的 ZLQ_5（ZQ_5）型，适于在水中敷设，能承受较大的拉力。

（2）聚氯乙烯绝缘、聚氯乙烯护套电力电缆（简称全塑电力电缆）：这种电缆绝缘性能好，抗腐蚀，具有一定的机械强度，制造简单，允许在温度不超过 $+65℃$，环境温度不低于 $-40℃$ 的条件下使用。其中塑料护套 VLV（VV）型，可以敷设在室内、隧道及管道中。钢带铠装的 VLV_2（VV_2）型，可以敷设在地下，能承受机械损伤但不能受大的拉力。细钢丝铠装的 VLV_3（VV_3）型，可以敷设在室内，能承受相当的拉力。

（3）橡皮绝缘聚氯乙烯护套电力电缆：这种电缆多用于交流 500V 以下的线路。聚氯乙烯护套的 XLV（XV）型，可以敷设在室内、隧道及管道中。不能承受机械外力作用。钢带铠装的 XLV_2（XV_2）型，可以地下敷设，能承受机械外力作用，但不能受大的拉力。

（4）油浸纸绝缘铝包电力电缆：常见的有 ZLL（ZL）型和 ZLL_{120}（ZL_{120}）型，可以用于室内敷设。ZLL_{11}（ZL_{11}）型和 ZLL_{12}（ZL_{12}）型，可以直接埋地敷设。

34. 敷设电缆的方式有几种？

答：（1）直接埋地敷设。在地面上挖一条深度为 0.7m 以上的沟，沟宽视电缆根数决定，10kV 以下的电缆，相互间隔保证在 100mm 以上。沟挖好后，先在沟底垫上 100mm 厚的砂土作为垫层，把电缆呈波状敷在垫层上，再在上面铺设 100mm 厚的软土或砂层，然后沿全长盖保护板（水泥板），覆盖宽度超过电缆直径两侧 50mm，最后用土把沟填满。这种敷设方式，施工简单，投资少，散热良好，但电缆检修更换不方便，凡腐蚀性土壤未经处理的，不能采取直埋式。

（2）电缆沟敷设。先做好一条电缆沟，沟的尺寸根据电缆多少而定，沟壁要用防水水泥砂浆抹面，电缆敷设在沟壁的角钢支架上，电缆间平行距离不小于 100mm，垂直距离不小于 150mm，最后盖上水泥盖板，检修方便，能容纳较多的电缆。在容易积水的地方，应考虑排水沟。

（3）沿墙敷设。把电缆敷设在预埋在墙壁的角钢支架上，维护检修方便，但容易积灰、受外界影响，也不美观。

35. 发电厂或变电站接地网的维护测量有哪些要求？

答：（1）有效接地系统电力设备各接地电阻，一般不大于 0.5Ω。

（2）非有效接地系统电力设备接地电阻，一般不大于 10Ω。

（3）1kV 以下电力设备的接地电阻，一般不大于 4Ω。

（4）独立避雷针接地网接地，一般不大于 10Ω。

36. 断路器、负荷断路器、隔离开关的作用与区别是什么？

答：断路器、负荷断路器、隔离开关，都是用来闭合和切断电路的高压电气设备。

（1）断路器主要用于在正常情况下或故障情况下切断和接通电路。在发生短路时，继电保护动作能自动切断短路电流。

（2）负荷断路器只用来切断负荷电流（即工作电流）。

（3）隔离开关只能在没有负荷电流的情况下切断线路和隔离电源之用，也可切断很小的空载电流或电容电流。因此，用途不同决定了它们的构造和型式的不同。

37. 高压断路器的主要作用是什么？

答：（1）能切断或闭合高压线路的空载电流。

（2）能切断与闭合高压线路的负荷电流。

（3）能切断与闭合高压线路的故障电流。

（4）与继电保护配合，可快速切除故障，保证系统安全运行。

38. 高压断路器型号代表什么含义？

答：高压断路器全部型号包括以下几部分。

（1）第一个拼音文字代表断路器的种类，即 S 表示少油，D 表示多油，K 表示压缩空气，Z 表示真空，L 表示 SF_6，Q 表示自产气，C 表示磁吹。

（2）第二个拼音文字表示使用场合，即 N 表示户内，W 表示户外。

（3）拼音文字后的数字依次表示设计序列，额定电压，额定电流和额定开断电流。

（4）在额定电压后面有时增加一个拼音文字，用来表示某种特殊性能，如 G 表示改进型，D 表示增容，W 表示防污，Q 表示耐振。

39. 断路器的铭牌中，额定电压、额定电流、额定开断电流的意义是什么？

答：（1）额定电压：断路器所适用网络的标称电压。

（2）额定电流：在规定的环境温度下，断路器长时间允许通过的最大负荷电流。

（3）额定开断电流：在额定电压下，允许断路器开断的最大电流。

40. 什么是合闸时间？

答：处于分闸位置的断路器，从合闸回路通电起到所有极触头都接触瞬间为止的时间。非另有说明，合闸时间就是指直到主触头都接触瞬间的时间。合闸时间是指从合闸命令开始到最后一极弧触头接触瞬间的时间间隔，根据以前的有关标准，合闸时间又称为固有合闸时间。

41. 什么是分闸时间？

答：断路器分闸时间是指从接到分闸指令开始到所有极的弧触头都分离瞬间的时间间隔，根据脱扣方法的不同，具体定义如下。

（1）对用任何形式辅助动力脱扣的断路器，分闸时间是指处于合闸位置的断路器从与分闸脱扣器带电瞬间起到所有各极的弧触头均分离瞬间为止的时间间隔。

（2）对用主回路电流而不借助任何形式的辅助脱扣的断路器，分闸时间是指处于合闸位置的断路器从主回路电流达到电流脱扣器动作电流的瞬间起到所有各极弧触头分离瞬间的时间间隔。

42. 高压断路器灭弧装置的作用是什么？

答：当断路器切、合闸时动静触头间产生电弧，电弧温度很高，如果不能尽早在有限范围内使之熄灭，就会使附近零件遭到损坏，对于高压电弧来讲，由于恢复电压高，简单地在空气中切断电弧是很困难的，因此所有高压断路器都装有各种各样的灭弧装置。灭弧装置的作用就是要使弧隙介质强度迅速提高，使电弧尽快地熄灭。

43. 高压断路器常见故障有哪些（按发生频率排列大致顺序)？

答：(1) 密封件失效故障。

(2) 动作失灵故障。

(3) 绝缘损坏或不良。

(4) 灭弧件触头的故障。

44. SF₆ 断路器有哪几种型式灭弧室？

答：SF₆ 断路器灭弧室在灭弧原理上可为自能式和外能式两类，具本结构上分为下列几种。

(1) 双压式灭弧室。

(2) 压气式灭弧室，即单压式。

(3) 旋弧式灭弧室，适用于中压系统。

(4) 气自吹式灭弧室。

45. SF₆ 断路器运行维护有哪些注意事项？

答：(1) SF₆ 气体系统，要结合密度继电器和外接压力表监视其泄漏状况。因运行中不带 SF₆ 气体压力表，所以应适时用标准压力表进行监测。

(2) 压缩空系统应定时记录空压机的累计运行时间，正常情况下，每天运转时间不超过 10min，如果运转时间逐渐加长则应加强监视。必要时应检查压力断路器动作值是否正常。两台空压机要互为备用，合理运行。

(3) 定期测量合闸电阻阻值，均压电容器介质损耗，主回路接触电阻，分合闸动作电压以及动作时间等参数。使断路器处于完好状态。

（4）记录断路器的动作次数，特别是开断短路电流次数，以便制定合理的检修周期。

46. 真空灭弧室的触头在结构上有哪些特点？

答：（1）圆形触头。它只适用于开断小容量如 6.3kA 及以下的真空负荷断路器和真空接触器，不适用于开断大容量的真空断路器。圆柱形触头制造工艺简单，成本低，适合作为开断电流不大的真空灭弧室触头。

（2）带螺旋槽形横向磁场触头。能在大电流的电弧作用下产生横向磁场驱使电弧运动，从而熄弧。它适用于开断容量在 8~25kA 的真空断路器。

（3）杯形横向磁场触头。最大优点是在开断电流时会增加横向磁场的强度，使电弧沿着触头以极高的速度运动，大大减轻触头的烧损率，提高开断性能。试验表明，直径为 102mm 的杯形触头灭弧室分断能力可达 55kA。

（4）纵向磁场触头。这种触头在结构在开断大电流使电弧具有扩散型电弧的基本特性，如电弧斑点在电极触头的表面会均匀的分布，触头表面不会局部熔化。电弧电压低以及能量小等。目前真空灭弧室触头多数采用纵向磁场结构。

47. ZN-28 型断路器运行维护中有哪些注意事项？

答：（1）正常运行的断路器应定期维护，并清扫绝缘件表面灰尘，给摩擦转动部位加润滑油。

（2）定期或在累计操作 2000 次以上时，检查各部位螺钉有无松动，必要时应进行处理。

（3）定期检查合闸接触器和辅助断路器的触头，若烧损严重应及时修理或更换。

（4）更换灭弧室时，灭弧室在紧固件紧固后不应受弯矩，也不应受到明显的拉应力和横间应力，且灭弧室的弯曲变形不得大于 0.5mm。上支架安装后，上支架不可压住灭弧室导向套，其间要留有 0.5~1.5mm 的间隙。

48. 高压开关柜有哪些型式？

答：（1）按开关柜的主接线形式，可分为桥式接线开关柜、单母线开关柜、双母线开关柜、单母线分段开关柜、双母线带旁路开关柜和单母线分段带旁路母线开关柜。

（2）按断路器的安装方式，可分为固定开关柜和移开式（手车式）开关柜。

（3）按柜体结构，可分为金属封闭间隔式开关柜、金属封闭铠装式开关柜、金属封闭箱式固定开关柜。

（4）按断路器手车在安装位置的方式，可分为落地式开关柜和中置式开关柜。

（5）按开关柜内部绝缘介质的不同，可分为空气绝缘开关柜和 SF_6 气体绝缘开关柜（又称 C-GIS），其中空气绝缘包括纯空气绝缘、复合绝缘、部分固体绝缘。

49. 高压开关柜防止电气误操作和保证人身安全的"五防"包括什么内容？

答：（1）防止误分、误合断路器。

（2）防止带负荷将手车拉出或者推进。

（3）防止带电将接地断路器合闸。

（4）防止接地断路器合闸位置合断路器。

（5）防止人进入带电的开关柜内部。

50. 什么是 GIS 和 C-GIS？

答：（1）国际上称气体绝缘全封闭组合电器为 Gas-Insulator Switchgear，简称 GIS。它由断路器、母线、隔离开关、电流互感器、电压互感器、避雷器、套管、接地断路器、电缆连接件等电器单元组合而成。它的绝缘和断路器消弧介质均采用 SF_6 气体。

（2）国际上称气体绝缘封柜式组合电器为 Cutle Gas-Insulator Switchgear，简称 C-GIS。它由真空断路器、隔离开关、电流互感器、电压互感器、接地断路器、母线等电器单元组合而成。它的绝缘介质采用 SF_6 气体，断路器采用真空断路器。

51. GIS 有哪些主要特点？

答：（1）GIS 组合电器且充 SF_6 气体，体积小，占地面积少。与常规设备相比，110kV GIS 占地面积是常规设备占地面积的 50% 不到，而 220kV GIS 占地面是常规设备占地面积的 40% 左右。

（2）GIS 的内部绝缘在运行中不受环境影响。GIS 是气体绝缘全封闭组合电器，导电部分在箱壳的内部，并充以 SF_6 气体，与空气不接触，因此，不受气候和空气中的盐雾、水分等影响。

（3）运行安全可靠。GIS 工艺严格，加工精密，绝缘件的要求高，且绝缘介质使用 SF_6 气体，同时因其灭弧性能好，使断路器的开断能力提高，触头不易烧损，故检修周期长。SF_6 气体不燃烧，故防火性能好，加上断路器采用 SF_6 气体灭弧，对于开断时的过电压相对于真空断路器低，所以在较高的电压系统中应用比较广泛。

（4）GIS 对通信装置不造成干扰。GIS 的导电部分均为金属外壳所屏蔽，金属外壳直接接地，其产生的电磁场，电场干扰等都被金属外壳屏蔽，对外界不产生干扰，人员碰及设备导电部分的问题不存在，安全性高。同时在运行中，由于 GIS 内部的设备有相当严格的工艺要求，所以运行的可靠性也高。

（5）施工工期短。GIS 设备的电器元件组装方便，大部分组件在厂家组装后运到现场，因此现场只需少量的安装、调整、试验以后进行拼装，与常规设备相比，现场 GIS 设备的安装工作量要减少 80% 左右；安装完成投入运行后，检修的工作量也非常少，大大提高了劳动生产率。

52. SF_6 气体在 GIS 中的作用是什么？

答：（1）绝缘。SF_6 气体是一种绝缘强度很高的气体，SF_6 在 0.1MPa 时绝缘强度是空气的 3 倍，在 0.2MPa 时绝缘强度与变压器油相当。在 GIS 设备中，以 SF_6 气体作为主要绝缘介质。

（2）灭弧。SF_6 有优良的对流散热特性，电弧的温度降低快，电弧容易熄灭。SF_6 气体具有负电性，当发生离子碰撞时，与正离子复合成为中性分子的概率高于自由电子，因而降低了电弧的电导率。SF_6 气体的电弧时间常数小。

53. 少油断路器灭弧室的作用是什么？灭弧方式有几种？

答：（1）少油断路器灭弧室的作用是熄灭电弧。

（2）灭弧方式有纵吹、横吹和纵横吹三种。

（3）纵吹灭弧方式是指断路器在分闸时，动、静触头分开，高压力的油和气沿垂直方向吹弧，使电弧拉长，冷却而熄灭。

（4）横吹灭弧方式是指在分闸时，动、静触头分开时产生电弧，其热量将油气化并分解，使灭弧室中的压力急剧增高，这时气垫受压缩储存压力。当动触头运动，喷口打开时，高压力将油和气自喷口喷出，横向（水平）吹电弧，使电弧拉长，冷却而熄灭。

54. 高压断路器操动机构的型号代表什么含义？

答：（1）第一位字代表操动机构的汉语拼音 C。

（2）第二位字代表机构的类型：如 S 代表手动、D 代表电磁、J 代表电动机、T 代表弹簧、Q 代表气动、Z 代表重锤、Y 代表液压。

（3）第三位为数字，表示设计序号。

（4）第四位的数字代表最大合闸力矩以及其他特征标志。

55. 操动机构的形式有哪些？其含义是什么？

答：（1）操动机构的形式有 CS、CD、CJ、CT、CQ、CZ 和 CY。

（2）CS 代表手动操作机构；CD 代表电磁操动机构；CJ 代表电动机操动机构；CT 代表弹簧操动机构；CQ 代表气动操动机构；CZ 代表重锤操动机构；CY 代表液压操动机构。

56. 弹簧操动机构具有什么特点？

答：（1）不需要大功率的储能源，紧急情况下也可以手动储能，所以其独立性和适应性强，可在各种场合使用。

（2）根据需要可构成不同合闸功能的操动机构，这样可以配用于 10 ～220kV 各电压等级的断路器中。

（3）动作时间比电磁机构快，因此可以缩短断路器的合闸时间。

（4）缺点是结构比较复杂，机械加工工艺要求比较高。

57. 哪些原因可引起电磁操动机构拒分和拒合？

答：（1）分闸回路、合闸回路不通。

（2）分、合闸绕组断线或匝间短路。

（3）转换断路器没有切换或接触不良。

（4）机构转换断路器动合触点、动断触点转换太快。

（5）机械部分故障。如合闸铁心行程与冲程不当，合闸铁心卡涩，卡板未复归或扣入深度过小等，调节止钉松动、变位等。

58. 什么是隔离开关？隔离开关有哪些种类？

答：（1）没有灭弧装置，不能用来直接接通、切断负荷电流和短路电流，使电器设备有明显断开点的设备叫隔离开关。

（2）隔离开关的种类很多，按安装地点可分为户内式与户外式；按绝缘支柱数目可分为单柱式、双柱式、三柱式；按隔离开关的运动方式可分为水平旋转、垂直旋转式、摆动式和插入式；按有无接地开关可分为有接地隔离开关和无接地隔离开关；按所配用的操动机构可分为手动、电动、气动和液压操作等类型。

59. 隔离开关型号表示方法是什么？

答：隔离开关型号表示方法，如下：①②③—④⑤/⑥。

①—— 产品名称：G 为隔离开关。

②—— 使用环境：W 为户外式；N 为户内式。

③—— 设计序号：以数字表示。

④—— 额定电压：以数字表示，单位为 kV。

⑤—— 其他特征：G 为改进型；T 为统一设计；D 为带接地刀闸；K 为快方式；C 为瓷套管出线。

⑥—— 额定电流：以数字表示，单位为 A。

60. 隔离开关的结构有哪几个部分组成？各有什么作用？

答：（1）支持底座：起支持和固定作用。它将导电部分、绝缘子、传动机构、操动机构等固定一体，并使其便于固定于基础上。

（2）导电部分：包括触头、闸刀、接线座。作用是传导电路中的电流。

（3）传动机构：接受操动机构的力矩，并通过拐臂、连杆、轴齿或操作绝缘子，将运动传给触头，以完成闸刀的分合闸的动作。

（4）绝缘子：包括支持绝缘子，操作绝缘子。其作用是将带电部分与接地部分绝缘开来。

（5）操动机构：与断路器操动机构一样，通过手动、电动、气动、液压给隔离开关的动作提供能源。

61. 隔离开关经长期运行使用后，可能出现哪些问题与缺陷？

答：（1）触头的接触面氧化或积存油泥导致触头发热。

（2）传动及操作部分的润滑油干涸，油泥过多，轴销生锈或个别部件生锈以及产生机械变形等。以上情况存在时，可导致隔离开关的操作费力或不能动作；开断后两极间距离减小；合后触头接触不良或合不上；以及同期差增大等缺陷。

（3）绝缘子裂纹，表面脏污等。

62. 引起隔离开关刀片发生弯曲的原因是什么？如何处理？

答：（1）发生弯曲的原因是由于刀片间的电动力方向交替变化或调整部位发生松动，使刀片偏离原来的位置而强行合闸使刀片变形。

（2）处理时，检查接触面中心线应在同一直线上，调整刀片或瓷柱位置，并紧固松动的部件。

63. 隔离开关拉不开的原因有哪些？怎样处理？

答：（1）主要原因：①冰雪冻结；②传动机构卡涩；③接触部分熔接或卡住。

（2）处理方法：轻轻扳动操动机构手柄，找一下故障部位，但不应强行拉开，以免损坏部件。如不能传动，可解开相与相间的连杆，分相检查，然后进行有针对性的处理。

64. 隔离开关拒合有哪些原因？怎样处理？

答：（1）轴销脱落，铸铁件断裂，使隔离开关与传动机构脱节；检修时，可将轴销固定好，更换损坏的部件。

（2）电气回路故障，应检查合闸回路各触点接触面的接触状态，以及导线是否有断线。

（3）传动机构松动，使两接触面不在一直线上。

65. 隔离开关一般应有哪些防止误操作装置？

答：（1）防止隔离开关合闸位置时，误合接地开关。

（2）防止断路器合闸位置时，误拉隔离开关，误合隔离开关。

（3）防止接地开关合闸位置时，误合隔离开关。

（4）防止断路器合闸位置时，误合接地开关。

（5）必要时，应装有远方闭锁的电磁锁或程序锁。

66. 隔离开关电动操作失灵该如何检查？

答：（1）操作有无差错。

（2）操动机构的接地开关机械闭锁是否到位。

（3）操作电源电压是否正常。

（4）电机电源回路是否完好、熔断器、空气断路器是否正常。

（5）电气闭锁回路是否正常。

67. 隔离开关的维护项目主要有哪些？

答：（1）清理动、静触头表面的氧化物后涂导电脂。

（2）检查动、静触头的插入深度或夹持深度，测试动、静触头间压力。

（3）测量隔离开关和接地断路器的回路电阻，并与厂家规定数值比较。

（4）转动、传动部分加润滑油。

（5）检查传动机构的运动情况，动作应灵活，位置准确。

（6）各连接部分坚固完好。

（7）对绝缘部分进行清扫。

（8）对电气操作回路，辅助触点，防误闭锁进行检查。

（9）遥测电动机构动力电源回路的绝缘。

68. 什么是一次设备、一次回路，二次设备、二次回路？

答：（1）一次设备是指直接发、输、配电能的主系统上所使用的设备。如发电机、变压器、断路器、隔离开关、母线、电力电缆和输电线路。

（2）由一次设备相互连接构成发电、输电、配电或进行其他生产的电气回路，称为一次回路或一次接线系统。

（3）对一次设备的工作进行控制、保护、监察和测量的设备称为二次设备。如测量仪表、继电器、操作断路器、按钮、自动控制设备、电子计算机、信号设备、控制电缆以及供给这些设备电能的一些供电装置（如蓄电池、硅整流等）。

（4）由二次设备相互连接，构成对一次设备进行监测、控制、调节和保护的电气回路称为二次回路或二次接线系统。

69. 二次回路有什么作用？

答：（**1**）二次回路的作用是通过对一次回路的监察测量来反映一次回路的工作状态并控制一次系统。

（**2**）当一次回路发生故障时，继电保护装置能将故障部分迅速切除并发出信号，保证一次设备安全、可靠、经济、合理地运行。

70. 二次回路包括哪些部分？

答：（1）按电源性质分交流电流回路、交流电压回路和直流回路。

（2）按回路的用途分测量回路、继电保护回路、断路器控制回路及信号回路、断路器和隔离开关的电气闭锁回路、操作电源回路和自动装置回路。

71. 二次回路原理图的含义是什么？

答：二次回路原理图用于表示二次回路和二次设备的基本组成和连接关系。由于原理图中，二次回路的有关设备和一次回路联系在一起，因此能比较直观地了解电路、设备及组成部分的作用原理。

72. 什么是二次回路的展开图？

答：二次回路展开图是将二次回路的接线进行展开和分类（例如分为控制回路、信号回路、测量回路等）并分别独立绘制成图。在二次回路的展开图中，同一设备及其各个部件用同一字母表示，但同一设备的各个部件（如线圈、触点等），一般不画在一起，而是根据电路的连接情况，分别画在不同的位置。通常展开图是按动作顺序，由左到右，由上而下排列，并在右侧用文字说明有关的回路和设备的类别。可见展开图比较清晰，阅读方便。

73. 电气二次接线中安装接线图是什么？

答：安装接线图是二次接线的主要施工图，也是提供厂家制造屏和柜的图纸。施工图经过施工和试运行检查并修正后，就成为对二次回路进行维护、试验和检修的基本图纸。安装接线图一般包括三种图，即屏面布置图、端子排图、屏背面接线图。

74. 直流系统在发电厂（变电站）中起什么作用？

答：直流系统在发电厂（变电站）中为控制、信号、继电保护、自动装置及事故照明等提供可靠的直流电源，它还为操作提供可靠的操作电源。直接系统的可靠与否，对发电厂（变电站）的安全运行起着至关重要的作用。是发电厂（变电站）运行的保证。

75. 对直流系统有哪些要求？

答：（1）直流控制屏上的仪表应满足运行监视的需要，必须能直接读出合闸母线电压、控制母线电压、全电池电压，充电机输出电流，直流负荷电流，浮充电电流，仪表精度应足够，量程应合适，仪表应定期校验，不合格的应及时更换。

（2）正常情况下，直流母线电压应保持在给定值范围内，允许误差为±5%。

（3）直流系统内各元件的性能及容量应满足正常和事故运行方式的要求。

（4）在直流系统中，对不同用途的供电负荷，应分别供电，正常情况下，Ⅰ、Ⅱ段母线独立开环运行，不允许闭环运行；大型变电站应采用双直流电源独立供电。

（5）直流系统应装有连续工作且足够灵敏的绝缘检查装置，任何一处绝缘能力降低时，均应发出灯光和音响信号。

（6）断路器的合闸电缆截面应满足断路器合闸时，其合闸绕组端电压不低于额定电压 85％ 的要求。

（7）事故情况下，直流电源在保证控制信号回路必备容量的前提下，可作为事故照明电源，时间不宜过长。

76. 怎样读二次接线图？

答：因为二次设备的种类和数量较多，这些设备又分散安装在几个不同的回路中互相呼应，给读图带来一些困难。读二次接线图时应该做到以下几点。

（1）熟记电气图形符号及文字符号，回路标号的意义。

（2）了解整个工艺过程，掌握操作规程。

（3）对二次接线图中常用的电路原理（如电气测量电路、信号电路、重合闸电路、低压电路、低电流电路等）要有比较多的知识。

（4）掌握各种继电器及其他控制电器的性能与原理。

（5）要熟知绘制二次接线图的基本方法。

（6）要掌握读二次接线图的方法。如：正确电路中的哪一部分是一次接线图，哪一部分是二次接线图；确定二次接线图的电源种类及电压；循序渐进，先易后难，反复对照，直到搞清为止。对主要的控制环节要熟悉其作用；了解主要元件的工作情况，搞清各接点的动作状态；掌握原理图，展开图，安装图各自的特点。

77. 继电保护装置的基本任务是什么？

答：供电系统的安全运行是保证正常生产的主要条件之一。系统中的某个部分或设备（配电装置、电气线路、变压器、用电设备、发电机等）有可能在运行中出现不正常状态，甚至出现故障。这时，就要求继电保护装置在特定的条件下开始动作，执行其任务。基本任务如下。

（1）在过负荷时，通常由继电保护装置发生警报信号，运行人员根据实际情况，采取适当的措施，调整负荷，及时处理，防止酿成事故。

（2）当出现短路等故障时，继电保护装置应立即动作，准

196

确、迅速地自动将有关的开关跳闸，将故障部分从系统中断开。可以保证不故障扩大，并可使无故障的设备及线路继续正常运行。

（3）为了保证电源不中断，继电保护装置将备用电源投入，或经自动装置进行重合闸。

78. 供电系统对继电保护装置有哪些基本要求？

答：（1）选择性：是指供电系统发生故障时，仅将故障部分切除，就要求邻近故障点的继电器保护首先动作，尽量缩小停电范围，保证系统的其他非故障部分继续正常运行。

（2）迅速性：要求继电保护装置动作尽量快些。迅速切除故障，防止故障扩大，减轻故障的危害程度，减少电压下降的持续时间，使电力系统稳定运行。

（3）灵敏性：是指继电保护装置对其保护区内的故障和不正常工作状态的反应能力。

（4）可靠性：要求继电保护装置动作可靠，该动作的就动作，不该动作的就不动作。

79. 常用低压刀开关的种类及用途有哪些？

答：低压刀开关适用于额定电压交流 500V，直流 440V 以下，额定电流 1500A 以下的工业企业的配电设备中，作为不频繁地手动接通和切断或隔电源用。

装有灭弧室的刀开关可以切断电流负荷，其他系列刀开关只作隔离开关使用。

型号含义：HD—单投刀开关；HS—双投刀开关；11—中央手柄式；12—侧面操作机构式；13—中央杠杆操作机构式；14—侧面手柄式。

80. 常用熔断器的种类及用途有哪些？熔丝和熔片有哪些规格？

答：熔断器是电动机或电路中一种最简单的保护装置，它串接在电路中供电器设备或线路免受短路电流的损害。熔断器有管式、插入式、螺旋式等几种型式。

RM$_1$，RM$_3$，RM$_{10}$ 型为无填料封闭管式熔断器，用于电气设备的短路保护及电缆过负荷保护，额定电压有 220、380V 及 500V，额定电流有 15、60、100A 及 200A 等。

RT$_0$ 型为有填料封闭管式熔断器。用于很大短路电流存在的工业企业网络内或电气装置中，作为电缆、导线及电气设备的短路保护或电缆及导线的过负荷保护用，额定电压为 380V，额定电流有 50、100、200、600A 及 1000A 等。

RL$_1$，RL$_2$ 型为螺旋式熔断器，在 500V 以下电路中作过载及短路保护用。额定电压为 500V，额定电流有 15、60、100A 及 300A 等。

RL$_S$ 型为螺旋式快速熔断器。作为硅元件，晶闸管整流元件及其组成的成套装置中短路保护，或某些不允许过电流装置的过载保护，额定电压为 500V，额定电流有 10A 及 15A 等。

R$_1$ 型为管式熔断器。额定电压 220V。额定电流 0.5～10A，用于配电设备的二次回路中作过载或保护元件用。

RC$_1$，RC$_1$A 型为瓷插式熔断器。额定电压为 300V，额定电流有 5、10、15、30、60、100A 及 200A 等，用于交流分支线路的短路保护和过载保护。

RS$_2$，RS$_3$ 型为快速熔断器。额定电压为 220V 及 380V，额定电流有 30、50、80、100A 及 200A 等，用于硅整流成套装置中，作为硅元件的短路保护。

常见的熔丝（又称保险丝）是由铅、锡等含金制成不同直径的圆丝，其规格多用它的额定电流表示，如 1、3、5、10、15、20、25、30A 等，一般 30A 以上多采用铝合金或锌制成的保险片，其规格有 50、70、100、150、200、…、600A 等。

RL$_1$，RL$_S$ 系列及 RT$_0$ 系列熔断器就用保险芯和保险芯管。

81. 什么是组合开关？

答：（1）转换开关。常用的 HE-10 系列有三个动触头和三个静触头，平时动静触头分开。手柄沿正方向旋转 90°，使开关快速闭合或分断。HE-10 系列的额定电压为 380V，额定电流有 10、25、60、100A，极数有 1～4 极四种。

（2）控制开关。又称万能转换开关。手柄可以有六种不同位置，分别用"跳闸后""预备合闸""合闸""合闸后""预备跳闸"和"跳闸"表示。开关手柄转动90°以后将固定在新的位置上，如手柄转动45°，将手柄放开，手柄会自动恢复到原来位置。它的触点接通与断开情况用触点位置图表示。用符号"×"表示手柄在某位置时该触点接通；用"—"表示该触点断开。

82. 低压断路器的含义是什么？

答：低压断路器又叫自动空气开关或自动空气断路器，可简称断路器，是低压配电网络和电力拖动系统中常用的一种配电电器，它集控制与多种保护功能于一体，在正常情况下可用于不频繁地接通和断开电路以及控制电动机的运行。当电路发生短路、过载和失压等故障时，能自动切断故障电路，保护线路和电气设备。

低压断路器具有操作安全，安装使用方便，工作可靠，动作值可调，分断能力较强，兼顾多种保护，动作后不需要更换元件等优点，因此得到广泛的应用。

型号和含义如下：

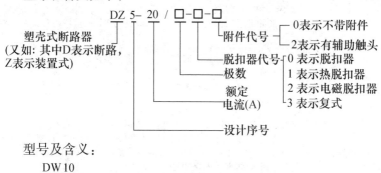

型号及含义：

83. 自动空气开关的故障原因及处理方法如何？

答：自动空气开关的故障原因及处理方法见表13-3。

表 13-3　　　　自动空气开关的故障原因及处理方法

故障现象	原　因	处 理 方 法
手动操作断路器不能闭合	1. 欠压脱扣器无电压或线圈损坏。 2. 储能弹簧变形，导致闭合力减小。 3. 反作用弹簧力过大。 4. 机构不能复位再扣	1. 检查线路，施加电压或更换线圈。 2. 更换储能弹簧。 3. 重新调整弹簧反力。 4. 调整再扣接触面至规定值
有一相触头不能闭合	1. 一般型断路器的一相连杆断裂。 2. 限流断路器斥开机构的可折连杆之间的角度变大	1. 更换连杆。 2. 调整至原技术条件规定值
分励脱扣器不能使断路器分断	1. 线圈短路。 2. 电源电压太低。 3. 再扣接触面太大。 4. 螺丝松动	1. 更换线圈。 2. 调换电源电压。 3. 重新调整。 4. 拧紧
欠电压脱扣器不能使断路器分断	1. 反力弹簧变小。 2. 如为储能释放，则储能弹簧变小或断裂。 3. 机构卡死	1. 调整弹簧。 2. 调整或更换储能弹簧。 3. 消除卡死原因（如生锈）
起动电动机断路器立即分断	1. 过电流脱扣器瞬动整定值太小。 2. 脱扣器某些零件损坏，如半导体件、橡皮膜等损坏。 3. 脱扣器反力弹簧断裂或落下	1. 调整瞬动整定值。 2. 更换脱扣器或更换损坏的零部件。 3. 更换弹簧或重新装上
断路器闭合后经一定时间自行分断	1. 过电流脱扣器长延时整定值不对。 2. 热元件或半导体延时电路元件变化	1. 重新调整。 2. 更换
断路器温升过高	1. 触头压力过分低。 2. 触头表面过分磨损或接触不良。 3. 两个导体零件连接螺钉松动。 4. 触头表面油污氧化	1. 调整触头压力或更换弹簧。 2. 更换触头或清理接触面，不能更换者，只好更换整台断路器。 3. 拧紧。 4. 清除油污或氧化层
欠电压脱扣器噪声大	1. 反作用弹簧压力太大。 2. 铁心工作面有油污。 3. 短路环断裂	1. 重新调整。 2. 清除油污。 3. 更换衔铁或铁心

续表

故障现象	原 因	处理方法
辅助开关不通	1. 辅助开关的动触头卡死或脱落。 2. 辅助开关传动杆断裂或滚轮脱落。 3. 触头不接触或氧化	1. 拨正或重新装好触桥。 2. 更换传动杆或更换辅助开关。 3. 调整触头，清理氧化膜
漏电断路器经常自行分断	1. 漏电动作电流变化。 2. 线路漏电	1. 送制造厂重新校正。 2. 寻找原因，如系导线绝缘损坏，则应更换
漏电断路器不能闭合	1. 操作机构损坏。 2. 线路某处漏电或接地	1. 送制造厂修理。 2. 消除漏电处或接地处故障

84. 什么是接触器？

答：接触器是一种自动的电磁开关，适用于远距离频繁地接通与断开交直流主电路及大容量控制电路。主要控制对象是电动机，也可用于控制其他负载，如电热设备、电焊机以及电容器组等。它不仅能实现远距离自动操作和欠电压释放保护功能，而且具有控制容量大，工作可靠，操作频率高，使用寿命长等优点。

接触器按主触头通过的电流种类，分为直流接触器与交流接触器两类。

交流接触器的型号如下：

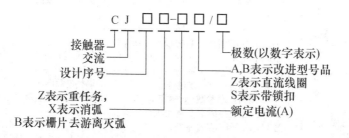

直流接触器的型号如下：

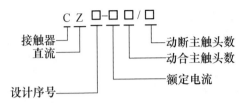

85. 交流接触器故障的原因及处理方法是什么?

答:交流接触器故障的原因及处理方法见表 13-4。

表 13-4 交流接触器的故障与处理方法

故障现象	可能原因	处理方法
吸不上或吸不足(即触头已闭合而铁心未完全吸合)	1. 电源电压过低或波动过大。 2. 操作回路电源容量不足或发生断线,配线错误及控制触头接触不良。 3. 线圈技术参数与使用条件不符。 4. 产品本身受损(如线圈断线或烧毁,机械可动部分被卡住,转轴生锈或歪斜等)。 5. 触头弹簧压力与超程过大	1. 调高电源电压。 2. 增加电源容量,更换线路,修理控制触头。 3. 更换线圈。 4. 更换线圈,排除卡住故障,修理受损零件。 5. 按要求调整触头参数
不释放或释放缓慢	1. 触头弹簧压力过小。 2. 触头熔焊。 3. 机械可动部分被卡住,转轴生锈或歪斜。 4. 反力弹簧损坏。 5. 铁心极面有油污或尘埃黏着。 6. E 形铁心,当寿命终了时,因去磁气隙消失,剩磁增大,使铁心不释放	1. 调整触头参数。 2. 排除熔焊故障,修理或更换触头。 3. 排除卡住现象,修理受损零件。 4. 更换反力弹簧。 5. 清理铁心极面。 6. 更换铁心
线圈过热或烧损	1. 电源电压过高或过低。 2. 线圈技术参数(如额定电压、频率、通电持续率及适用工作制等)与实际使用条件不符。 3. 操作频率过高。 4. 线圈制造不良或由机械损伤、绝缘损坏等。	1. 调整电源电压。 2. 调换线圈或接触器。 3. 选择其他合适的接触器。 4. 更换线圈,排除引起线圈机械损伤的故障。

故障现象	可能原因	处理方法
线圈过热或烧损	5. 使用环境条件特殊：如空气潮湿，含有腐蚀性气体，环境温度过高。 6. 运动部分卡住。 7. 交流铁心极面不平或剩磁气隙过大	5. 采用特殊设计的线圈。 6. 排除卡住现象。 7. 清除极面或调换铁心
电磁铁（交流）噪声大	1. 电源电压过低。 2. 触头弹簧压力过大。 3. 磁系统歪斜或机械上卡住，使铁心不能吸平。 4. 极面生锈或因异物（如油垢，尘埃）侵入铁心极面。 5. 短路环断裂。 6. 铁心极面磨损过度而不平	1. 提高操作回路电压。 2. 调整触头弹簧压力。 3. 排除机械卡住故障。 4. 清理铁心极面。 5. 调换铁心或短路环。 6. 更换铁心
触头熔焊	1. 操作频率过高或产品过负载使用。 2. 负载侧短路。 3. 触头弹簧压力过小。 4. 触头表面有金属颗粒突起或异物。 5. 操作回路电压过低或机械上卡住，致使吸合过程中有停滞现象，触头停顿在刚接触的位置上	1. 调换合适的接触器。 2. 排除短路故障，更换触头。 3. 调整触头弹簧压力。 4. 清理触头表面。 5. 提高操作电源电压，排除机械卡住故障，使接触器吸合可靠
触头过热或灼伤	1. 触头弹簧压力过小。 2. 触头上有油污，或表面高低不平，有金属颗粒突出。 3. 环境温度过高或使用在密闭的控制箱中。 4. 铜触头用于长期工作。 5. 操作频率过高，或工作电流过大，触头的断开容量不够。 6. 触头的超行程太小	1. 调高触头弹簧压力。 2. 清理触头表面。 3. 接触器降容使用。 4. 接触器降容使用。 5. 调换容量较大的接触器。 6. 调整触头超程或更换触头

86. 什么是磁力起动器?

答:磁力起动器在结构上是由交流接触器与热继电器组成的。有封闭式外壳的称保护式磁力起动器,无外壳的称为开启式磁力起动器。磁力起动器常用于就地控制或远方控制的电动机的操作开关。磁力起动器中的热继电器具有过负荷时使电路自行断开的保护特性,失压保护是通过交流接触器(用按钮操作时)实现的,磁力起动器不具有短路保护的作用,要在电动机的主电路中装接熔断器。

磁力起动器制成可逆和不可逆两种。前者常用于控制须正反转的电动机。磁力起动器的额定电压 500V 以下额定电流有 5、10、20、40、60、100A 和 150A 七种。

87. 磁力起动器常见的故障及处理方法是什么?

答:磁力起动器常见的故障及处理方法见表 13-5。

表 13-5　　　　　　　　磁力起动器常见故障及处理方法

故障现象	原　因	处 理 方 法
触点过热	1. 触点压力不足。 2. 触点表面氧化或有杂质。 3. 触点容量不够。 4. 各部位螺钉松动	1. 修复或更换触点,使触点初压力和终压力符合要求。 2. 经常清扫,用细锉清除氧化膜。 3. 更换大容量的触点。 4. 检查全部螺钉并紧固
触点烧成突出的小点子	1. 触点在分断时,电弧在触点之间燃烧消弧系统不良,电弧温度过高,电弧燃烧时间长。 2. 触点在闭合过程中有跳跃现象。 3. 电动机启动电流过大。 4. 线圈电压过低	1. 全面检查消弧系统,防止电弧燃烧时间过长。 2. 检查触点初压力是否符合要求。 3. 选择合适的起动器。 4. 电源电压要与线圈电压一致

故障现象	原　　因	处 理 方 法
触点磨损	1. 起动器在闭合过程中电流大，电弧温度过高，使触点金属汽化逐渐减小。 2. 由于动静触点通过电流过大，长期发热烧ь。 3. 由于操作电压不足，使触点闭合产生跳跃。 4. 电器元件容量太小或频繁起动	1. 完善消弧系统，防止弧光温度过高造成金属汽化。 2. 保证触点通过允许正常电流和允许运行温度。 3. 调节电源电压额定值。 4. 更换触点，适应电动机起动电流
衔铁噪声大	1. 衔铁和铁心接触不良。 2. 短路环有断裂现象。 3. 线圈电压过低。 4. 衔铁各部螺钉松动	1. 清除接触面的污垢和杂质。 2. 更换短路环。 3. 调节电源电压符合线圈要求。 4. 检查并紧固各部螺钉
线圈过热烧坏绝缘老化	1. 电压过高，线圈匝间短路。 2. 衔铁机构不正，有卡位现象，操作频繁，衔铁和铁心有杂质，使得电流增大。 3. 过负荷，接点脱焊。 4. 衔铁吸合不上。 5. 由于线圈过热，绝缘受损失	1. 调整电源电压，排除短路故障。 2. 重新更换接点。 3. 检查线圈连接部分有无脱落断线，操作按钮有无卡阻现象。 4. 检查线圈连接部分有无脱落断线，操作按钮有无卡阻现象。 5. 更换线圈
磁吹线圈匝间短路	受冲击力或碰撞造成匝间短路	检查磁吹线圈相互间有无短路现象，如有可用旋具分开加以调整
灭弧罩受潮	由于雨淋或其他原因受潮，绝缘能力降低，不利于灭弧	立即烘干

88. 什么是热继电器？

答：热继电器是利用流过继电器的电流所产生的热效应而反时限动作（即延时动作时间随通过电路的电流的增加而缩短）的继电器。主要用于电动机的过载保护，断相保护，电流不平衡运行的保护及其他电器设备发热状态的控制。

热继电器的型号及含义如下：

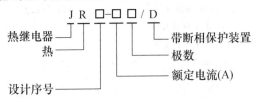

89. 热继电器的常见故障及处理方法是什么？

答：热继电器的常见故障及处理方法见表 13-6。

表 13-6　　　　　热继电器的常见故障及处理方法

故障现象	故障原因	故障处理方法
热元件烧断	1. 负载侧短路，电流过大。 2. 操作频率过高	1. 排除故障，更换热继电器。 2. 更换合适参数的热继电器
热继电器不动作	1. 热继电器额定电流值选定不合适。 2. 整定电流值偏大。 3. 动作触头接触不良。 4. 热元件烧断或脱焊。 5. 动作机构卡阻。 6. 导板脱出	1. 按保护容量合理选用。 2. 合理调整整定电流值。 3. 消除触头接触不良因素。 4. 更换热继电器。 5. 消除卡阻因素。 6. 重新放入并调试
热继电器动作不稳定，时快时慢	1. 热继电器内部机构某些部件松动。 2. 检修中弯折了双金属片。 3. 通电电流波动太大或接线螺丝松动	1. 将这些部件加以坚固。 2. 用两倍电流预试几处或将双金属片拆下热处理（一般约240℃）以去除内应力。 3. 检查电源电压或拧紧接线螺钉

续表

故障现象	故障原因	故障处理方法
热继电器动作太快	1. 电流整定值偏小。 2. 电动机起动时间过长。 3. 连接导线太细。 4. 操作频率过高。 5. 使用场合有强烈冲击和振动。 6. 可逆转频繁。 7. 安装热继电器处与电动机处环境温度差太大	1. 合理调整整定电流值。 2. 按起动时间要求选择具有合适的可返回时间的热继电器或在起动过程中将热继电器短接。 3. 选用标准的导线。 4. 更换合适的型号。 5. 选用带防振动冲击的热继电器，采用防振措施。 6. 改用其他保护方式。 7. 按两地温差情况配置适当的热继电器
主电路不通	1. 热元件烧断。 2. 接线螺钉松动或脱落	1. 更换热元件或热继电器。 2. 紧固接线螺钉
控制电路不通	1. 触头烧坏，或动触头片弹性消失。 2. 可调整式旋钮转到不合适的位置。 3. 热继电器动作后来复位	1. 更换触片或簧片。 2. 调整旋钮或螺钉。 3. 按动复位按钮

90. 负荷开关的故障及处理方法是什么？

答：负荷开关的故障及处理方法见表 13-7。

表 13-7　　　　　　　负荷开关的故障原因及故障排除

常见故障		故障原因	故障排除
开启式负荷开关	闭合后开关一相或二相开路	1. 静触头弹性消失，开口过大造成动、静触头接触不良。 2. 熔丝熔断或虚连。 3. 动静触头氧化或有尘污。 4. 开关进线或出线头接触不良	1. 修整或更换静触头。 2. 更换熔丝或紧固。 3. 清洁触头。 4. 重新连接
	闭合后熔丝熔断触头烧坏	1. 外接负载短路。 2. 熔体规格偏小。 3. 开关容量太小。 4. 通断动作过慢，造成电弧烧坏触头	1. 排除负载短路故障。 2. 按要求更换熔体。 3. 更换开关。 4. 修正或更换触头，并改善操作方法

续表

常见故障		故障原因	故障排除
封闭式负荷开关	操作手柄带电	1. 外壳未接地或接地线松脱。 2. 电源进出线绝缘损坏碰外壳	1. 检查后，安装或加固接地体。 2. 更换导线或恢复绝缘
	夹座（静触头）过热或烧坏	1. 夹座表面烧毛。 2. 动触刀与夹座压力不足。 3. 负载过大	1. 用细锉修整夹座。 2. 调整夹座压力。 3. 减轻负载或更换大容量开关

91. 中间继电器的含义是什么？

答：中间继电器是用来增加控制电路中的信号数量或将信号放大的继电器。其输入信号是线圈的通电和断电，输出信号是触头的动作，其触头较多，但无主辅触头之分，各对触头允许通过的电流多为 5A，可用来控制多个元件或回路。

中间继电器的型号和含义如下：

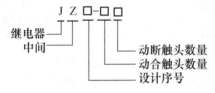

92. 时间继电器的含义是什么？

答：时间继电器是自得到动作信号起到触头动作有一定时间且符合延时间准确要求的继电器，它广泛用于需要按时间顺序进行控制的电气控制线路中。

93. 电流继电器的含义是什么？

答：电流继电器是作为电气设备的过电流保护用的，它分为电磁式电流继电器与感应式电流继电器。

94. 电压继电器含义是什么？

答：基本上与电磁式电流继电器相同，只是线圈的匝数和阻抗不同，反应的参数不同，电压继电器的线圈匝数多，导线细，工作时并联在电压回路上，反映出电压高低的故障。

95. 信号继电器是什么？

答：信号继电器的用途是当继电器动作，开关跳闸时，它中间的小牌自动掉下来，指示出继电器保护装置中某一回路已动作。

96. 三相感应电动机有几种起动方法？试述其简单原理与选用方法。

答：三相笼型感应电动机的起动方法有直接起动和降压起动两种。

直接起动又称为全压起动，起动时用隔离开关或接触器将电动机直接投入电网，方法最为简单。但是起动电流较大，在电网上引起很大电压降，影响电网的电压稳定，所以能否直接起动，要看供电电源容量的大小而定，一般根据下式确定

$$I_Q/I_N \leqslant \frac{3}{4} + \frac{供电变压器容量(kVA)}{4 \times 电动机的功率(kW)}$$

式中　I_Q——电动机起动电流；

　　　I_N——电动机额定电流。

降压起动中包括串联电抗器降压起动、星三角（Y/△）起动、自耦补偿器起动和延边三角形起动四种。这四种方法都是在起动时通过降压定子绕组端电压来减小起动电流的，同时不可避免地减小了起动转矩，所以降压起动只能适用于起动转矩要求不高的场合。

星三角起动方法最为简单，起动时定子绕组接成Y形，运转时接成△形。这种方法只适用于正常运行时定子绕组为△形接线的电动机，因为起动转矩只有原来转矩的$\frac{1}{3}$，所以只在空载或轻载起动的场合应用。

延边三角形起动要求电动机必须有九个出线端，使电动机结构变得复杂。起动时将定子绕组中一部分接成星形，另一部分接成三角形，运转时全部接成三角形。这种方法起动转矩比 Y/△起动大，但也是只适用于正常运行时为△形接线的电动机。

串联电抗器降压起动，由于起动电流较大，较少应用。

自耦补偿器起动是利用一台自耦变压器来降低加在定子绕组上的端电压，达到减小起动电流的目的。这种方法不受电动机绕组接线方式的限制，而且还可以按容许的起动电流和所需要的起动转矩来选择不同的电压抽头，因此适用于起动容量较大的电动机。其缺点是设备费用较高。

绕线式电动机的起动主要有转子回路串入变阻器和频敏变阻器两种方法，都是在起动时使转子回路内具有较大电阻，减小起动电流，增大起动转矩，因此在起动较困难的场合（如卷扬机、吊车）中得到广泛应用。

转子回路串入频敏变阻器的特点是，其电阻值随着转子转速上升而自动地减小，使电动机能平稳地起动。

97. 如何用接触器控制低压笼型异步电动机的控制电路？

答：用接触器控制低压异步鼠笼式电动机的控制电路如图 13-3 所示。

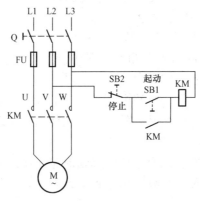

图 13-3　接触器控制回路

主回路：三相电源引线（L1、L2、L3）→电源开关 Q→熔断器 FU→接触器 KM 的三对动合主触点→交流电动机 M。

控制回路：电源引线 L2→停止按钮 SB2→

┌─起动按钮 SB1──────┐
│　　　　　　　　　　　　│→接触器 KM 线圈→电源引
└─接触器 KM 动合辅助触点─┘

线 L3。

工作过程：首先合上 Q。

起动时：按下 SB1→KM 的线圈通电→

┌─KM 的三对主触点闭合 → 接通主电路，M 起动。

└─KM 的辅助触点闭合 → KM 的辅助触点自锁，使 SB1 不起作用。

停止时：按下 SB2→KM 的线圈断电→

┌─KM 的三对主触点释放 → M 断电。

└─KM 的辅助触点释放 → 控制回路恢复到起动前状态。

98. 用磁力起动器控制低压异步电动机的电路是如何工作的？

答：磁力起动器控电动机电路如图 13-4 所示，工作原理与图 13-3 所示的电路图相似，只是在主回路中串联了热继电器的热元件 B，控制回路中串联了 B 的动断触点。当电动机过载而超过允许温度时，热元件 B 过热，断其动断触点，使电动机不致因过载而烧毁。

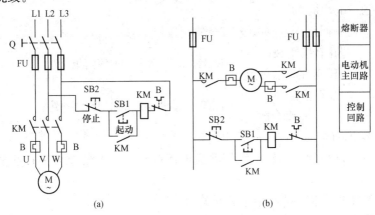

图 13-4　磁力起动器控制电路

（a）原理图；（b）展开图

99. 低压笼型异步电动机正反转的控制电路如何工作？

答：低压鼠笼式电动机正反转的控制电路如图 13-5 所示。

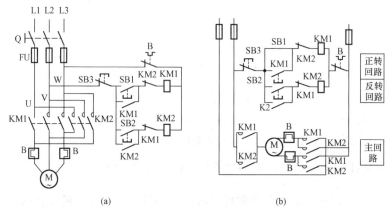

图 13-5　电动机正反转的控制电路

(a) 原理图；(b) 展开图

主回路：三相电源引线（L1、L2、L3）→电源开关 Q→熔断器 FU→$\begin{bmatrix}\text{正转接触器 KM1 的三对动合主触点}\\\text{反转接触器 KM2 的三对动合主触点}\end{bmatrix}$→热继电器的热元件 B→电动机 M。

控制回路：电源引线 L2→停止按钮 SB3

热继电器的动断触点→电源引线 L3。

电动机的正反转是利用调换电动机到电源的任意两根接线实现的。

工作过程：先合上电源开关 Q。

正转：按下 SB1→KM1 的线圈通电

　　—KM1 主触点闭合 → M 起动并正转

　　—与 SB1 并联的 KM1 触点闭合 → KM1 触点自锁，使 SB2 不起作用

　　—与 KM2 线圈串联的 KM1 触点断开 → KM1 线圈停电，使 SB2 不起作用

按下停止按钮 SB3，电动机停止正转，控制回路恢复到起动前的状态。

反转：按下 SB2→KM2 的线圈通电

┌─KM2 的主触点闭合 → M 起动并反转

→┤─与 SB2 并联的 KM2 触点闭合 → KM2 触点自锁，
　　使 SB2 不起作用

└─与 KM1 线圈串联的 KM2 触点打开 → KM1 线圈停电，
　　使 SB1 不起作用

无论电动机是正转还是反转，当电动机过载而超过允许温升时，热继电器的热元件 B 过热而断开其触点，使接触器 KM1 与 KM2 的线圈都断电，从而断开主触点，电动机停止运转。

从图中可以看到，接触器 KM1 与 KM2 的两对动断辅助触点，起到了当一个接触器（如 KM1）控制回路，接通时，另一个接触器（如 KM2）的控制回路可靠地断开，这种作用称为连锁。

100. 多台电动机同时起动控制线路是如何实现的？

答：图 13-6 所示为多台电动机同时起动控制线路。当开关 SA1、SA2 和 SA3 处于图示位置时，按下起动按钮 SB1，交流接触器 KM1、KM2 和 KM3 同时吸合并自锁。KM1，KM2，KM3 分别控制一台电动机（主回路未画出），因此三台电动机同时起动。按下停止按钮 SB2，KM1，KM2，KM3 都断电释放，三台电动机同时停转。

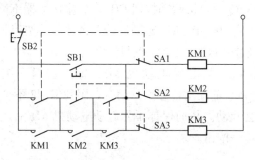

图 13-6　多台电动机同时起动控制线路

图中 SA1、SA2 和 SA3 是双刀双掷钮子开关，作为调整元件。如扳动 SA1，使其动合触点闭合，动断触点断开，这时按下按钮 SB1，又能起动 KM2、KM3。如果扳动 SA2，则只能起动 KM1、KM3。如同时扳动 SA1，SA2，则只能起动 KM3。同时扳动 SA2、SA3，则只能起动 KM1，以此类推。通过 SA1～SA3 的调整，可以分别对 KM1、KM2 和 KM3 所控制的动力部件单独检查调整。

101. 如何实现两台电动机联动控制线路？

答：图 13-7 所示为两台电动机联动控制线路。按这种控制线路接线，必须先起动电动机 M1，然后才可以起动 M2。如果先按（误按）按钮 SB2，电动机 M2 不会起动。

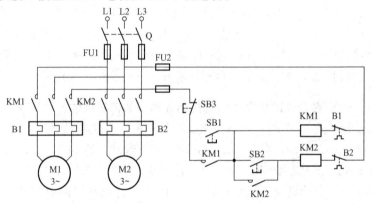

图 13-7　两台电动机联动控制线路

合上开关 Q 后，按起动按钮 SB1，交流接触器 KM1 吸合并自锁。KM1 控制的电动机 M1 起动运转。再按起动按钮 SB2，交流接触器 KM2 吸合并自锁。KM2 控制的电动机 M2 起动运转。如果先起动电动机 M2，后起动电动机 M1，即先按起动按钮 SB2，因 KM1 未吸合，其辅助动合触点未闭合，因此 KM2 不会吸合，即电动机 M2 不会起动。从而保证了先起动电动机 M1 后起动 M2 的顺序。SB3 为总停按钮。

102. 三相笼型异步电动机点动控制线路是怎样的？

答：图 13-8 所示为三相笼型异步电动机几种点动控制线路。

其中图13-8（a）是基本的控制线路，常用于电动葫芦、机床快速进给的控制。当按下起动按钮SB时，接触器KM吸合，电动机起动运转。按钮放松后，接触器断电释放，电动机停转。图13-8（b）是带手动开关的点动控制线路，常用在机床调整控制线路中。在调整时，预先将开关SA打在点动位置，即将开关SA断开，切断接触器自锁电路，便可达到点动目的。但在调整完毕后，需将开关SA闭合，使自锁电路在正常工作时能起到应有的作用。图13-8（c）增加了一个复合按钮，既可控制点动，又可控制继续运转。如要点动，按下按钮SB2，接触器KM吸合，电动机运转，但由于SB2的动断触点断开了接触器的自锁电路，可以不能自锁。SB2放松时，其动合触点首先断开，接触器断电释放，电动机停转，而后，SB2的动断触点才闭合。如果要使电动机持续运转，只要按一下起动按钮SB1即可。图13-8（b）中的SB2和图13-8（c）中的SB3为停止按钮。电动机的主回路图中未画出。

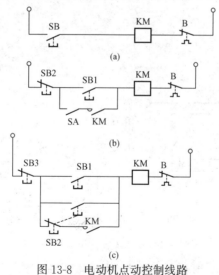

图13-8　电动机点动控制线路
（a）基本线路；（b）带手动开关；（c）带复合按钮

103. 重载起动的电动机控制线路是怎样的？

答：有些设备（如风机等），需重载起动。起动时间长，如果按电动机额定电流来整定热继电器,电动机还未起动起来,热继电器就会动作,使接触器断开,造成起动失败。如果反复起动,很大的起动电流将对电动机及电源产生较大的冲击。如果将热继电器的整定电流调大,虽然使电动机能起动,但当电动机过载时,热继电器起不到保护作用而使电动机烧坏。

图 13-9 所示为重载起动的电动机控制线路。起动时,按下按钮 SB1,交流接触器 KM1,KM2 及时间继电器吸合,KM1,KM2 自锁,电动机通电运转。KM1 三个触点分别短接热继电器的三个热元件,使热继电器在起动过程中不起作用。起动完毕后,延时断开动断触点 KT 断开。KM1 与 KT 先后断电释放,这时热继电器的热元件串入电动机的主线路。

停止时,接下按钮 SB2,KM2 断电释放,电动机停转。采用这种接线时,热继电器仍按电动机的额定电流整定。

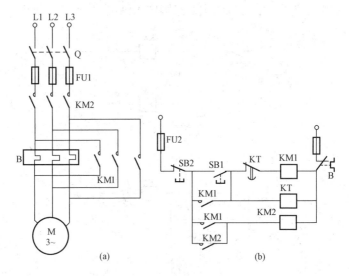

图 13-9　重载起动的电动机控制线路
(a) 主电路;(b) 控制电路

104. 电动机的再起动线路是怎样的?

答:所谓电动机再起动,就是指运行的电动机短暂停电后,在转速降低或完全停止运行的情况下重新起动运行。

图 13-10 所示为控制线路的工作原理：当电动机起动后，交流接触器 KM 的辅助触点 1-2，和 3-4 闭合，中间继电器 KC 和时间继电器先后得电吸合。如果电源电，KM，KT 和 KC 都释放，KT 的延时断开的动合触点延时断开。如果在 KT 的延时期间恢复供电，KM 线圈由 KT 触点、KC 动断触点、停止按钮 SB2 及热电器 B 触点构成通电回路，交流接触器 KM 再次吸合，电动机立即再起动。如果热继电器动作，因其触点断开 KM 回路，所以不会再起动。在正常停车时，要接下停止按钮 SB2，按下的时间必须超过 KT 的延时时间，否则，一放松按钮 SB2，还会再起动。如果将停止按钮改为钮子开关，停车时断开钮子开关就可以立即停电，不会再起动。

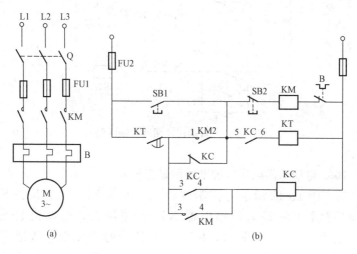

图 13-10　电动机的再起动线路

（a）主电路；（b）控制电路

105. 自动往复循环控制线路是怎样的？

答：在图 13-11 中，KM1，KM2 分别为电动机正，反转交流接触器。电动机正转时，机械向左运行；电动机反转时，机械向右运行。SQ1，SQ2 分别为控制向左，向右运动的限位开关，都装在静止的部件上，而操作限位开关的挡铁，装在运动部件上，起动时，如果按正转起动按钮 SB1，交流接触器 KM1 吸合，电动机起

动运转，带动运动部件向左运动。当机械挡铁碰到 SQ1 时，SQ1
动作，其动断触点切断 KM1 线圈电路，KM1 断电释放。这时，
KM1 辅助动断触点和 SQ1 的动合触点接通 KM2 线圈电路，电动
机反转，带动运动部件向右运动，当机械挡铁碰到 SQ2 时，SQ2
动作，其动断触点切断 KM2 线圈电路。这时，KM2 断电释放。
KM2 辅助动断触点和 SQ2 动合触点，接通了 KM1 线圈电路。电
动机正转，带动运动部件再次向左运动。这样，运动部件就可以自
动进行往复运动。

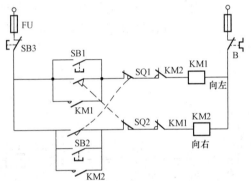

图 13-11　自动往复循环控制线路

106. 电动机间歇运行控制线路是怎样的?

答：图 13-12 所示为控制线路的工作原理：合上开关 SA，
交流接触器 KM 和时间继电器 KT1 得电吸合，电动机起动运
转，当运转到 T_1 时间时，KT1 延时闭合触点闭合，接通了继
电器 KC 和时间继电器 KT2 线圈电路。KC 吸合后，其动断触
点断开，切断 KM 和 KT1 线圈电路，电动机停止运转。KT2 保
持通电吸合状态，经过延时 T_2 后，KT2 延时断开触点断开。
KC 和 KT2 先后断电释放。KC 的动断触点闭合，再次接通 KM
线圈电路，电动机再次起动，重复上述动作，实现间歇运动。

图中按钮 SB 为手动控制按钮。打开开关 SA，按下按钮 SB，
KM 吸合，电动机起动运转，放松按钮 SB，KM 断电释放，电动
机停转。电动机运行时间不受时间继电器控制。

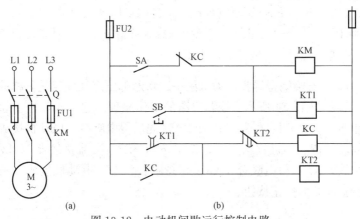

图 13-12 电动机间歇运行控制电路

(a) 主电路；(b) 控制电路

107. 三相笼型异步电动机采用自耦变压器控制线路是怎样的?

答：图 13-13 所示为控制线路工作原理：起动时，合上开关 Q，按下起动按钮 SB1，时间继电器 KT 与交流接触器 KM1 得电吸合，KT 瞬时触点 1-2 闭合自锁。KM1 主触点闭合。电动机定子绕组经自耦变压器 T 接至电源，开始降压起动。经一定延时后，KT 的延时断开动断

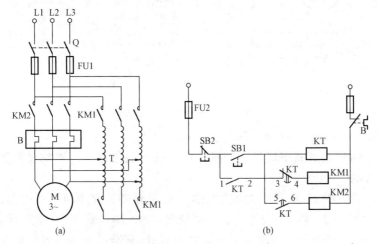

图 13-13 采用自耦变压器降压起动控制线路

(a) 主电路；(b) 控制电路

触点 3-4 断开，使 KM1 断电释放，将自耦变压器从电源上切除。KT 的延时闭合动合触点闭合，交流接触器 KM 得电吸合，使电动机直接接到电源上运行，完成整个起动过程。

108. 三相笼型异步电动机星—三角形降压起动线路是怎样的？

答：图 13-14 所示为控制线路的工作原理：起动时，按下起动按钮 SB1，交流接触器 KM2 和 KM1 先后得电吸合，电动机接成星形起动。待起动过程结束时，按下按钮 SB2，交流接触器 KM2 断电释放，KM3 得电吸合。KM1 保持吸合状态，电动机接成三角形运行。SB3 为停止按钮。

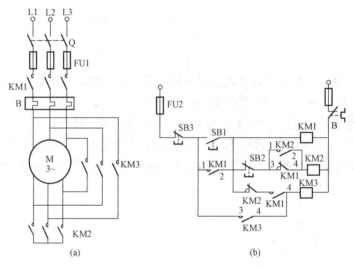

图 13-14　三角形降压起动线路

（a）主电路；（b）控制电路

109. 绕线转子异步电动机采用频敏变阻器起动的控制线路是怎样的？

答：图 13-15 所示为控制线路，可以自动控制也可手动控制。手动控制时，将开关 SA 打在手动位置，时间继电器 KT 不起作用。起动时，按下按钮 SB1，交流接触器 KM1 吸合并自锁，电动机起动运转。起动完毕后，按下按钮 SB2，中间继电器 KC 和交流接触器 KM2 先后吸合，KM2 主触点短接频敏变阻器，降压起动过程结

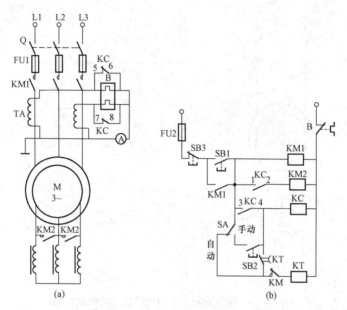

图 13-15　绕线式异步电动机采用频效变阻器起动的控制线路

(a) 主电路；(b) 控制电路

束，电动机转入正常运转。自动控制时，将开关 SA 打在"自动"
位置上，由时间继电器 KT 自动控制 KC 和 KM2 的动作，起动时，
按下起动按钮 SB1，交流接触器 KM1 和时间继电器 KT 吸合，电
动机由频敏变阻器降压起动。当起动过程结束时，时间继电器 KT
延时闭合动合触点闭合，中间继电器 KC 得电吸合并自锁，KC 动
合触点 1-2 闭合，接通交流接触器 KM2 线圈电路，KM2 吸合，其
主触点闭合后，切除频敏变阻器，降压起动过程结束，电动机转入
正常运转。

110. 绕线式异步电动机两极起动控制线路是怎样的？

答：图 13-16 所示的控制线路中，R_1 和 R_2 为分级起动用的电
阻。第一级起动电流由与 R_1 相串联的电流继电器 KA1 检测，第二
级起动电流由与 R_2 相串联的电流继电器 KA2 检测。由于第一级起
动电流比第二级起动电流大，因此，在整定时，要使 KA1 释放电
流大于 KA2 释放电流。

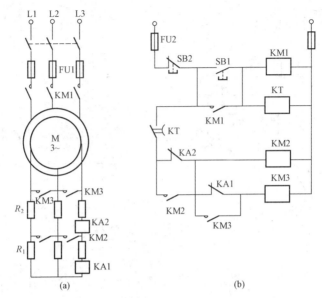

图 13-16　绕线式异步电动机两极起动控制线路

(a) 主电路；(b) 控制电路

图 13-16 所示的控制线路工作原理：按起动按钮 SB1，交流接触器 KM1 和时间继电器 KT 吸合，电动机在转子绕组接有电阻 R_1 与 R_2 的情况下通电起动。转子起动电流较大，使 KA1，KA2 吸合，KA1、KA2 动断触点切断了 KM2，KM3 线圈电路，经稍许延时后，KT 延时闭合触点闭合。当转子起动电流减小到 KA1 释放电流时，KA1 释放，其动断触点将 KM2 接通，KM2 吸合并自锁。KM2 主触点将起动电阻 R_1 短接，使电动机转入第二级起动。当转子起动电流减小到 KA2 释放电流时，KA2 释放，其动断触点闭合，使 KM3 线圈通电，KM3 吸合并自锁。KM3 主触点将起动电阻 R_2 短接，第二级起动结束，电动机转入正常运行。按下按钮 SB2，KT，KM1，KM2，KM3 断电释放，电动机停转。

111. 怎样在开关柜按钮对断路器 QF 进行控制回路？

答：在开关柜按钮对断路器 QF 进行操作的控制回路如图 13-17 所示。

其中 SB1 与 SB2 分别是合闸按钮和跳闸按钮，HR 和 HG 分别

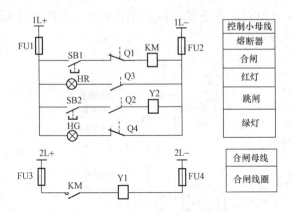

图 13-17　在开关柜对断路器的操作

是红灯和绿灯，Q1 和 Q4 是 QF 的动断辅助触点，Q2 和 Q3 是 QF 的动合辅助触点，KM 是合闸接触器线圈，Y1 与 Y2 分别是 QF 的合闸线圈和跳闸线圈。

起动时：按下 SB1→KM 通电→与 Y1 串联的 KM 的触点闭合→Y1 通电→

　　→QF 主触点闭合 → 电动机起动。

　　→QF 的触点 Q1 断开 → KM 断电，Y2 断电。

　　→QF 的触点 Q4 断开 → HG 熄灭。

　　→QF 的触点 Q3 闭合 → HR 发平光，指示 QF 在合闸位置。

　　→QF 的触点 Q2 闭合 → 为跳闸操作作准备。

停止时：按下 SB2→Y2 通电→

　　→QF 主触点断开 → 电动机断电。

　　→QF 的触点 Q1 复归，为合闸操作作准备。

　　→QF 的触点 Q4 复归 → HG 发平光，指示 QF 在跳闸位置。

　　→QF 的触点 Q2 复归 → Y2 断电。

　　→QF 的触点 Q3 复归 → HR 熄灭。

112. 3～6kV 高压电动机的低电压保护接线是怎样的?

答：在图 13-18 中，电压继电器 KV1、KV2、KV3 和时间继电器 KT1 构成次要电动机的低电压保护，整定为 0.5s 跳闸。电压继电器 KV4 和时间继电器 KT2 构成重要电动机的低电压保护，整定为 9～10s 跳闸。

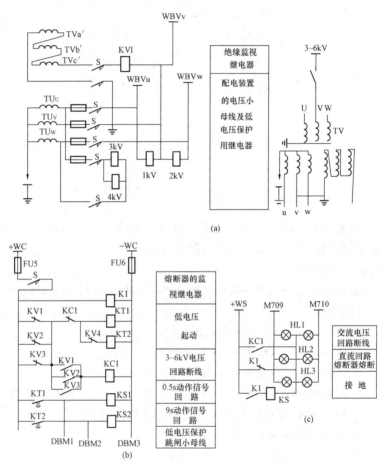

图 13-18　3～6kV 高压电动机的低电压保护接线原理图

(a) 交流回路；(b) 直流回路；(c) 信号回路

当电压互感器一次侧或二次侧断线时，相应的低电压继电器动作，其动断触点闭合，其中一个电压继电器仍在相间电压作用下，动合触点处于闭合状态，起动中间继电器 KC1，其动合触点 KC1

闭合，H1点亮，发出电压回路断线信号。同时，KC1的动断触点断开，中断了时间继电器KT1，KT2的电源，将低电压保护闭锁，避免了因电压回路断线而将电动机切除，当电压互感器一次侧隔离开关因误操作空气断路器时，其辅助触点S也断开，即切断了低电压保护直流电源，防止了保护装置的误动作。此时，监察继电器K1失磁，其动断触点延时闭合，H2点亮，发生低电压保护直流回路断线信号。同时，当FU5，FU6熔断时，也会发出直流线路断线信号。

113. 试述架空线路路径选择原则。

答：在选择架空线路的路径时要考虑以下几个方面：

(1) 应考虑到将来的发展需要，例如线路的增设。

(2) 要尽可能地不影响或方便机耕作业。

(3) 要尽可能地少占用农田。

(4) 要尽可能地减少跨越和转弯线路，使线路总长最短。

(5) 避免在经常发生山洪的地带立杆，以免洪水冲毁线路。

(6) 严禁跨越存有易燃易爆物品的仓库和生产场地。

114. 试述低压架空线路档距的确定方法。

答：两相邻电线杆之间的距叫做线路"档距"。根据DL 499—2001《农村低压电力技术规程》中第4.5.2条的规定，不同的区域和不同的环境情况和使用不同的导线时，对线路档距有不同的要求。

当使用铝绞线和钢芯铝绞线时，档距为40m是最为保险的，在集镇和村庄中，可增长到50m；在野外，可增长到60m。

当使用绝缘导线时，档距应在30～40m之间，最长不应超过50m。

115. 低压架空线路不同档距时，如何确定最小线间距离?

答：为避免同杆架设的平行导线在风力等作用下晃动造成相间短路事故，架空线之间应保持一定的水平方向距离，该距离称为"线间距"。线间距的最小允许值与导线的种类和电线杆之间的距离（档距）有关。据DL 499—2001中第4.5.3条规定：

（1）当使用铝绞线和钢芯铝绞线时，档距 50m 及以下（含 50m，40m 及 40m 以下的各种档距）的最小线间距为 0.4m；档距 50m 以上（含 60m 和 70m）的最小线间距为 0.45m；电线杆两侧的导线为 0.5m。

（2）当使用绝缘导线时，线间距离可比裸导线小些。档距 40m 及以下的最小线间距为 0.3m，档距 50m 的最小线间距为 0.35m，电线杆两侧的导线为 0.4m。

116. 同杆架设高、低压线路时，高、低压横担之间的最小垂直距离如何规定？

答：高压线路和低压线路同杆架设时，为了在高压线路带电运行时检修低压线路的安全，防止高压线路受雷击时对低压线路的反击，所以高、低压线路用的横担之间必须保持一定的垂直距离。该距离的最小值：对于直线杆，应为 1.2m；对横担较多的分支杆和转角杆可以适当减小，但不得小于 1m。

另外，应尽可能使同一杆上的高、低压线路是同一路的电源。在检修时可做到同时断电，这样就会更安全。

117. 同杆架设多回路低压线路时，各横担之间的最小垂直距离为多少？

答：多条回路的低压线路同杆架设时，为了避免各线路之间相碰发生短路，各回路用的横担之间必须保持一定的垂直距离。该距离的最小值：对于直线杆，应为 0.6m；对横担较多的分支杆和转角杆可以适当减小，但不得小于 0.3m。

118. 同杆架设低压和弱电线路时，各横担之间的最小垂直距离如何确定？

答：为了节约投资和减少占地面积，要在低压线路电杆上同时架设弱电线路（如广播、电话、有线电视等线路）时，必须事先征得电力管理部门的同意和批准后，方可施工。为了避免电力线路和弱电线路之间相碰发生短路，造成弱电线路的设备损坏和使用人员触电事故，电力部门规定，低压电力线路应在弱电线路的上方，并且两者横担之间必须保持 1.5m 及以上的垂直距离。

119. 水泥电杆的埋设深度有何要求？

答：电杆的埋置深度一般按其总长的 1/6 计算，在其他要求（例如线路最低高度）允许的情况下，可适当地增减，但最浅不能小于 1.5m，例如对于 8m 杆，按 1/6 计算应为 1.33m，但要按 1.5m 设计埋坑的深度。8～18m 规格电杆的埋深具体值，见表 13-8。

表 13-8　　　　　　　8～18m 规格电杆的埋深具体值

电杆高度（m）	8	9	10	11	12	13	15	18
埋深（m）	1.5	1.6	1.7	1.8	1.9	2.0	2.3	2.6～3.0

120. 拉线角度和尺寸如何设计？

答：线路中的变向杆和耐张杆以及线路两个终端杆都需要加斜拉线来平衡导线对电线杆的张力。所设拉线与地面（水平线）或电线杆（铅垂线）的夹角最好为 45°，此时的稳定性最好，也最省材料。当受地形限制时，也可设计成其他的角度，但不应小于 30°。

当夹角为 45°时，拉线的理论长度为拉线包箍至地面垂直距离的 $\sqrt{2}$ 倍，但考虑到两端绑扎回弯部分所需尺寸，一般要达到 1.5 倍，有时还要多一些。拉线坑至电线杆的水平距离与拉线包箍至地面垂直距离相等。

当拉线与水平面的夹角为 30°时，拉线的理论长度为拉线包箍至该拉线下垂直距离的 2 倍；拉线与电线杆的夹角为 30°时，拉线的理论长度为拉线包箍至该拉线下端垂直距离的 $2/\sqrt{3}$ 倍。中间打折时，拉线长度为两段长度之和。拉线坑至电线杆的水平距离应为折点与电线杆的水平距离和折点至拉线坑的水平距离之和。

【例 13-2】　某终端杆设置 45°拉线。测得拉线包箍至地面垂直距离为 8m，求拉线的理论长度和实际长度各为多少米？拉线坑至电线杆的水平距离应为多少米？

答：（1）拉线的理论长度为包箍至地面垂直距离的 1.414 倍，即 1.414×8m＝11.312m。

（2）拉线的实际长度，为包箍至地面垂直距离的 1.5 倍，即

$1.5 \times 8m = 12m$。

（3）拉线坑至电线杆的水平距离，拉线坑至电线杆的水平距离应等于包箍至地面垂直距离，即 8m。

121. 如何计算架空导线的强度安全系数？

答：低压电力网应采用符合 GB/T 1179—1999，圆线同心绞架空导线标准规定的导线。禁止使用单股、破股（拆股）线和铁线。在人口密集的村镇，可采用符合 GB 12527—1990 额定电压 1kV 及以下架空绝缘电缆标准的架空绝缘电缆，但应注意其耐气候的性能符合要求。

为了防止断线造成电路中断事故的发生，架空电线应具有一定的抗拉强度。该强度称为强度安全系数指标，用 K 来表示。它是导线抗拉强度 σ（单位为 N/mm^2）与导线最大使用应力 σ_{max}（单位为 N/mm^2）的比值即

$$K = \sigma / \sigma_{max}$$

在 DL/T 499—2001 中第 4.2.2 各规定：架空导线的强度安全系数，对铝绞线和钢芯铝绞线应不小于 2.5；绝缘导线应不小于 3。

122. 对架空导线弧垂大小的要求有哪些？

答：由于导线的重力以及受环境温度造成热胀冷缩的影响，两电线杆之间的架空导线都会呈下垂的弧形，该弧形底部到导线在电线杆悬挂点的铅垂距离叫作"弧垂"（也称弛度）。当两电线杆悬挂点在一个水平面上时，有一个弧垂值；当两电线杆悬挂点不在一个水平面上时，将有两个弧垂值。

为了防止架空导线由于温度升高或过多地覆冰造成过度松弛时可能发生相间短路或温度降低时的冷缩被拉断事故的发生，对弧垂值要有一个相当严格的规定，并在施工时认真执行。

制定弧垂值要依据如下几个条件：

（1）导线的品种、规格。

（2）档距长度。

（3）当地气温变化情况，正常情况时一年中的最高与最低温度。

（4）可能发生的最大风速以及冰雪等自然情况。

123. 高、低压架空线路导线对地最小距离的要求有哪些？

答：线路对地的高度应指其弧垂最低点到地面的距离。为了地面人员、动物和其他物体以及线路本身的安全，该距离应有一个最低限度，高压通过村镇为 6.5m，田间野外为 5.5m；低压通过村镇为 6m，野外至少 5m。

124. 低压架空裸导线对地面的最小垂直距离有何规定？

答：低压架空裸导线对地面最小垂直距离应在确保地面人员及其他动物安全的前提下确定。具体数值在 DL/T 499—2001 的第 4.7.2 条中做出了规定，根据线路所处地域的不同，常用的有 3，4，5，6m 共 4 档，选择的原则是人多的地域要求高一些，人少的地域低一些。峭壁山崖最小垂为 1m；步行可达的小坡地，最小垂距＞4m；交通困难地区最小垂距≥4m；田野≥5m；居住地≥6m。

125. 对架空导线连接的有关规定有哪些？

答：架空导线需要连接时，要遵守如下规定：

（1）不同金属、不同规格、不同绞向的导线，严禁在档距内连接。

（2）在每一个档距内，每根导线不应超过一个接头。

（3）接头距导线的固定点，不应小于 0.5m。

（4）钢芯铝绞线，铝绞线在档内的接头，宜采用钳压或爆压法连接。

（5）铜绞线在档内的接头，宜采用钳压或绕接的方法。

（6）铜绞线和铝绞线在档内的接头，宜采用铜铝过渡线夹，铜铝过渡线或铜线搪锡后的插接法进行连接。

（7）铜绞线或铝绞线在跳线内的接头，宜采用钳压，线夹连接或搭接。

（8）导线的电阻不应大于同长度导线的电阻数值。

（9）档距内的接头应具有不小于导线计算拉断力的 90％抗拉强度。

126. 对接户线、进户线档距、最小截面、最小线间距离的规定有哪些？

答：（1）接户线和进户线的定义和区别：

1）用户计量装置在室内时，从低压电力线路到用户第一支持物的一段线路叫接户线。

从用户室外第一支持物至用户室内计量装置的一段线路叫进户线。

2）用户计量装置在室外时，从低压电力线路到用户室外计量装置的一段线路叫接户线。

从用户室外计量箱出线端至用户室内第一支持物或配电装置的一段线路叫进户线。

（2）接户线的最小档距和有关规定。进户线的相线和中性线或保护中性应从同一电杆上引下，其档距不应大于 25m，超过 25m 时，应加装接户杆，但接户线的总长度（包括沿墙敷设部分）不宜超过 50m。

为保证使用寿命，接户线和室外进户线应使用耐气候型绝缘线。

（3）接户线和室外进户线的最小截面规定，根据 SDJ 206—1987《架空配电线路设计技术规程》中的第 9.0.3 条编写。

为了保证导线具有足够的抗拉强度，防止在大风天气或冬季覆冰等特殊环境下被拉断，导线的截面积应满足供电量的同时，还要满足最小面积的要求，具体数值见表 13-9。

表 13-9　　　　接户线和室外进户线的最小截面规定

架设方式	档距（m）	最小截面积（mm^2）	
		铜线	铝线
自电杆引下	≤10	2.5	4.0
	10～25	4.0	6.0
沿墙敷设	≤6	2.5	4.0

铝线的截面面积：铜线的截面面积＝1.5：1。

（4）接户线和室外进户线的最小线间距离的规定：自电杆引下时为 0.15m；沿墙敷设时为 0.1m。

127. 超高压、高压、中压、低压电力网的定义是什么?

答：超高压：它的电压值将超过高压的最高值 110kV，达到 220kV 及以上。

高压输电网包括 35、60kV 和 110kV 三种电压数值的供电系统。

中压输电网包括 10kV 和 20kV 两种电压数值的供电途径。

低压输电网，常采用三相四线制供电时，两相线之间的电压为 380V（线电压）；每条相线与中性线之间的电压（相电压）为 220V。

128. 试述低压三相四线制架空线的相序排列顺序。

答：三相四线制的架空线水平排成一字形时，若面对来线的方向看，从左到右，一般应按 A（L1），B（L2），C（L3），N_0 的顺序排列。中性线的截面积比相线小一些。

129. 低压线路电压损失（%）应如何估算?

答：导线的电压损失实际上就是电流通过导线后，在该导线具有的阻抗上所产生的电压降 ΔU。根据欧姆定律，电压降 ΔU（V）应等于通过导体电流 I（A）与导体电阻 R（Ω）的乘积，即 $\Delta U = IR$。而 $R = \rho \dfrac{L}{S}$，即 $R = \rho L / S$。

所以有　　　　　　$\Delta U = IR = 2\rho L / S = \rho IL / S$。

铝的电阻率（20℃时）$\rho = 0.0283\ \Omega \cdot m / mm^2$，$\Delta U = \rho L I / S = 28.3 IL / S$。

在实际计算中，导线的电压损失一般用占线路电源端电压的百分数来表示，即 ΔU（%）。通过有关计算，根据线路的不同，对铝导线直接使用下述公式。

（1）对于三相四线制的低电压 380/220V 供电线路：ΔU（%）$= 12 I_m L / S$。

（2）对于单相的低压 220V 供电线路：ΔU（%）$= 26 I_m L / S$。

上两式中的 I_m 为线路中的相电流。

因铜的电阻率为 $0.0175\ \Omega m / mm^2$，是铝的 61.84%，可近似记

为 60%，所以长度和截面积都相同的情况下，铜导体的电阻相当于铝导线电阻的 60%。

当线路中的负载为感性负载时，由于负载电压所产生的电抗作用，使得线路损耗比纯电阻负载时大一些，因此电压损失也相应增大，并且增大的幅度与线路负载的功率因数大小有关，$\cos\varphi$ 越小，电压损失越大。根据经验数据，截面积在 $10mm^2$ 及以下的导线，增加的量很小，可忽略不计；$10mm^2$ 以上各规格，按从细到粗，每两个规格分成一组，即 16 和 25，35 和 50 等，第一组（即 16 与 25）在纯电阻计算值的基础上增加 20%，以后每一组都在前一组数值的基础上再增加 20%。

【例 13-3】 某线路的电压损失在纯电阻负载时的计算值为 10%，求在感性负载功率因数等于 0.8 时，使用 $10mm^2$、$16mm^2$、$25mm^2$、$35mm^2$、$50mm^2$ 及以上规格导线时的电压损失各是百分之多少？

解 （1）当使用 $10mm^2$ 及以下的导线，可认为还是 10%。

（2）当使用 $16mm^2$ 或 $25mm^2$ 的导线时则为 $1.2 \times 10\%$ =12%。

（3）当使用 $35mm^2$ 或 $50mm^2$ 的导线时，则为 $1.2 \times 12\%$ =14.4%。

（4）当使用 $50mm^2$ 以上导线时，将根据规格的大小依次为 17.28%、20.74%、24.88% 等。

130. 高压（10kV）线路电压损失（%）估算。

答：计算高压（10kV）线路电压损失（%）的简化公式 $\Delta U(\%)=PL/24.25$，式中 P 为负荷功率（单位 kW）；L 为线路长度（单位为 km）；S 为导线截面积（单位为 mm^2）。在负载功率因数为 0.8、每 1km 线路电抗为 0.37Ω 的条件下，通过电流 Im（相电流，单位为 A）和功率之间关系，可将上式转化为：

$$\Delta U_{10kV}(\%)=15I_mL/24.25\approx0.6I_mL/S。$$

【例 13-4】 现有一条长度为 10km 的高压 10kV 输电线路，所用导线为 $50mm^2$ 钢芯铝绞线（LGJ-50），试求出电流为 30A 时的线路电压损失。

$$\Delta U_{10kV}(\%)=0.6I_{m}L/S=[(0.6\times30\times10)\div50]\%=3.6\%.$$

131. 架空导线载流量的估算和选择。

答：常用的架空导线为铝绞线或钢芯铝绞线。为保证其机械强度，导线的最小截面积应不小于 16mm²。

为避免因电流过大造成严重发热和产生较大的电压损失，在运行时导线的载流量（通过的电流量）应限制在一定的范围内，所限定的最高电流数值即所谓的安全载流量。该电流值主要与所用导线的品种和截面积有关。可用导线标称的截面积数值乘一个系数来粗略地计算出正常环境温度下的安全载流量。

为了便于对应查找，见表 13-10。

表 13-10　架空裸铝绞（或钢芯铝绞）导线安全载流量估算值

导线截面积（mm²）	16	25	35	50	70
安全载流量（A）	104	125	158	200	2.45
安全载流量/导线截面积	6.5	5	4.5	4	3.5
导线截面积（mm²）	95	120	150	185	240	300
安全载流量（A）	285	360	375	463	480	600
安全载流量/导线截面积	3		2.5		2	

若用铜导线时，其安全载流量比铝线截面大一个档次的数值。例如 50mm² 铜导线的安全载流量为 70mm² 铝绞线的数值。当使用环境温度较高时，其安全载流量应适当减小，一般为上述估算值的 90%。

132. 常用导线的命名方法与型号。

答：我国导线类型中主要内容用汉字名称拼音字母（第一个字的第一个字母）来表示导线的型号。例如铝导线用 L；铜导线用 T；钢芯导线在导线主要材料（铝或铜）后面加字母 G；绞线加字母 J；加强型加 J；轻型加 Q；合金用 HL；架空用 J；农用可直埋的专用绝缘导线为 N 等。也有采用国际通用的或惯用的字母：例如聚氯乙烯绝缘用字母 V；聚乙烯绝缘用字母 Y；交联聚乙烯用 YJ 等。

133. 380/220V 低压架空线路导线截面的估算。

答：主要考虑保证线路电压损失不超过 5%，输电负荷（额定功率，单位 kW）和输电距离（单位为 km）的乘积被称为"负荷矩"（单位为 kW·km）。

对于 380/220V 低压架空输电线路，若用铝导线时，对于三相四线制电路，其每根相线的截面积（单位为 mm²）应不小于 4 倍的负荷矩；对于单相电路，其相线的截面积（单位为 mm²）应不小于 24 倍的负荷矩，另外，为了保障导线的抗拉和抗风强度，导线的截面积不应小于 16mm²。

若用铜导线时，应为铝导线计算值的 60%。即三相四线制电路，其每根相线的截面积应不小于 2.4 倍负荷矩；对于单相电路，其相线的截面积应不小于 14.4 倍的负荷矩。

用上述方法求得导线的截面积以后，再从材料手册中查找刚好等于或略大于计算值的导线规格截面积（标称值）对 LJ 铝绞线规格有 16、25、35、50、70、95、120、150、185、210、240、300、400、500、600、800mm²。

134. 三相四线制供电时中性线（零线）最小截面的规定。

答：根据 SDJ 204—1987《架空配电线路设计技术规程》中第 3.0.6 条规定。零线的最小截面积要根据同电路相线的数值来决定，以相线截面积为铝线（包括铝绞线和钢芯铝绞线）70mm² 和铜绞线 35mm² 为界线，在界线以下时和相线截面积相同；在界线以上时，可取相线截面积的 50%。

135. 单台 380V 低压三相异步电动机架空供电导线的截面计算。

答：电动机的额定功率（千瓦数）和电动机到变压器的距离（以百米计算）后，两者相乘积再除 3，即为铝绞线的最小截面积（单位为 mm²）。如用铜导线，则为铝导线计算值的 60%，或者直接用电动机额定功率千瓦数和输电距离百米数相乘再除以 5。

为了保证机械强度最小截面积也不能小于 16mm²；这是架空线的统一规定。

【例 13-5】 设一条供 7.5kW、380V 三相异步电动机的输电线路，线路长度为 400m，使用铝绞线，应适用导线的截面积为多

少 mm^2

解：$(7.5×4)÷3=10(mm^2)$，因小于 $16mm^2$；所适用 $16mm^2$。

136. 低压带电作业应注意的事项。

答：（1）在作业现场安排专人对工作人员的全部操作情况进行监视。

（2）在工作之前，作业人员要求穿戴好一切安全保护用品，如绝缘鞋、绝缘手套等。所有用品应符合要求。

（3）在工作前，应针对作业中发生的各种情况，制定完整的工作程序。

（4）工作时，作业人员应踩在对地绝缘的物品上，如干燥的木板、塑料板、木凳、木梯等。与带电部位可能接触的工具（如螺丝刀、扳手、钢丝钳等）手柄上应有良好的绝缘护套。

（5）参加作业人员应熟练掌握相关的技术，有一定工作经验，具有工作细心、果断、大胆的工作作风。工作时应全神贯注，专心致志。

（6）在接线时应尽可能地先接好中性线，再接相线。

（7）当在同一电线杆上架设高、低压两种输电线路时，要设置防止接触高压导电部位的设施。

137. 配电盘中装置三相四线制交流电源母线的相序排列顺序。

答：水平排列时：左（A相黄色）、中（B相绿色）、右（C相红色），中线（N）放在最右边。

垂直排列时：上（A相黄色）、中（B相绿色）、下（C相红色）、中线（N，浅蓝色）放在最下面。

前后排列时：远（A相黄色）、中（B相绿色）、近（C相红色）、中线（N，浅蓝色）放在最近前。

138. 用颜色表示三相交流电相序和直流电正负极的规定。

答：国家标准中规定，A（L1或U）相为黄色；B（L2或V）相为绿色；C（L3或W）相为红色；中性线N为浅蓝色，保护接线（PEN）为黄绿两色竖条。

直流电源线的规定是：褐色为正极（＋极），深蓝色为负极

（一极）。

139. 在室内或室外直敷布线时，低压绝缘导线的最小间距。

答：将有关数据列入表 13-11。

表 13-11　　空内或室外直敷布线时，低压绝缘导线最小间距

支持点间距（m）		≤1.5	>1.5~3	>3~6	>6~10
线间最小距离（mm）	室外	100	100	150	200
	室内	50	75	100	150

140. 单相电源插座接线如何规定？

答：面对插座、插座左孔为中性线（N），右孔为相（火）线，上孔接地线。

141. 电灯接线如何规定？

答：（1）开关一定要控制相线，或者说要串联在相线上。

（2）使用螺口灯头时，中性线应与电器口相接或相线应与中心点相接。

142. 已知熔断器熔丝的额定电流，求其熔断电流。

答：在已知熔丝的额定电流后，可根据该熔丝的材料按下述关系计算出熔断电流。

（1）材料为铅锑合金和铜丝时，熔断电流是额定电流的 2 倍。

（2）材料为铅锡合金时，熔断电流是额定电流的 1.5 倍。

（3）材料为锌片时，熔断电流与额定电流之间的倍数关系不确定，一般在 1.3~2.1 之间，具体数值由厂家生产时标定。

143. 试根据三相异步电动机绕组烧毁的现象，确定故障的原因。

（1）缺相运行的分析。对于三相异步电动机，若出现两相断路，也就说只有一相电源与电机绕组接时，不论三相是星形接法还是三角形接法，对于绕组来说，因为没有构成电的回路，都只是处于"带电"状态，而不能通过电，因此电机也不会有任何反应，但当只有一相断路时，则任两相电源之间还会有电压使绕组通电，这

就是"缺相运行"。

在通电起动之前电动机已断相，在加电准备起动运行时，不论是"Y"形、"△"形接法，电动机都会发出不同程度的"嗡嗡"声，在空载并且电动机的容量较小，转子转动较灵活时，会很慢地开始转动甚至于达到正常转速，在带有负载，特别是需要较大起动转矩的负载时，电动机会很慢地开始转动，有时根本不转动，并发出较大的"嗡嗡"声。

1）若电动机三相绕组采用星形接法，则未断两相仍有电流通过，因定子旋转磁场出现"间断"现象，造成输出转矩严重下降，转速随之下降，迫使电流增加，时间略长后，通电的两相绕组因过热而烧毁。

2）若电动机三相绕组采用三角形接法，虽然三相绕组都会通电，但因 U 相绕组加的是额定电压，而 V、W 相绕组串联以后加额定电压，将使磁场不均衡，轴输出转矩减小，转速降低，电流大于正常值（例如额定值），尤其是 U 相绕组的电流更大，最终 U 相绕组很快被烧毁，若三相"△"接的电动机有两相绕组被烧毁，则是由于没有烧毁的第三相绕组内部发生了断路故障造成的。

（2）三相绕组全部烧毁的原因分析。

1）因负载过大，或因定、转子之间有异物，局部高出的硅钢片和气隙严重不均匀等原因造成定、转子相擦以及轴承损坏等原因，造成转子阻力过大时，都会使电流增大，时间较长后，绕组就会因过热而全部变色或烧毁。

2）对三相绕组的 6 个线端都接出电动机，当三相绕组接线方式出现错误时，也有可能造成电流过大而烧毁。例如，将应为星形接法的三相绕组接成三角形，则每相的电压将提高到正常值 $\sqrt{3}$ 倍（近似 1.73），此时电动机起动转矩和运行转矩都会比正常时高很多，但同时电流为正常值的三倍以上，所以绕组将很快过热而烧毁。如将三角形接法的三相绕组接成星形，则每相的电压将降低到正常值的 $\frac{1}{3}$ 倍（近似等于 0.577）。此时若负载的大小决定于电动机的输出功率，电流将减小到正常值的 $\frac{1}{3}$ 倍，绕组不会过热，只是输出功率减小很多；但当电机带硬性负载时（例如传送带、粉碎机、起重机等），则会因转矩严重下降（下降到正常值的 $\frac{1}{3}$，使转速被迫降低，转速下降的结果是转子电流增加，时间略长，使转子过热而变色，转子热量传递到轴承上，使轴承中的润滑脂液化，一部分从轴承中流出剩余的将被烤干，最终失去润滑作用，加剧转速的降低和转子的过热，这时定子三相绕组的电流会增加并超过正常值，使其过热变色和烧毁。

（3）局部短路烧毁的分析：局部短路一般是相与相之间或一相绕组的导线匝与线匝之间因绝缘损坏而造成的短路，常常突然短路放电，产生较大的火花和声响，称为"放炮"。短路发生后，将在短路点留下一片较明显的烧痕，严重的会出现一个洞。

这种类型的短路造成电路保护发生连锁的动作，使直接控制该电动机的空气开关跳闸，还有可能使上一级，甚至再上一级空气开关跳闸，从而影响其他系统的用电。另外，由于发生短路时时间很快、很短，所以过载或过热保护装置来不及动作，即很难在故障发生之前有效地控制。

144. 试述查找三相异步电动机缺相的原因和步骤。

所谓三相异步电动机缺相运行，是指电动机定子绕组三相电源有一相不通。此时若给电动机通电起动，则电动机将发出"嗡嗡"的声音，升速很慢。如果所接负载电的特性较硬，则不能达到规定的转速甚至于不能起动，时间较长。该电动机会因长时间的大电流而过热、严重时将"冒烟起火烧毁"、电动机运行中断掉一相时，转速将很快下降，电流增大，同时发出"嗡嗡"的异常响声，如运行时间过长，同样会将其烧毁。电动机缺相的原因有内部的和外部的。

内部的原因较少，一般是电动机引出线断裂，可通过测量三相绕组的直流电阻来判断，不通的一相为断路相。如果三相电阻基本相同，则可排除电动机内部原因。

外部的原因较多，主要是接线盒中的接线螺丝松动，三相电源电路中的某些连接点松动或氧化，熔断器中的熔丝断开或未接实等，有些接触器的触点接触不良，接触电阻很大，是造成电源缺相或者说接近缺一相的一个常见原因。

如果电源电路有一相完全断开，则在电动机接线端测量线电压或相电压时就能发现；若线路中有接点（含接触器的触点）松动，或虚接现象，在电动机不通电的情况下，测量三相电压时，三相电压值一般还比较平（基本相等），只有给电动机通电后，在电动机接线端测量线电压或相电压时才发现三相电压数值有大有小的严重不平衡现象，严格地讲，第二种现象不应叫缺相，但它的危害与缺相基本相同，所以列入此处。

如果供电线路中设置了三相电流表或钳形电流表测三相电流，若有一相电源线路完全断开，则将有一条电源线没有电流，另两条线的电流较正常时大很多，若有一相电源线路有接触不良现象，则将有一条电源线中的电流较正常时小，另两条电源线中的电流较正常时大。为了防止因缺相（含供电电压严重不平衡）时电动机产生的损害影响生产进度，对于较大和重点部位使用电动机，应在控制设备中设置"缺相保护装置"。

145. 如何确定三相异步电动机三相电流不平衡度的限值？

（1）三相电流不平衡度的定义与计算方法：三相电流的不平衡度是指三相电流中最大值（或最小值）与三相平均值之差占三相平均值的百分数，称为三相电流的不平衡度。

用 I_U、I_V、I_W 分别代表三相电流，I_{max} 为其中的最大值，I_{min} 为其中的最小值，I_p 为三相电流的平均值。即 $I_p = (I_U + I_V + I_W)/3$；$\Delta I$ 代表三相电流的不平衡度，用百分数表示，则

$$\Delta I = \frac{I_{max} - I_P}{I_P} \times 100\%；或 \Delta I = \frac{I_{min} - I_P}{I_P} \times 100\%$$

（2）三相电流不平衡度限值标准来历。在考核三相电流的不平衡度时，首先确定三相电压是否平衡。在实际操作中，三相电压完全平衡是不易做到的，一般情况下，三相电压在数值大小上的不平衡度在 $\pm 0.5\%$ 之内时，则认为是基本平衡的。

电动机空载运行时，其三相电流的不平衡度不能超过 $\pm 10\%$，

否则本项为不合格。这一条规定是各种三相异步电动机的技术条件中明确给出的。

电动机满载运行时，其三相电流的不平衡度不能超过 $\pm 3\%$，否则可认为电动机不正常。这一条不是国家和行业标准中规定的，而是电机生产厂或电机使用部门为了发现与控制电动机运行时的异常情况，自行规定也有规定不超过 $\pm 2\%$。

【例 13-6】 在已确定所用电源电压平衡的前提条件下，测得某电动机的三相空载电流分别为 25.2A、23.5A 和 28.4A，请判断三相空载电流不平衡度是否合格。

解 本题已知空载电流 I_U、I_V、I_W 分别为 25.2A、23.5A 和 28.4A，其中 $I_{max}=28.4A$，$I_{min}=23.5A$，三相电流平均值 $I_P=(I_U+I_V+I_W)/3=(25.2+23.5+28.4)/3=25.7A$。

再分别求出不平衡度的正值与负值：$\Delta I=(I_{max}-I_P)\times 100\%/I_P=(28.4-25.7)\times 100\%/25.7=10.5\%$。

$$\Delta I=(I_{min}-I_P)\times 100\%/I_P$$
$$=(23.5-25.7)\times 100\%/25.7=-8.56\%$$

不平衡度的正值超过了 $+10\%$，所以本项指标不合格。

146. 试述三相电流不平衡度超差的原因和查找方法。

答： 实践经验与理论计算都可以说明，三相电压平衡度对满载运行时的三相电流平衡度的影响基本相当。例如电压不平衡度为 1% 时，电流的不平衡度也在 1% 左右；对空载三相电流的平衡度影响较大，如电压不平衡度为 1% 时，电流不平衡度可高达 8% 左右，国际电工委员会（IEC）的验证资料中说："最低为 6%，最高可达 10% 以上"。所以说，当发现空载电流严重不平衡时，首先要检查供电电源电压的平衡情况。

三相开关触点好坏对电机三相电流平衡度的影响问题。这一点主要是针对接触器或空气开关而言的。检查时，先打开开关的外壳或灭弧罩，使三相触点裸露出来，查看三对触点接触面是否有烧麻的现象，如有，并且其中一对较严重，则说明该对触点接触不良，在合闸与分闸时，三相不同步，烧损较严重的一对触点接触较晚，跳开较早，所以容易拉弧或拉弧较大，造成烧蚀较严重。烧蚀后，使得接触面积减小，电阻值增大，自然该相电流会比其他两相小，严重影响电机工作。直到出现类似缺相运行的反应，最终使绕组过热烧毁。

供电线路某些接点因松动或氧化（铜铝接头在潮湿环境中最容易产生氧化）时，将产生较大的电阻，严重时将出现类似缺相运行。

当电机绕组出现较严重的匝间短路故障时，三相电流就会出现严重的不平衡现象。此时三相绕组的直流电阻也将出现不平衡现象。当两相绕组之间出现短路故障或绕组对机壳短路故障，也将会使三相电流不平衡。出现相间短路时，短路点会在短时内发出类似放炮声，并将两相绕组烧毁。绕组对机壳短路时，会出现不平衡的现象，更主要的是因机壳带电而有可能发生人员的触电安全事故。对于相间和对地短路故障，可用绝缘电阻表测量相间或对机壳的绝缘电阻来判断，完全短路时，该绝缘电阻将为零，正常情况下绝缘电阻应大于 $0.5M\Omega$。

147. 电磁直流发电机被拖动运转后、不发电的原因是什么？

答：直流发电机被拖动到额定转速后，电枢绕组无输出电压的原因是多方面的，此时可从六个方面进行检查：

（1）用万用表电阻挡测量电枢回路的通断情况，若电阻很小，则为正常；若不通，则要进一步检查各相关环节的通断情况。例如与换向极绕组、串励绕组、电刷与换向器之间等部位的连接情况。

（2）检查励磁绕组两端是否有电压，包括检查励磁回路的通断情况。

（3）通入励磁电流后，若接线正确，各磁极所形成的极性应是依次交替的（两相邻磁极的极性相反），即一个 N 极，一个 S 极。用磁铁（一般用指南针）检查两相邻磁极的极性是否相反，若不相反，则说明励磁回路接线发生了头尾反接的错误，应立即更正。

（4）检查电刷是否被弹簧压下，与换向器表面接触。

（5）对于他励以外的直流发电机，建立磁场要靠铁心上的剩磁。若因该剩磁消失，则不能发电，此时可用 3～24V 的直流电给励磁绕组通电（应按励磁绕组的原极性接入），几秒时间，进行充电。

(6) 励磁回路因接线松动，连接点氧化等原因，使其电阻远远超过正常数值时，发电机也不会发电。测出电阻数值后，和该发电机以前的数值或其他同规格电机同一数值相比较，若大得很多，则应进一步检查相关环节，并排除其他故障。

148. 复励式直流发电机加负载后输出电压极性发生改变，电压下降的原因是什么？

答：复励直流发电机在空载运行时的输出电压数值和极性都正常，但接通负载输出电流后，一开始是电压随着电流的增加而迅速下降，当电流增加到一定的数值后，输出电压的极性突然改变。发生这一现象的原因是两套励磁绕组（并励绕组与串励绕组）中的串励绕组极性反接。在空载时，串励绕组中无电流，所以不起作用，输出的空载电压大小和极性全决定并励绕组；当接通负载后，串励绕组中开始有电流流过，若将极性接反，则所产生的磁场将与并励绕组产生的磁场相反，起相互抵消的作用，所以输出电压下降，负载电流越大，电压降得越多，当输出电流大到一定数值时，串励绕组产生的磁场强度超过并励绕组产生的磁场时，输出电压的极性就突然发生改变。这种错误往往在改变输出电路极性而调整接线时发生。只注意改变了并励绕组的接线，而没有改变串励绕组的接线（该接线在电机内部时，更容易忘记改换）。

149. 电磁式直流电动机通电后不转的原因是什么？

答：直流电动机通电后不起动的原因有如下 4 个方面：

(1) 在正常情况下，并励绕组与串励绕组通电后产生的磁场应是一个方向，即始终要大于其中一个绕组产生磁场。若这两套励磁绕组中的一个头尾接反，则两者产生的磁场将会相互抵消，使总的磁场强度变弱，在负载较重时，其起动转矩不足以带动负载转动，即不起动。此时电动机将发生较大转矩不足以带动负载转动，即不起动。此时电动机将发出较大的"嗡嗡"声，输入电流也相对较大。

(2) 电枢绕组以及与外界的连线处有松动，甚至于断开现象。

使得电枢电流达不到起动电机的数值。

（3）电刷因故卡在电刷盒（或称刷握）中，不能与换向器表面接触。当电刷磨损严重，剩余长度较短时，也会产生与换向器表面接触不良的现象，造成类似的故障。

（4）输入电压过低，同时负载所需的起动转矩又较高，这样电机就会较难起动运行，同时将发出较大的"嗡嗡"声，输入电流也相对较大。

150. 串励单相电动机通电后不转的原因和确定方法。

答：串励单相电动机通电后不起动的原因有如下 3 个方面：

（1）电路不通或电阻较大，其中包括：①电刷与换向器未接触或接触不良。具体表现有：电刷磨得较短或因故被卡住而不能与换向器较好接触；换向器表面磨损严重后不能与电刷良好地接触。②线路有断路故障，使电路不通。其中有：电刷引线断裂；定子与转子绕组出现断路故障等。

（2）绕组有匝间短路或对地短路故障，换向器换向片之间有短路故障。

（3）电源电压较低，同时负载要求一定的起动转矩。

151. 罩极（遮极）单相电动机不起动的原因和确定方法。

答：常用的罩极单电动机的辅助绕组（起动绕组）只是一个镶嵌在铁心极靴上的短路铜环（也称短路环），不可能在外面对其进行通断检查或测量，必须拆机后才能进行检查。

如排除了电源电压过低和负载过重两项原因后，通过检查判定主绕组正常时，则基本确定是上述"短路环"出现了断路故障。短路环断开后，可能从铁心上脱落下来，造成其他事故，例如划伤主绕组，卡住转子等。

用电后拧动电动机的转轴，看其是否顺势转动起来的方法也可确定是否属于辅助绕组断路的故障。

152. 单值电容单相电动机不起动的原因和确定方法。

答：电容起动并运行的单相交流电动机。这种型式的单相电动机在家用电器（例如厨房用的抽油烟机、洗碗机，各种洗衣机、部分电风扇等)及小型电动工具(例如小型木工机械、吹风机、鼓风机)中应用最多。所以处理这类故障的机会也较多。

单相电动机与电容起动的单相电动机不同点是少了一个离心开关,从这一点上来说,其结构相对较简单,发生故障的机会和查找故障原因的工作也相对简单些。和下面所讲的电容起动电动机相比,除了没有离心开关一项外,其余相同。

153. 电容起动单相电动机不起动的原因和确定方法。

答:(1)不起动的原因分析。此类电动机最常见的故障是通电后不转动,若靠近电动机细听(可借助工具)能听到电动机内部发生较小的"嗡嗡"声,则不起动的原因主要有如下五个:

1)负载过重拖不动。这里的负荷包括电动机拖动的实际负载,也包括传动系统,例如齿轮、传动带等。在很多情况下,所谓负载过重,是因为发生了意外的卡阻现象。

2)电源电压过低。因为起动转矩与电源电压的平方成正比。所以电源电压过低时,其起动转矩就会减小很多,当达不到负载所需的起动转矩值时,电动机就不能起动。此时电动机输入电流将比正常时大得多,发出的声响也较大。如果时间过长,而无过载保护时,将使电动机过热而烧毁。

3)主绕组或辅助绕组有断路故障。应注意的是有一套绕组出现了断路,另一套绕组正常,而不是两套绕组同时出现断路故障。

4)离心开关是串联在起动绕组电路中的,当该开关在起动时处于断开的状态时,相当于起动绕组断路,起动绕组中没有电流通过,自然也就不会有起动转矩。

5)由于电容器的损坏造成电动机不起动最常见的一种原因。电容器的损坏主要出现短路和断路故障。出现短路时将失去裂相作用;出现断路时,起动绕组不能通电。这两种情况都会造成起动绕组失去作用,当然也不可能产生起动转矩。

(2)确定方法:将电动机的负载卸掉(例如拆下传动带。对要求起动转矩较小的负载,若去掉负载较困难时,可不卸掉),然后给电动机通电,用手(或工具)拨动转轴,目的是让其朝一个方向旋转。若此时电动机转子顺势旋转起来,并且自动加速直至达到正常的转速，待断电停转后，再向反的方向旋转电动机转轴，若电动机转子同样顺势转动起来，则可确定是负载过重，主绕组与辅助绕组（起动绕组）有断路故障、电容器损坏和离心开关未闭合，复原即指示电动机静止时离心开关处于闭合的状态，是否电源电压过低，用此方法不难判定。

（3）查找与确定不起动的原因的方法。

1）用试灯或万用表的电阻挡检查电动机的各绕组是否有断路以及离心开关是否处于闭合的正常状态。

2）用万用表的交流电压 250V（或 380V）挡测量电动机输入端的电源电压是否达到规定的电压值，例如 220V（一般允许相差 ±5%），如较低，应进一步测量上一级电源端（例如插座的输入端，电能表的输出与输入端等）的电压，如发现上一级或上几级的电压正常，则检查中间环节是否有接触不良等故障，如有则设法排除后再进一步检查。

3）负载以及传动系统的故障，一般是通过观察（包括观看、耳听、手感等）来查找和判定。

4）仪表测量是万用表的电阻挡进行测量；放电法是指先对电容器进行充电，再用导体对其两极放电的方法。

154. 如何由变压器运行时所发出的声响来初步判断故障的种类？

答：实践证明，变压器运行时所发出的异常声响是初步判断其故障的最有效，也是最简便的手段。

发出"叮叮当当"类似锤击的声音时，是由于穿心螺杆松动，在交变电磁力的作用下，穿心螺杆与铁心撞击而形成的。发出"噼噼叭叭"声音时，是由于铁心接地线断开，铁心与机壳之间放电而形成的。"咻咻、咻咻"的间歇声是铁心接地有松动造成的。

当出现较大的"嗡嗡"声或"嘟噜、嘟噜"类似水沸腾的声音，同时油温上升很快，其原因是绕组有较严重的匝间短路。此时电流较大，使绕组产生较多的热量并产生较大的电磁噪声、若测得三相电流，将发现严重的不平衡现象（当三相绕组为 Y 形连接时，有两相较第三相大）。

高压套管有裂痕时,裂痕处的绝缘将降低,在高电压下产生爬电现象,并发出高频"嘶嘶"声。

高压套管的釉质脱落或受到较严重的污染时,也会发生上述有裂痕时的现象,出现"嘶嘶"声响,但声音较轻。低压相线有接地故障时,由于对地电流较大,也会发出较大的"轰轰"声,若测量三相电流,对地短路的那一相数值较另两相大。跌落保险和分接开关的触点接触不良时,将发出"吱吱"声。高压引线与外壳之间出现闪络放电现象时,将发出"噼噼叭叭"裂声。有严重过载时,出现较大"嗡嗡"声音。此时也会同时伴有温升增加,所以三相电流会同时超过额定值。

155. 如何对运行中的配电变压器进行检查与维护?

答:对配电变压器的外部检查原则上有 8 项内容:

(1)通过观看油枕上的油标,检查变压器中绝缘油的多少,正常时油的液面应处在油标标度的 $\frac{1}{4}$ ~ $\frac{3}{4}$ 之间。油面过低,说明可能有漏油现象,漏油严重时,应停止运行后检查与处理;如无漏油故障,应用合格的绝缘油添加到上述规定。

油液面高有可能是温升过高造成的,应检查是否过载或者存在其他会使温度升高的故障,例如匝间短路,三相电路严重不平衡,电压过高等。

(2)通过油枕上的油标,查看变压器冷却油的颜色。正常的颜色为浅黄色。若油色变暗甚至变黑,说明该变压器内部可能发生了某些元件过热烧坏现象。

(3)检查油温。正常运行时,变压器顶层油温不应超过 85℃,短期最高不应超过 95℃,有条件时,可用红外线测温仪在距变压器 1~3m 的地方进行测量。这种间接测量的油温值要增加 10~15℃ 标示实际值。

人手接触 50℃ 以下物体,可坚持数分钟,接触 60℃ 左右物体可坚持数十秒,接触 70℃ 左右物体可坚持数秒,接触超过 80℃ 物体则有不可接受的感觉,人体与变压器要保持 0.35m 的安全距离。

(4)检查套管是否出现破损、裂纹与放电痕迹,套管应保持清洁，不清洁或已出现破损及裂纹的套管在阴、雨、雾天气里，泄漏电流就会增大，甚至发生对地放电现象。另外，还要检查引接线与套管导电杆连接部位，是否螺丝松动或接触面氧化，使其接触不良造成发热现象。严重时，引接线与套管导电杆会变色，应停电处理。

（5）通过变压器所发出的声音来判断是否正常。

（6）要检查变压器的负荷量，时间应选在用电高峰期某一时刻，测量低压三相输出电流。该测量结果不可超过规定的最大负荷值，另一个是三相数值不应相差太多，即三相电流的不平衡度不应过大。有规定说，当三相负荷不平衡时，低压侧任意一相的过负荷电流都不大于额定电流的 $1\sim3$ 倍，且 $I_U^2+I_V^2+I_W^2\leqslant3I_N^2$（$I_N$—额定电流）。

（7）检查高、低压端的熔断丝是否完好。

（8）要检查接地装置是否完好。

156. 配电变压器着火的处理方法与注意事项是什么？

答：（1）负荷远远超过额定值，使电流长期过大，绕组发热，使内部温度达到绝缘材料变压器油的燃点着火。

（2）低压端输电线路出现对地或相间短路故障，较大的短路电流造成绕组过热。

（3）雷击造成高温。

（4）变压器内部故障有绕组匝间或对地短路、相间短路、铁心多点接地。

157. 对低压配电变压器供电半径是如何规定的？

答：为了保证供电线路末端用电设备获得的电压不低于相关规定的要求（例如 -7% 或 -10%），供电半径不宜过长，对低压供电系统，一般不应超过 500m，对负荷容量较小（用每平方公里内负荷的千瓦总数表示，即 kW/km^2）的区域，若满足此要求有困难时，可根据具体情况适当放长，但最多不应超过 1500m；对于负荷较大的供电区域，还应当适当减小供电半径，例如 400m。具体规定见表 13-12。

表 13-12

供电区域地形	<200	200~400	401~1000	71 000
	允许的供电半径（km）			
块状（平原）	0.7~1.0	<0.7	<0.5	0.4
带状（山地）	0.8~1.5	<0.7	0.5	～

158. 对配电变压器供电电压质量是如何规定的？

答：为了保障用电设备正常工作，电源提供的电压数值应符合要求。在 DL/T 499—2001《农村低压电力技术规程》中规定了供电电压的允许偏差（实际电压与额定电压之差占额定电压的百分数），具体数值如下：

（1）额定电压为 380V（线电压）为 ±7%，即允许的电压范围为 353.4~406V。

（2）额定电压为 220V（相电压）为 -10%~+7%，即允许的电压范围为 198~235.4V。

（3）对电压有特殊要求的用户，偏差值供电、用电双方在合同中确定。

159. 电阻率单位的两种表现形式及其相互换算关系。

（1）$\Omega \cdot mm^2/m$ 较为常用，原因是一般导体材料的截面积单位都使用 mm^2。

（2）$\Omega \cdot m$，它是在长为 1m，截面积为 $1m^2$ 时的电阻值，$\rho = R \cdot S/L = R \cdot (1m^2/1m) = R \cdot m$。

由于 $1m^2 = 1 \times 10^6 mm^2$ 的关系，可以得到上述两种单位之间的换算关系为：$1\Omega \cdot mm^2/m = 10^6 \Omega \cdot m$；或 $1\Omega \cdot m = 1 \times 10^{-6} \Omega \cdot mm^2/m$。

160. 电阻器的主要指标有哪些？

电阻器的主要指标有标准电阻值、允许偏差、标称功率、最高工作电压、稳定性与温度特性等。

一般用途的电阻器又考虑前三项，这些指标一般直接标注在电阻器或其铭牌等部位上，对于体积较小的电阻器使用色标（色环）来表示。使用色环来表示电阻器的标称电阻值、允许偏差两个参数的规定如下：

（1）色环的个数最少为三个，最多为 7 个左右。颜色有 12 种之多。靠电阻器的一侧排列。辨别时，面对电阻器，使有色环的一侧在左边，从左到右排列序号，即最左边的一个色环为第一环。

（2）从后向前数，即从右向左数，第一个色环表示允许偏差，第二个色环表示阻值的倍数，其余色环表示阻值的有效数值。

（3）12 种不同颜色的色标代表数值如表 13-13 所示，从表 13-13 可以看出如下规律。

表 13-13　　　　　　　　色标代表数值

色标颜色	阻值有效数字	阻值倍数	允许偏差（％）	色标颜色	阻值有效数字	阻值倍数	允许偏差（％）
银	—	10^{-2}	±10	黄	4	10^4	—
金	—	10^{-1}	±5	绿	5	10^5	±0.5
黑	0	10^0	—	蓝	6	10^6	±0.2
棕	1	10^1	±1	紫	7	10^7	±0.1
红	2	10^2	±2	灰	8	10^8	—
橙	3	10^3	—	白	9	10^9	+50；−20

1）银色和金色不表示电阻的具体数值；在表示电阻值的倍数时分别为 $\frac{1}{100}$ 和 $\frac{1}{10}$，都是电阻的数值缩小；表示偏差时，分别为±10％和±5％。

2）其余的颜色排列顺序基本符合"彩虹七色光"的排列顺序，只是最前面加了一个黑色和一个棕色，后面加了一个灰色和一个白色，中间没有青色。

从反光的理论来讲，黑色是完全不反射，白色是全反射，用这一道理来记忆这 10 种颜色所代表的电阻值有效数值就简单了。黑色为 0（对于倍数为 10 的指数为 0），白色为最大数 9（对于倍数为 10 的指数为 9）。

（4）电阻器还有一个使用参数是额定功率（温升或温度不超过规定值），可通过的电流数值。例如一个 $R=500\Omega$，额定功率 $P_N=5W$ 的电阻，所能通过的额定电流为 $I_N=\sqrt{\dfrac{P_N}{R}}=\sqrt{\dfrac{5}{500}}=0.1A$。

第十四章

电工安全用电

1. 通过人体的电流对人体的影响有哪些？

答：通过人体电流的大小对人体的影响见表 14-1。

表 14-1　　　　　电流大小对人体的影响（工频 50Hz）

电流大小（mA）	人体反应
1	产生刺麻等不舒服的感觉
10～30	产生麻痹、剧痛、痉挛，血压升高，呼吸困难等症状，通常不会有生命危险
50	通电 1s 以上即会产生心室颤动致人死亡
100	通电 0.5s 即可产生心室颤动致人死亡

通过人体的电流越大，人体的生理反应越强烈，对人体的伤害越大。按照人体对电流的生理反应强弱和电流对人体的伤害程度，可将电流大致分为感知电流、摆脱电流、安全电流和致命电流四级。感知电流是指能引起人体感觉但无有害生理反应的最小电流值；摆脱电流是指人触电后能自主摆脱电源而无病理性危害的最大电流；安全电流是指人体所能忍受而无致命危险的最大的电流；致命电流是指能引起心室颤动而危及生命的最小电流。影响人体的四级电流见表 14-2。

表 14-2　　　　　影响人体的四级电流

感知电流（mA）	摆脱电流（mA）		安全电流（mA）	致命电流（mA）
	男	女		
1	10	6	30	50

2. 电流通过人体的持续时间是多少？

答：触电致死的生理现象是心室颤动。电流通过人体的持续时间越长，越容易引起心室颤动，触电的后果也越严重：这一方面是由于通电时间越长，能量积累越多，较小的电流通过人体就能引起心室的颤动；另一方面是由于心脏在收缩和舒张的时间间隙（约0.1s）内对电流最为敏感，通电时间一长，重合这段时间间隙的次数就越多，心室颤动的可能性也就越大。此外，若通电时间较长，电流的热效应和化学效应将会使人体出汗和组织电解，从而使人体电阻逐渐降低，流过人体的电流逐渐增大，使触电伤害更加严重。实验表明，10mA的工频电流经人体持续120min，即令引起心室颤动从而导致触电身亡。因此上述30mA安全电流仅指人体流过此数量电流后能在短时间内获得救助脱离带电体而言。

3. 电流取不同途径通过人体时，对人体的危害程度是否相同？

答：电流取任何途径通过人体都可以致人死亡。电流通过心脏、中枢神经（脑部和脊髓）、呼吸系统是最危险的。因此，从左手到前胸是最危险的电流路径，这时心脏、肺部、脊髓等重要器官都处于电路内，很容易引起心室颤动和中枢神经失调而死亡；从右手到脚的途径危险性要小一些，但会因痉挛而摔伤；从右手到左手的伤害又比右手到脚要小些；危险性最小的电流途径是从左脚到右脚，但触电都可能因痉挛而摔倒，导致电流通过全身或二次事故。

4. 不同的人以及不同人体在不同环境下的电阻值是否存在差异？

答：试验研究表明，触电危险性与人体状况有关。触电者的性别、年龄、身体状况、精神状况和人体电阻都会对触电后果发生影响。例如一个患有心脏病、结核病、内分泌器官疾病的人，由于自身的抵抗力低下，会使触电后果更为严重。处在精神状态不良、心情忧郁或酒醉中的人，触电的危险性也较大。相反，一个身心健康，经常从事体育锻炼的人，触电的后果相对来说会轻一些。妇女、儿童、老年人以及体重较轻的人耐受电流刺激的能力也相对弱一些，他们触电的后果也比青壮男子更为严重。

人体电阻的大小是影响触电后果的重要物理因素。根据欧姆定律（$I=U/R$），其中 I 为通过人体的电流强度；U 为人体触电接触电压；R 为人体电阻值，当接触电压一定时，人体电阻越小，流过人体的电流越大，触电者也就危险。

人体电阻包括体内电阻和皮肤电阻。体内电阻较小约 500Ω，而且基本不变。人体的电阻主要是皮肤电阻，其值与许多因素有关。接触电压、接触面积、接触压力、皮肤表面积状况（干湿程度、有无组织损伤、是否出汗、有无导电粉尘、皮肤表层角质的厚薄）等因素都会影响人体电阻的大小。粗糙而干燥的皮肤，电阻可达数万欧，特殊部位还可达 $1\times10^5\Omega$；细嫩而潮湿的皮肤，电阻可降至 800Ω 以下；而浸在水中的人体部位电阻，则基本上只剩下体内电阻。接触电压升高时，人体电阻会大幅度下降，如在皮肤潮湿的情况下，接触电压为 10V，人体电阻为 3500Ω 以下；接触电压为 50V 时，电阻可降至 1700Ω 以下。一般情况下，人体电阻可按 $1000\sim2000\Omega$ 考虑。

潮湿炎热条件下触电危险性也随之增大。由于电阻与接触面积成反比，所以当紧紧握住电气设备而发生触电时，比其他情况要危险得多。在高压系统中触电时，人体的电阻就不起什么作用了，女性对电流的抵抗能力一般比男性差。当皮肤击穿或损坏后，人体电阻就会大大降低。

5. 人体触电伤亡的电压是多少？

答：触电伤亡的直接原因在于电流在人体内引起的生理病变。显然，此电流的大小与作用于人体的电压高低有关。这不仅是由于就一定的人体电阻而言，电压越高，电流越大，更由于人体电阻将随着作用人体的电压升高而呈非线性急剧下降，致使通过人体的电流显著增大，使得电流对人体的伤害更加严重。

究竟多高的电压才是人体所能耐受的呢？在一般环境下，若按安全电流 30mA，人体电阻 $1000\sim2000\Omega$ 计，可得安全电压为 $30\sim60$V，为此，在 GB/T 3805—2008《特低压（ELV）限值》中将安全电压的额定值分为 42，36，24，12，6V 五级，见表 14-3，不同接触状态下的安全电压见表 14-4。

表 14-3　　　　　　安全电压等级及选用举例

安全电压(交流有效值 kV)		选 用 举 例
额定值	空载上限值	
42	50	在有触电危险的场所使用手持或电动工具等
36	43	潮湿场所，如矿井，多导电粉尘，及类似场所使用照明灯等
24	29	工作面狭窄，操作者易大面积接触带电体的场所如锅炉、金属容器内
12	15	人体需要长期触及器具上带导体的场所
6	8	

表 14-4　　　　　　不同接触状态下的安全电压

类别	接触状态	通过人体允许电流(mA)	人体电阻(Ω)	安全电压(V)
第一种	人体大部分浸于水中	5	500	2.5 以下
第二种	人体显著淋湿；人体一部分经常接触到电气装置金属外壳和构造物	30	500	15 以下
第三种	除一、二种状态外的情况，对人体加有接触电压后危险性高的状态	30	1700(接触电压为500V 时人体电阻)	50 以下
第四种	除一、二种状态外的情况，对人体加有接触电压后危险性低或无危害的情况	不规定	不规定	无限制

6. 不同频率的电流对人体的伤害程度如何？

答：人体对不同频率的生理敏感性不同，因而不同频率的电流对人体的伤害程度也就有区别。工频电流对人体的伤害最为严重；直流电流对人体的伤害则较轻（男性平均被脱电流为 76mA）；高频电流对人体的伤害程度远不及工频交流电严重，故医疗临床上有利用高频对患者进行理疗的医疗机械，但电压过高的高频电流仍会使人触电致死。

另外，电场可以使处于其中的导体内部电荷重新分布，特别是高压电场，这种静电场感应作用尤为显著。所以在高压电场中，会出现许多影响人身安全的异常现象。女性在高压输电线路或设备下站立或行走，往往有不舒服的感觉；距离高压带电体较近时，会感到精神紧张、毛发耸立，严重时身体与衣服接触处有刺痛感觉；或者在头与帽子之间，脚与脚之间产生使人难受的火花。由于静电感应，处于高压电场中的金属设施，会产生感应电压，当人体触及时，便可能发生触电。在美国，500kV 输电线路下面，就发生过人体接触金属栅栏的触点事故。有的地方在高压输电线路附近用铁丝晾晒衣服，也发生过触电现象。我国在 330kV 线路投入运行初期，在线路跨越汽车站处曾发生过旅客上下麻电的现象。

7. 人身触电事故是什么？

答：人身触电事故主要是指电对人体产生直接或间接的伤害。直接的伤害可分为电击和灼伤，间接的伤害指电击引起的二次人身事故，电器着火或爆炸等带来的人身伤亡等。

8. 造成触电事故的原因有哪些？

答：电流流过人体时，对人体内部器官会造成生理机能的伤害，也就是通常的触电。造成触电事故的几种常见原因见表 14-5。

表 14-5　　　　　　　　　触电事故的几种常见原因

原　　因	说　　　明
缺乏电气安全常识	在线路下建房、打井；在电线上晾晒衣服；把普通 220V 台灯移到浴室照明，并用湿手去开关灯；发现有人触电时，不是及时切断电源或用绝缘物使触电者脱离电压，而是用手接触电压者等

续表

原　　因	说　　明
违反操作规程或规定	检修用电设备时违反规程，不办理工作票、操作票，擅自拉合隔离开关；在没有确认现场情况下，电话通知停电，送电；在工作现场和配电室不验电，不装接地装置，不挂警示牌等
电气设备维护不良	绝缘导线破损；电机受潮后绝缘性能降低，致使外壳带电；电杆严重龟裂，导线老化，松弛等
电气设备质量不良	低压用电设备进出接线裸露在外；台灯、洗衣机、电饭煲等家用电器外壳未接地，漏电后碰到外壳；低压接户线、进户线安装高度不够等
电气安装不合要求	导线间交叉跨越距离不符合规程要求；电力线路与弱电线路同杆架设；导线与建筑物的水平或垂直距离不够；用电设备接地不良造成漏电；电灯开关未控制相线及临时用电不规范等
意外事故	遭受雷击等

9. 触电事故的规律是什么？

答：触电事故的一般规律见表 14-6。

表 14-6　　　　　　　　　　触电事故的一般规律

规　　律	说　　明
有明显的季节性	二、三季度事故较多，6～9 月最集中。因为夏秋季天气潮湿、多雨，降低了电气设备的绝缘性能；人体多汗，皮肤电阻降低，容易导电；天气炎热，电扇用电或临时线路增多，且操作人员忽视使用绝缘护具；正值农忙季节，农村用电量和用电场所均增加，触电机会增多
低压触电多于高压触电	生活、生产中多使用低压设备，与人体接触机会较多；大多数低压设备简陋，且疏忽管理，一般群众缺乏电气安全知识，思想麻痹
农村触电事故多于城市	农村用电条件差，设备简陋，使用人员技术水平低，管理制度不严

续表

规　　律	说　　明
青年和中年触电多	多数操作者为中青年，一方面，他们不如初学时小心谨慎；另一方面由于工作紧张、忙碌，容易忽视安全
单相触电事故多	与单相电接触机会多，单相触电事故占触电事故的70%以上
遭雷击事故较多	遇雷雨时来不及躲避或不会采取正确的躲避措施

10. 常见触电形式有哪些?

答：（1）单相触电。单相触电是指人体的某一部分触及一相电源或接触到漏电的电气设备，电流通过人体流入大地，造成触电。触电事故中大部分单相触电。

1）中性点接地的单相触电：人站在地面上，如果人体触及一根相线，电流便会经导线流过人体流入大地，再从大地流回电源中性线形成回路，若人体承受220V的电压，人体电阻按1000Ω计算，流过人体的电流将高达220mA，足以危及生命。

2）中性点不接地的单相触电：人站在地面上，接触到一根相线，这时有两个回路的电流通过人体，一个回路的电流从L3相相线出发，经人体，大地，对地电容到L2相；另一回路从L3相相线出发，经人体、大地、对地电容到L1相。此种情况的触电电流仍可达危及生命的程度。

3）单相触电的另一种形式：在安装或修理电气设备时，虽然注意了脚下与大地之间绝缘（站在木凳上，脚穿电工鞋或垫下橡皮等），由于双手接线，不慎使双手和身体上部成为相线导通的一部分，从而导致触电，由于电流经心脏会引起严重的触电事故。

（2）两相触电。两相触电是人体的两个部分分别触及两根相线，这时人体承受380V的电压，触电电流可达380mA，是危害性更大的触电形式。

（3）接触电压与跨步电压触电。外壳接地的电气设备，当绝缘损坏而使外壳带电，或导线断落发生单相接地故障时（如高压电线断裂落地时），电流就由设备外壳经接地线、接地人体或高压导线落地点流入大地，向四周扩散，此时设备外壳和大地的各个部位都会产生不同的电位，人站在地上触及设备外壳或触及与设备相连的金属构架以及墙壁时就会承受一定的电压，称为接触电压。如果人站在设备附近或高压线断落点的附近的地面上，双脚就会因站在不同的电位上而承受跨步电压。

（4）雷击触电。雷击的特点是电压高，电流大，作用时间短，不仅能毁坏建筑设施及引起人畜伤亡，还易产生火灾与爆炸，危害非常大。

11. 电伤是什么？

答：一般是指电流对人体外部造成的局部伤害，如电弧烧伤、电灼烧伤。电弧烧伤是最危险也是最常见的电伤。烧伤部位多发生于手部、胳膊、脸颊以及眼睛，夹杂着熔化的金属颗粒的侵蚀作用以及电化学作用，对人体产生强烈的伤害，伤痕一般很难治愈，特别是对眼睛的刺伤后果更为严重。

电弧多由短路引起，也有的是接触不良所致，最危险的是弧光短路事故。当带负荷拉合隔离开关时，由于负荷常为感性，开关触点分段瞬间，很高的自感电势将使空气迅速电离而产生电弧，随着开关触点的分离，电弧被拉长和分散，两相的电弧碰触在一起，便会发生弧光短路，以致引起更大的电弧火球，对人体烧伤猛烈，犹如迅雷，使人猝不及防。高压电击时强烈电弧对人体的烧灼的杀伤作用，足以将人致死。

12. 预防触电的措施有哪些？

答：（1）防止导电部位外露；

（2）防止线路和电气设备受潮；

（3）设置接地导体；

（4）拆修时切断电源并在开关处挂警示牌或派专人看管；

（5）设置避雷装置。

13. 国家电网公司 2009 年执行的《电业安全工作规程（变电所电气部分）》中规定作业现场的基本条件是什么？

答：（1）作业现场的生产条件和安全设施等完全符合有关标准、规章的要求，工作人员的劳动防护用品应合格、齐备；

（2）经常有人工作的场所及施工车辆上宜配备急救箱，存放急救用品，并应指定专人经常检查、补充或更换；

（3）现场使用安全工器具应合格并符合有关要求；

（4）各类作业人员应被告知其作业现场和工作岗位存在的危险因素，防范措施及事故紧急处理措施。

14. 国家电网公司 2009 年执行的《电业安全工作规程（变电所电气部分）》中规定作业人员的基本条件是什么？

答：（1）经医师鉴定，无妨碍工作的病症（体格检查每两年至少一次）；

（2）具备必要的电气设备知识和业务技能，且按工作性质，熟悉本规程的相关部分，并经考试合格；

（3）具备必要的安全知识，学会紧急救护法，特别要学会触电急救。

15. 电工安全操作的规程是什么？

答：（1）电工必须接受安全教育，患有精神病、癫痫、心脏病及肢体有严重障碍者，不能参与电工操作。

（2）在安装、维修电气设备和线路时，必须严格遵守各种安全操作规程和规定。

（3）在检修电路时，为防止电路突然送电，应采取以下预防措施：

1）穿上电工绝缘胶鞋；

2）站在干燥的木凳或木板上；

3）不要接触非木结构的建筑物体；

4）不要同没有与大地隔离的人体接触。

16. 停电检修的安全操作规程是什么？

答：（1）将检修设备停电，将各方面的电源完全断开，禁止在只经断路器断开的设备上检修。对于多回路的线路，要注意防止其他方面突然来电，特别要注意防止低压方面的反送电。在已断开的开关上挂上"禁止合闸，正在检修"的警示牌，必要时加锁。

（2）准备检修的设备或线路停电后，对设备先放电，消除被检修设备上残存的静电，放电需采用专用的导线（电工专用），采用绝缘棒操作，人手不得与放电导体相接触，同时注意线与地之间，线与线之间均无放电。放电后用试电笔对检修的设备及线路进行验电，验明确实无电后方可着手检修。

（3）为了防止意外送电和二次系统的反送电，以及为了消除其他方面的感应电，在被检修部分外端装设携带型临时接地线。临时接地线的装拆程序一定不能弄错。安装时先装接地端，拆卸时后拆接地端。

（4）检修完毕后，应拆除携带型临时接地线并清理工具及所有的零角废料，待各点检修人员全部撤离后再摘下警示牌，装上熔断器插盖，最后合上电源总开关恢复送电。

17. 带电检修的安全操作规程是什么？

答：（1）带电工作的电工必须穿好工作衣，扎紧袖口，严禁穿背心，短裤进行带电工作。

（2）带电操作的电工应戴绝缘手套，穿绝缘鞋，使用绝缘柄工具，同时应由一名有带电操作实践经验的人员在周围监护。

（3）在带电的低压电路上工作时，人体不得同时触及两根接线头，当触及带电体时，人体的任何部位不得同时触及其他带电体。导线未采取绝缘措施时，工作人员不得穿越导线。

（4）带电操作前应分清相线与零线。断开导线时应先断开相线，后断开零线；搭线时应先接零线，后接相线。

18. 防止电气事故的安全措施有哪些？

答：安全用电的原则是不接触低压带电体，不靠近高压带电体，以及发现事故隐患时能采取适当的安全措施。

（1）相线必须进开关：相线一进开关后，当开关处于分断状态时，用电器上就不带电，人接触用电器时就可以避免触电，而且利于维修。接螺口灯座时，相线一定要与灯座中心的簧片连接，不允许与螺纹相连。

（2）合理选用照明电压：一般工厂与家庭的照明工具多采用悬挂式，人体接触机会较少，可选用 220V 电压供电。工人接触机会较多的机床照明灯应选用 36V 供电。在潮湿，有导电灰尘，有腐蚀性气体的情况下，则应选用 24V 或 12V，甚至是 6V 电压来供照明灯具使用。

（3）合理选择导线和熔丝：导线通过电流时不允许过热，所以导线的额定电流应比实际通过的电流大些。熔丝是作保护作用的，要求电路发生短路时能迅速熔断，不能选熔断电流很大的熔丝来保护小电流电路，这样就失去了保护作用；也不能用熔断电流小的熔丝来保护大电流电路，这会使电路无法正常工作。导线与熔丝的额定电流值可通过查相应的手册获得。

较为常用的聚氯乙烯绝缘平行连接软线（代号 FVB-70）和聚氯乙烯绝缘双绞连接软线（代号 RVS-70）。适用于工作电压 250V 以下的电器的连接导线。

（4）保证电气设备的绝缘电阻，电气设备的金属外壳和导电线圈间必须要有一定的绝缘电阻。否则当人能触及正在工作的电气设备，如电动机，电风扇等的金属外壳时就会触电。通常要求固定电气设备的绝缘电阻不低于 $1M\Omega$；可移动的电气设备，如手枪式电钻，冲击钻，台式电扇，洗衣机等的绝缘电阻还应高些。

（5）电气设备要正确安装：电气设备要根据安装说明书进行安装，不可马虎行事。带电部分应有防护罩，高压带电体更应有效的防护，使一般人无法靠近高压带电体。

（6）按规定使用各种防护用具，防护用具是保护工作人员安全操作的工具。主要有绝缘手套、鞋、绝缘钳、棒、垫等。家庭中干燥的木质桌凳，玻璃，橡皮等也可作防护用具。

（7）电气设备必须有保护接地和保护接零。

（8）正确使用移动式及手持式电气设备，在安装手提式电钻等移动式工具时，其引线和插头都必须完整无损，引线采用坚韧橡皮或塑料护套线，不应有接头，长度不得超过 5m，金属外壳必须可靠接地。按 GB 3787—2006《手持式电动工具的管理、使用、检查和维修安全技术规程》办。

（9）电气设备有异常现象立即切断电源。当发现设备有异常现象，如过热、冒烟、烧焦、烧糊的怪味、声音不正常、打火放炮甚至起火等危机设备正常工作情况时，应立即切断电源，停止设备的工作，然后再进行相应的处理，在故障排除前，一般不得再接电源试验。

（10）操作人员必须具备一定的电气知识。

1）操作者应熟悉设备性能和操作要领，明确设备操作和使用的安全注意事项，严格按照设备安全操作规程和有关制度进行操作和使用。禁止用湿手或湿抹布接触电气设备。

2）发现故障隐患如绝缘破损、线芯外露等应及时处理，发生故障应及时排除。遇雷雨天气，野外人员不应站在树下或独立高处，室内人员最好远离电线，不应挨近接电体。发现架空线路断线，不得进入断线落点8m以内。

3）当用手触及电气设备或试验其温度时，要用手背而不用手掌，因为一旦设备外壳带电，由于触电刺激神经的收缩作用，用手背很容易脱离电压，而用手掌反而会更紧地抓住带电部位。

19. 触电如何自救？

答：当自己触电而又清醒时，首先保持冷静，设法脱离电源，向安全地方转移，如遇跨步电压电击时，要防止摔倒、跌伤，以免二次伤害事故发生。

20. 触电如何互救？

答：当发现有人触电时，不可惊慌失措。首先应当设法使触电者迅速而安全的脱离电源。迟1s就可能造成死亡，早1s则可能使触电者得救。比如高空触电，不采取任何保持措施而仓促切断电源，即使没电死，也可能坠地摔伤或摔死，应当就地就近迅速、准确地对触电者进行急救，使触电者脱离电源的方法。如电源开关很近，就在采取保护措施的同时就近切断电源；如电源开关很远，则应采取拉触电者的衣角，或站在干燥的木板上拉开触电者，或用干燥绝缘的棍棒挑开触电者身上的电线，或者用电工钳掐断电线，或用绝缘物品把触电者拉脱电源等办法使触电者及早脱离电源。高压触电抢救时，救护人员应穿绝缘靴，戴绝缘手套，使用合格的绝缘工具。

触电者脱离电源之后，应迅速就地进行抢救，根据实际情况，采取正确的救护方法。抢救触电者时应注意以下几点：

（1）要及时和坚持不懈。

（2）要注意保持有利于恢复触电者呼吸的条件。

（3）要根据触电者受到的危害程度采取正确的救护方法，禁止采用掐人中或浇冷水刺激性的方法。

（4）肾上腺素（俗称强心剂）有使心脏恢复跳动的作用。使用肾上腺素必须慎重。

21. 触电者脱离电源后应采用哪些急救方法？

答：（1）触电者神志清醒、有意识、心脏跳动、但呼吸急促、面色苍白，或曾一度昏迷、但未失去知觉。此时不能用心肺复苏法抢救，应将触电者抬到空气新鲜、通风良好的地方躺下，安静休息。

（2）触电者神志不清、判断意识无、有心跳，但呼吸停止或极微弱时，应立即采用仰头抬颏法，使气道开放，并进行口对口人工呼吸。

（3）触电者神志丧失、判断意识无、心跳停止，但有极微弱的呼吸时，应立即进行心肺复苏法抢救。

（4）触电者心跳、呼吸停止时，应立即进行心肺复苏法抢救，不得延误或中断。

22. 心肺复苏法的工作基本措施是什么？注意事项有哪些？

答：心肺复苏的三项基本措施是：通畅气道、口对口（鼻）人工呼吸、胸外按压（人工循环）。

心肺复苏的注意事项有：

（1）吹气不能在向下按压心脏的同时进行，数口诀的速度应均衡，避免快慢不一。

（2）操作者应站在触电者侧面便于操作的位置，单人急救时应站立在触电者的肩部位置，双人急救时，吹气人应站在触电者头部，按压心脏者应站在触电者胸部，与吹气者相对一侧。

（3）人工呼吸者与心脏按压者可以互换位置，互换操作，但中断时间不超过 5s。

（4）第二抢救者到达现场，应首先检查颈动脉搏，然后再开始做人工呼吸；如心脏按压有效，则应触及搏动。如不能触及，应观察心脏按压者的技术操作是否正确，必要时应增加按压深度及重新定位。

（5）可以由第三抢救者及更多的抢救人员轮换操作，以保持精力充沛，姿势正确。

23. 如何通畅气道？注意事项有哪些？

答：（1）当发现触电者呼吸微弱或停止时，应立即通畅触电者的气道，以促进触电者呼吸或便于抢救。通畅气道主要采用仰头举颏法，即一手置于前额使头部后仰，另一手的食指与中指置于下颌骨近下颏或下颌角处，抬起下颏（颌）。

（2）注意事项：严禁用枕头等物垫在伤员头下；手指不要压迫伤员颈前部和颏下软组织，以防压迫气道，颈部上抬时不要过度伸展，有假牙托者应取出。儿童颈部弯曲，过度抬头反而使气道闭塞，因此不要抬颈牵拉过度。成人头部后仰程度应为 90°，儿童头部后仰程度应为 60°，婴儿头部后仰程度应为 30°，颈椎有损伤的伤员应采用双下颌上提法。

24. 口对口（鼻）人工呼吸具体方法是什么？

答：当判断伤员确实不存在呼吸时，应即进行口对口（鼻）的人工呼吸，其具体方法是：抢救一开始即向伤员先吹气两口，吹气有起伏者，人工呼吸有效；吹起无起伏者，则气道通畅不够，或鼻孔处漏气，或吹气不足，或气道有梗阻。

（1）在保持呼吸通畅的位置下进行。用按于前额一手的拇指与食指，捏住伤员鼻孔（或鼻翼）下端，以防气体从口腔内经鼻孔逸出，施救者深吸一口气屏住并用自己的嘴唇包住（套住）伤员微张的嘴。

（2）用力快而深地向伤员口中吹（呵）气，同时仔细地观察伤员胸部有无起伏，若无起伏则说明气未吹进。

（3）一次吹起完毕后，应即与伤员口部脱离，轻轻抬起头部，面向伤员胸部，吸入新鲜空气，以便做下一次人工呼吸。同时使伤员的口张开。捏鼻的手也可放松，以便伤员从鼻孔通气，观察伤员胸部向下恢复时，则有气流从伤员口腔排出。

25. 如何进行胸外按压？

答：（1）有正确的按压姿势：使触电伤员仰面躺在平硬的地方，救护人员立或跪在伤员一侧肩旁，救护人员位于伤员胸骨正上方，两臂伸直，肘关节固定不屈，两手掌根相叠，手指不接触伤员胸壁；以髋关节为支点，利用身体的支点，利用身体的重力，垂直向下按压。

（2）选定按压位置：右手的食指和中指，沿触电伤员的右侧肋引下缘向上，找到肋骨和胸骨结合处的中点；两手指并齐，中指放在切迹中点（剑突底部），食指放在胸骨下部；另一只手的掌根紧挨食指上缘，置于胸骨上，即为正确按压位置。

（3）采用正确的按压用力的方式：①按压应平稳、有节律、不间断地进行；②不能冲击式的猛压；③下压及向上放松的时间应相等，压按至最低点处，应有一明显的停顿；④垂直用力向下，不要左右摆动；⑤放松时定位的手掌根部不要离开胸骨定位点，但应尽量放松，务使胸骨不受任何压力。

（4）达到按压深度与频率的要求：①按压深度通常为成人伤员为 3.8～5cm，5～13 岁伤员为 3cm，婴幼儿伤员为 2cm；②按压频率应保持在 100 次/min。

26. 口对口人工呼吸与胸外按压同时进行的节奏是什么？

答：（1）有脉搏无呼吸的伤员只进行口对口人工呼吸，每 5s 吹气一次，即 12 次/min。

（2）口对口人工呼吸与胸外按压同时进行时的节奏为：每按压 15 次后吹气两次（即 15：2），婴儿、儿童每按压 5 次后吹气一次（5：1），然后再在胸部重新定位，再做胸外按压，如此反复进行，在医务人员未接替救治前，现场人员不应放弃现场抢救。

27. 现场工作人员应经过紧急救护法培训，要学会什么？

答：（1）会正确解脱电源。

（2）会心肺复苏法。

（3）会处理急救外伤或中毒等。

（4）会止血，会包扎、转移伤员。

28. 触电急救的原则是什么？

答：（1）触电急救必须分秒必争：一经明确心跳、呼吸停止的，立即就地迅速用心肺复苏法抢救，并坚持不断地进行，同时及早与医疗急救中心联系，争取医务人员接替救治。

（2）在医务人员未接替救治前，不应放弃现场抢救。不能擅自判定伤员死亡，放弃抢救。

（3）只有医生有权做出伤员死亡的诊断。与医务人员接替时，应提醒医务人员在触电者转移到医院的过程中不得间断抢救。

29. 迅速使触电者脱离电源时的注意事项有哪些？

答：脱离电源就是要把触电者接触的那一部分带电设备的断路器、隔离开关或其他断路设备断开；或设法将触电者与带电设备脱离。脱离电源注意事项如下：

（1）如果发现触电时，不要过分慌张，要设法尽快将触电者与带电设备脱离，要分秒必争，时间就是生命，早切断电源一秒钟，触电者就多一分复苏的希望。

（2）如果触电人身处的位置较高，必须预防断电后人从高处摔下来造成二次伤害的危险，应预先采取保证触电人安全的措施，否则断电后会给触电人带来新的危害。

（3）停电后如果影响肇事地点的照明，必须迅速准备现场照明用具，有事故照明的应先合上事故照明电源，以便切断电源后，不影响紧急救护工作。

（4）使触电者脱离电源是紧急救护的第一步，但救护者千万不能直接去拉触电者，防止发生救护人触电的事故，使触电人脱离电源，应根据现场条件，果断的采取适当的方法和措施，才能保证救护工作的顺利进行。

30. 如何使触电者脱离电源？

答：（1）低压电源触电后可采用下列方法脱离电源。①切：一是切断电源断路器，二是指用带绝缘柄的工具切断导线；②拉：救护者用一只手戴上绝缘手套，脚底下最好有绝缘物，将触电者拉脱电源；③挑：用绝缘棒、棍、干燥的木棒，挑开搭落在触电者身上的导线；④垫：触电者感电严重发生痉挛，又不能立即切断电源时，可用干燥的木板塞进触电者身下，使其与地绝缘，然后再设法切断电源。

（2）高压电源触电后可采用下列方法脱离电源。①切：当有人在高压设备或高压线路上触电时，应迅速断开电源断路器；②短：如果不能立即切断电源，可采用短路接地的方法迫使保护装置动作，断开电源。

31. 怎样判断高摔、挤压的受伤程度？如何处理？

答：若从高处坠落、受到撞击、挤压，其外观未出血但面色苍白、脉搏细弱、气促、冷汗淋漓、四肢厥冷、烦躁不安，甚至神志不清等休克状态，可能有胸腹内脏破裂出血。

应迅速躺平，抬高下肢，保持温暖速送医院救治，若送院途中时间长，可给伤员饮用少量糖盐水。

32. 电灼伤、火焰烧伤或高温汽水烫伤应如何急救？

答：（1）电灼伤、火焰烧伤或高温汽水烫伤均应保持伤口清洁。

（2）伤员的衣服鞋袜，用剪刀剪开后除去。

（3）伤口全部用清洁布覆盖，防止污染。

（4）四肢烧伤时，先用清洁冷水冲洗，然后用清洁布片或消毒纱布覆盖送医院。

33. 如何对有害气体中毒进行判别与急救？

答：（1）气体中毒开始时有流泪、眼痛、呛咳、咽部干燥等症状，应引起警惕。稍重时头痛、气促、胸闷、眩晕。严重时会引起惊厥昏迷。

（2）怀疑可能存在有害气体时，应立即将人员撤离现场，转移到通风良好处休息。抢救人员进入险区应戴防毒面具。

（3）已昏迷病员应保持气道通畅，有条件时应给予氧气吸入。呼吸心跳停止者，按心肺复苏法抢救，并联系医院救治。

（4）迅速查明有害气体的名称，供医院及早对症治疗。

34. 遇有电气设备着火时怎么办？

答：（1）应立即将有关设备的电源切断，然后进行救火。

（2）对带电设备应使用干式灭火器、二氧化碳灭火器等灭火，不得使用泡沫灭火器灭火。

（3）变电站控制室内应备有防毒面具，防毒面具要按规定使用并定期进行试验，使其经常处于良好状态。

（4）对注油的设备应使用泡沫灭火器或干沙等灭火。

35. 干粉灭火器的使用原理及方法有哪些？

答：（1）干粉灭火器主要由盛装粉末的粉桶、储有 CO_2 的钢瓶、装有进气管和出气管的喷头以及输送粉末的喷管组成，它是高压二氧化碳气体为动力喷出粉末扑灭火灾。

（2）干粉灭火器主要适用于扑灭石油及其产品、可燃气体和电气设备的初起火灾。

（3）使用干粉灭火器时，应先打开保险箱销，把喷管喷口对准火源，紧握导管提环，将顶针压下，干粉即可喷出。

36. 电气火灾与一般火灾有什么不同？扑灭时应注意什么？

答：电气火灾与一般火灾有很多不同的地方：电气火灾的火源是由电引起的。火源有电，所以容易造成在场人员的触电危险；由于火灾时，烟熏火烤，电气设备内部易产生有毒有害气体，容易造成在场人员的二次伤害；由于火灾的高温作用，原有的绝缘材料容易破坏，常规的拉闸断电操作的危险度增大；充油的电气设备在大火的烘烤下有爆炸的危险；使用的灭火器也不相同。

在扑灭电气火灾时要特别注意自身安全。既要防止触电，又要防止中毒，还要防止爆炸。最好的方法是设法切断电源，使电气火灾与一般火灾一样，采取一般的灭火方法来灭火。

37. 对于危险，人有何防范措施？

答：对于那些习惯性违章行为严重、安全意识淡薄、专业技术低下而工作行为不规范的人员，统称为危险人，对其防范措施如下。

（1）对危险人要加强安全教育以及业务技术的培训，消除其在安全工作上的侥幸心理，纠正其不安全行为（包括习惯性违章行为、马虎大意等）。

（2）在其没有改正不良作风前，不得安排进行正常的巡视检查，倒闸操作和运行维护等工作。

（3）在安全工作中，要对危险人严防死守，及时制止并纠正错误行为，使其在实际工作中不断得到有益的锻炼，从而转化其危险人的本质与行为，为安全工作作出贡献。

38. 日常防雷注意些什么？

答：在日常生活中需注意以下几点，以防遭受雷击。

（1）雷雨天气要关好门窗，防止球形雷窜入室内造成危害。

（2）雷雨天气暂时不用电器，要拔掉电器插头、电视天线；不要打电话；不要靠近室内的金属设备，如暖气片、自来水管、下水管等；要离开电源线、电话线和广播线 1.5m 以上，以防止这些线路和设备对人体进行二次放电；另外不要穿潮湿衣服，不要靠近潮湿的墙壁。

（3）要远离建筑物的避雷针及其接地引线，防止跨步电压伤人。

（4）雷雨天气最好不要在旷野里行走；尽量远离山顶、海滨、河边、沼泽地、铁丝网、金属晒衣绳等；不要用有金属杆的雨伞，不要把带有金属杆的工具，如铁锹、锄头扛在肩上。

（5）躲避雷雨时应选择有屏蔽作用的建筑物或物体，如金属箱体、汽车、混凝土房屋等，不要骑自行车和乘坐敞篷车。

（6）人在遭受雷击前，会有突然头发竖起或皮肤颤动的感觉，这是应立刻躺倒在地上，或选择低洼处蹲下，双脚并拢，双臂抱膝，头部下俯，尽量缩小暴露面。

39. 低压带电作业应遵守哪些规定？

答：（1）低压带电作业应设专人监护。

（2）使用有绝缘柄的工具，其外裸的导电部位应采取绝缘措施，防止操作时相间或相对地短路。

（3）工作时，应穿绝缘鞋和全棉长袖工作服，并戴手套、安全帽和护目镜，站在干燥的绝缘物上进行。严禁使用锉刀、金属尺和带有金属物的毛刷、毛掸等工具。

40. 使用电气工具有哪些规定？

答：（1）不熟悉电气工具和用具使用方法的工作人员不准擅自使用。

（2）使用电气工具时，不准提着电气工具导线或转动部分。

（3）在梯子上使用电气工具，应做好防止感电坠落的安全措施。

（4）在使用电气工具工作中，因故离开工作现场或暂时停止工作以及遇到临时打电话时，须立即切断电流。

41. 产生违章行为有哪些主要原因？

答：（1）安全思想淡薄，对《电业安全工作规程（发电厂和变电所电气部分）》条文一知半解，由不能认真执行规程制度，凭想当然工作，有侥幸心理。

（2）某些职工缺乏自我保护意识，进行实际操作中以完成任务为目的，忽视工作中的安全措施；有时为了早完工，早下班回家赶任务抢时间，但对安全工作技术措施的严密性缺乏认识。

（3）习惯性违章已成顽症。有些单位对安全工作要求不严，检查监督走过场，安全教育流于形式。习惯性违章善于盲从，经常受到别人工作行为的影响，甚至有时候有意模仿而不进行是非判断。不但对别人由违章未察觉，而且自己也跟着违章。

附录A 电工试卷(一)及答案

电 工 试 卷 (一)

一、单项选择题 (每小题 3 分,共 30 分)

1. 附图 A-1 中电压源发出的功率 $P_{VS} =$ (   )。

   A. $-20W$ B. $-10W$ C. $10W$ D. $20W$

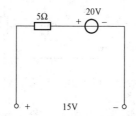

附图 A-1　单项选择题 1 的图

2. 附图 A-2 中电压源发出功率 20W,则电流 $i_x =$ (   )。

   A. $2A$ B. $1A$ C. $-1A$ D. $-2A$

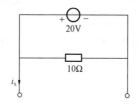

附图 A-2　单项选择题 2 的图

3. 附图 A-3 所示电路 a、b 端的等效电阻 $R_{ab} =$ (   )。

   A. $\dfrac{1}{2}\Omega$ B. $\dfrac{1}{4}\Omega$ C. $\dfrac{2}{3}\Omega$ D. 2Ω

4. 附图 A-4 所示电路中的电压 $u =$ (   )。

   A. $10V$ B. $12V$ C. $5V$ D. $30V$

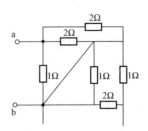

附图 A-3　单项选择题 3 的图

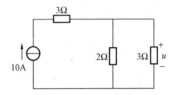

附图 A-4　单项选择题 4 的图

5. 附图 A-5 所示正弦稳态电路，若 $\dot{I}_s = 10\underline{/0°}$（A），则 $\dot{I}_c$ =（　　）。

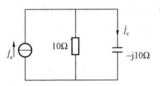

附图 A-5　单项选择题 5 的图

    A. $5\underline{/90°}$A   B. $7.07\underline{/-45°}$A

    C. $7.07\underline{/45°}$A   D. $10\underline{/45°}$A

6. 对称三相电路负载△连接，已知相电流 $\dot{I}_{bc} = 10\underline{/-45°}$A，则线电流 $\dot{I}_a$ =（　　）。

    A. $\sqrt{3}\,10\underline{/-75°}$A   B. $\sqrt{3}\,10\underline{/45°}$A

    C. $\sqrt{3}\,10\underline{/165°}$A   D. $\sqrt{3}\,10\underline{/-135°}$A

7. 对称三相电源 Y 连接，已知相电压 $\dot{U}_a = 220\underline{/0°}$V，则线电压 $\dot{U}_{ca} = ($　　$)$。

    A. $380\underline{/3°}$V　　　　　　　　B. $380\underline{/-90°}$V

    C. $380\underline{/150°}$V　　　　　　　D. $380\underline{/-30°}$V

8. 如附图 A-6 所示动态电路，换路后其时间常数 $\tau = ($　　$)$。

    A. 4s　　　　B. 2s　　　　C. 1s　　　　D. $\dfrac{1}{2}$s

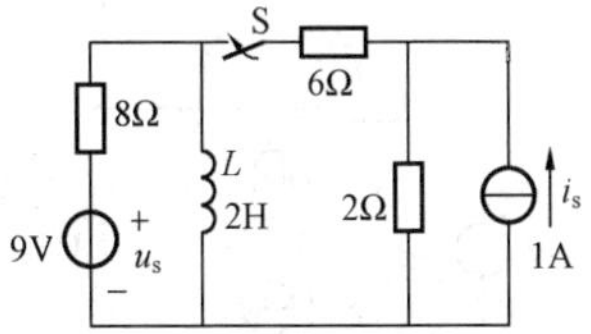

附图 A-6　单项选择题 8 的图

9. 稳定状态下影响交流铁心线圈工作的主要因素是（　　）。

    A. 铁心的磁饱和　　　　　　B. 磁滞和涡流

    C. 漏磁通　　　　　　　　　D. 线圈电阻

10. 磁路的基尔霍夫第二定律表达式是（　　）。

    A. $\sum\Phi = 0$　　　　　　　　B. $\sum U = 0$

    C. $\sum U_m = \sum F$　　　　　　D. $U_m = R_m\Phi$

二、填空题（每小题 3 分，共 30 分）

1. 对直流稳态，电感等效于_____。

2. 两电阻并联时，阻值较大的电阻所消耗的功率较_____。

3. 理想电压源与理想电流源并联时对外等效为_____。

4. 已知 $i_1(t) = 9\sqrt{2}\sin314t$（A），$i_2(t) = 6\sqrt{2}\sin(314t - 60°)$（A），则 i_1 与 i_2 的相位关系是 i_1 比 i_2 _____ $60°$。

5. 对称三相电路负载△连接时，线电流 I_l 与相电流 I_p 的关系是_____。

6. $6\mu F$ 和 $3\mu F$ 两个电容串联，其等效电容为_____ μF。

7. 电容量为 C 的电容元件，若两端电压为 u_c，则储存的电场能 $W_C = $_____。

8. 在正弦稳态电路中，给感性负载并联_____可以提高电路的功率因数。

9. 已知 $u(t)=U_0+U_{1m}\sin(\omega t+\psi_1)+U_{2m}\sin(2\omega t+\psi_2)+\cdots$，其中 $U_{1m}\sin(\omega t+\psi_1)$ 被称为_____。

10. 某动态电路，在 $t=0$ 时换路，若 $u_c(0_-)=0$，画 $t=0_+$ 时刻等效电路，电容元件代之以_____。

三、计算题（每小题 10 分，共 40 分）

1. 求附图 A-7 所示电路中电压 U 及电流源发出的电功率 P。

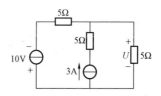

附图 A-7　计算题 1 的图

2. 用叠加定理求附图 A-8 所示电路中的电流 i。

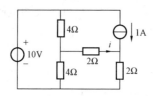

附图 A-8　计算题 2 的图

3. 在附图 A-9 所示对称三相电路中，已知线电压 $U_t=380V$，求三相负载所接受的总有功功率 P。

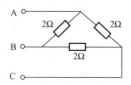

附图 A-9　计算题 3 的图

4. 附图 A-10 所示电路中开关 S 原来打开，$t=0$ 时 S 闭合，求换路后该电路的时间常数 τ。

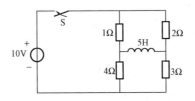

附图 A-10 计算题 4 的图

电工试卷(一)答案

一、单项选择题

1. D 2. C 3. A 4. B 5. C 6. B 7. C 8. D 9. A 10. C

二、填空题

1. 短路 2. 小 3. 电流源 4. 超前 5. $I_L = \sqrt{3}\,I_P$ 6. 2

7. $\dfrac{1}{2}Cu_C^2$ 8. 电容器 9. 基波电压 10. 短路

三、计算题

1. **解** $U = \dfrac{-\dfrac{10}{5}+3}{\dfrac{1}{5}+\dfrac{1}{5}+\dfrac{1}{5}} = \dfrac{5}{3}\mathrm{V}$

则 $P = -3\times(U+5\times3) = -3\times\left(\dfrac{5}{3}+15\right) = -50(\mathrm{W})$

$$i' = \dfrac{10}{4+\left(\dfrac{4\times4}{4+4}\right)}\times\dfrac{1}{2} = \dfrac{5}{6}(\mathrm{A})$$

2. **解** $i'' = -\dfrac{2}{2+4}\times1 = -\dfrac{1}{3}(\mathrm{A})$

$$i = i'+i'' = \dfrac{5}{6}+\left(-\dfrac{1}{3}\right) = \dfrac{1}{2}(\mathrm{A})$$

$$I_P = \dfrac{380}{2} = 190(\mathrm{A})$$

$$I_L = \sqrt{3}\,I_P = 190\sqrt{3}(\mathrm{A})$$

3. **解**　$P = \sqrt{3}U_{L}I_{L}\cos\varphi$

$\qquad\qquad = \sqrt{3} \times 380 \times 190\sqrt{3} \times 1$

$\qquad\qquad = 21.66(\text{kW})$

4. **解**　$R = \dfrac{1 \times 4}{1 + 4} + \dfrac{2 \times 3}{2 + 3} = 2(\Omega)$

$\qquad\tau = \dfrac{L}{R} = \dfrac{5}{2} = 2.5(\text{s})$

附录 B　电工试卷（二）及答案

电 工 试 卷 (二)

一、单项选择题 （每小题 3 分，共 30 分）

1. 附图 B-1 中 $u_{ab}=$ （　　）。

　　A. 3V　　　　B. 2V　　　　C. 1V　　　　D. -1V

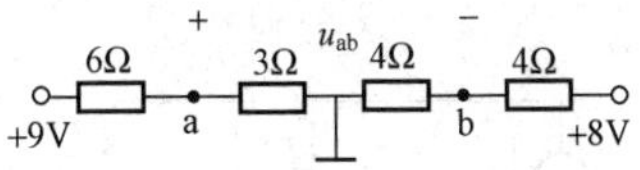

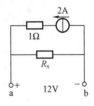

附图 B-1　单项选择题 1 的图

2. 在附图 B-2 中 ab 端发出的功率为 12W，则电阻 $R_x=$ （　　）。

　　A. 4Ω　　　　B. 6Ω　　　　C. 8Ω　　　　D. 12Ω

附图 B-2　单项选择题 2 的图

3. 附图 B-3 所示电路，ab 两端的等效电阻 $R_{ab}=$ （　　）。

　　A. 1.5Ω　　　B. 3Ω　　　　C. 2Ω　　　　D. 4Ω

4. 在附图 B-4 中，ab 之间的开路电压 U_{ab} 为 （　　）。

　　A. -18V　　B. -6V　　　C. 6V　　　　D. 18V

5. 附图 B-5 所示正弦稳态电路，若 $\dot{I}_s=10\underline{/0°}$ A，则 $\dot{I}_L=$
（　　）。

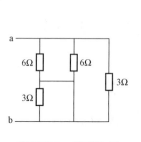

附图 B-3　单项选择
题 3 的图

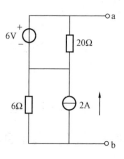

附图 B-4　单项选
择题 4 的图

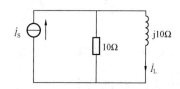

附图 B-5　单项选择题 5 的图

A. $5\underline{/90°}$ A　　　　　　B. $7.07\underline{/-45°}$ A

C. $7.07\underline{/45°}$ A　　　　　D. $10\underline{/45°}$ A

6. 已知 $X_L = 40\Omega$，电流 $i = 10\sqrt{2}\sin314t$（A），则 $u = $ _____。

A. $u = 400\sqrt{2}\sin(314t+90°)$V

B. $u = 400\sqrt{2}\sin(314t-90°)$V

C. $u = 400\sqrt{2}\sin314t$V

D. $u = 400\sqrt{2}\sin(314t-180°)$V

7. 在附图 B-6 中，已知 $\dot{U} = 10\underline{/0°}$，则 U_R 为（　　）。

A. 4V　　　　B. 5V　　　　C. 6V　　　　D. 7V

8. 附图 B-7 所示 RLC 串联谐振电路中，已知 $\dot{U} = 10\underline{/0°}$（V），则 U_L 为（　　）。

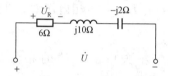
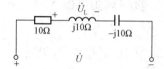

附图 B-6　单项选择题 7 的图　　附图 B-7　单项选择题 8 的图

A. 1V　　　　B. 5V　　　　C. 10V　　　　D. 30V

9. 在附图 B-8 所示的对称三相电路中，$\dot{U}_{ab}=380\underline{/0°}$ V，$Z=8+j6\Omega$，则电流 $\dot{I}_{b}=$（　　　）。

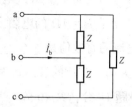

附图 B-8　单项选择题 9 的图

A. $38\underline{/-36.9°}$ A　　　　　　B. $\sqrt{3}\,38\underline{/-36.9°}$ A

C. $\sqrt{3}\,38\underline{/-66.9°}$ A　　　　D. $\sqrt{3}\,38\underline{/173.1°}$ A

10. 在附图 B-9 中，$t=0$ 时开关 S 断开，则 $i_{c}(0_{+})$ 为（　　　）。

A. $-1A$　　　B. 0A　　C. 0.5A　　　D. 1A

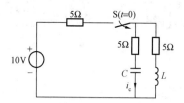

附图 B-9　单项选择题 10 的图

二、填空题（每小题 3 分，共 30 分）

1. 两电阻并联时，阻值较大的电阻所消耗的功率较_____。

2. 电感量为 L 的电感元件，若其中的电流为 i，则储存的磁场能 $W_{L}=$ _____。

3. 正弦稳态电路中，电容元件接受的有功功率为_____W。

4. 对称三相电源 Y 连接时,线电压 U_L 与相电压 U_P 的关系是_____。

5. 在正弦稳态电路中,基尔霍夫电压定律的相量形式为_____。

6. 非正弦周期性交流电路中,不同次谐波电压、电流虽然构成瞬时功率,但不构成_____。

7. 一阶 RL 电路的时间常数为_____。

8. $6\mu F$ 和 $3\mu F$ 两个电容并联,其等效电容为_____ μF。

9. 一个周期电流作用于 $R = 1\Omega$ 的电阻元件时,电阻元件的功率为 16W,这个周期电流的有效值是_____ A。

10. 磁路的基尔霍夫第二定律的表达式为_____。

三、计算题 (每小题 10 分,共 40 分)

1. 用电源等效变换法化简附图 B-10 中所示的电路。

2. 如附图 B-11 所示,对称三相电路 $\dot{U}_{ab} = \sqrt{3}\,100\underline{/30°}$ (V),$Z = (8+j6)\Omega$。求 $\dot{I}_a$、$\dot{I}_b$、$\dot{I}_c$ 和三相总的有功功率 P。

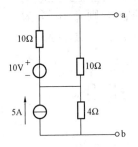
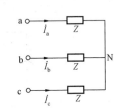

附图 B-10 计算题 1 的图　　　附图 B-11 计算题 2 的图

3. 在附图 B-12 所示电路中,$R = \dfrac{1}{\omega C} = 2(\Omega)$,$u_s(t) = [1 + \sin(\omega t)]$V,计算电阻两端的电压 u_R。

4. 电路及参数如附图 B-13 所示,$t < 0$ 时电路已稳定,$t = 0$ 时 S 闭合。试用三要素法求电容 C 上电压 $u_c(t)$。

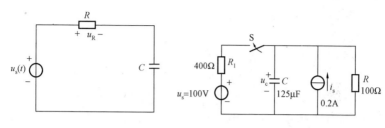

附图 B-12　计算题 3 的图　　　　附图 B-13　计算题 4 的图

电工试卷(二)答案

一、单项选择题

1. D　2. D　3. A　4. D　5. B　6. A　7. C　8. C　9. D　10. A

二、填空题

1. 大　2. $\frac{1}{2}Li^2$　3. 0　4. $U_L=\sqrt{3}U_P$　5. $\Sigma\dot{U}=0$　6. 平均功

率　7. $\tau=\dfrac{L}{R}$　8. 9　9. 4　10. $\Sigma U_m=\Sigma F$

三、计算题

1. **解**　原图化简为

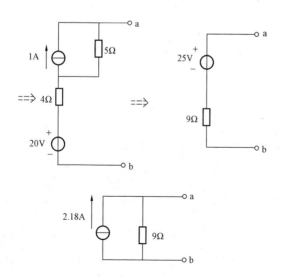

或

$\dot{U}_A = 100\,\underline{/0°}$ （V）

$Z = 10\,\underline{/36.9°}$ （Ω）

2. **解** $\dot{I}_a = \dfrac{\dot{U}_A}{Z} = \dfrac{100\,\underline{/0°}}{10\,\underline{/36.9°}} = 10\,\underline{/-36.9°}$ （A）

$\dot{I}_b = 10\,\underline{/-156.9°}$ （A）

$\dot{I}_c = 10\,\underline{/83.1°}$ （A）

$$P = \sqrt{3}\,U_L I_L \cos\varphi$$
$$= \sqrt{3} \times 100\sqrt{3} \times 10 \times \cos 36.9°$$
$$= 2.4 \text{（kW）}$$

3. **解** （1） $u_{s0}(t) = 1\text{V}$ 时

$u_{R0}(t) = 0\text{V}$

$u_{s1}(t) = \sin\omega t\,(\text{V})$

$\dot{U}_{s1} = 1\,\underline{/0°}\,(\text{V})$

$\dot{I}_1 = \dfrac{1\,\underline{/0°}}{2 - j2} = \dfrac{\sqrt{2}}{4}\,\underline{/45°}\,(\text{A})$

（2） $\dot{U}_{R1} = \dot{I}R = \dfrac{\sqrt{2}}{2}\,\underline{/45°}\,(\text{V})$

$u_{R1} = \sin(\omega t + 45°)(\text{V})$

$u_R = u_{R0} + u_{R1} = \sin(\omega t + 45°)(\text{V})$

$u_C(t) = u_C(\infty) + [u_C(0_+) - u_C(\infty)]\,e^{-\frac{t}{\tau}}$

$u_C(0_+) = i_s R = 100 \times 0.2 = 20(\text{V})$

4. **解** $u_C(\infty) = \dfrac{\dfrac{100}{400} + 0.2}{\dfrac{1}{400} + \dfrac{1}{100}} = 36(\text{V})$

$\tau = RC = \dfrac{400 \times 100}{400 + 100} \times 125 \times 10^{-6} - 0.01(\text{s})$

$u_C(t) = 36 + (20 - 36)\,e^{-\frac{t}{0.01}}$
$= 36 - 16 e^{-100t}\,(\text{V})$

附录 C　电子试卷（一）及答案

电 子 试 卷 （一）

一、填空题（每题 3 分，共 27 分）

1. 在本征半导体中加入＿＿＿＿元素可形成 N 型半导体，加入＿＿＿＿元素可形成 P 型半导体。

2. 当晶体管工作在放大区时，发射结＿＿＿＿偏置，集电结＿＿＿＿偏置。

3. 为了稳定放大电路的输出电压，应引入＿＿＿＿负反馈；为了增大放大电路的输入电阻，应引入＿＿＿＿负反馈。

4. 在 NPN 型三极管组成的基本单管共射放大电路中，如果电路的其他参数不变，当三极管的 β 增大时，I_{BQ} ＿＿＿＿，I_{CQ} ＿＿＿＿，U_{CEQ} ＿＿＿＿。

5. 用 8421BCD 码表示十进制数 58，可以写成 ＿＿＿＿＿＿＿＿＿＿＿。

6. 逻辑函数 $F = \overline{AB+C} + A\overline{B}$ 的反函数 $\overline{F}=$ ＿＿＿＿＿＿＿＿＿。

7. 触发器有两个互补的输出端 Q、$\overline{Q}$，定义触发器的 1 状态为＿＿＿＿，0 状态为＿＿＿＿，可见触发器的状态指的是＿＿＿＿端的状态。

8. 基本 RS 触发器的约束条件是＿＿＿＿＿＿＿＿＿＿＿。

9. 一个十进制计数器有 10 个状态，至少要＿＿＿＿个触发器才能组合而成。

二、写出附图 C-1 所示各电路的输出电压值，设二极管导通电压 $U_D＝0.7V$（16 分）

三、电路如附图 C-2 所示，集成运放输出电压的最大幅值为 ±14V，填入附表 C-1（16 分）

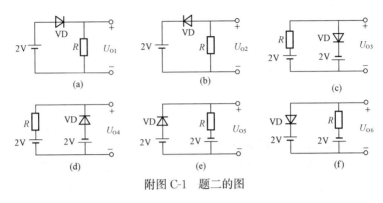

附图 C-1　题二的图

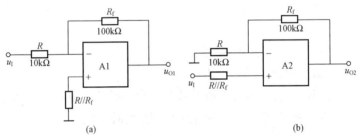

附图 C-2　题三的图

附表 **C-1**　　　　　　　　　　　　题三的表

u_1 （V）	0.1	0.5	1.0	1.5
u_{O1} （V）				
u_{O2} （V）				

四、用附图 C-3 所示 3 线—8 线译码器实现逻辑函数（12 分）

$$F = \overline{A}BC + AB\overline{C} + AC$$

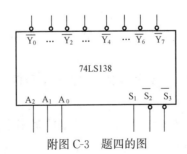

附图 C-3　题四的图

五、组合逻辑电路设计（12 分）

某项体育比赛有 3 个副裁判和 1 个主裁判，主裁判的裁定计 2 票，副裁判的裁定计 1 票，设计一个表决电路，要求在多数票同意得分时电路发出得分信号。

六、电路如附图 C-4 所示，晶体管的 $\beta=80$，$r_{be}=1\text{k}\Omega$ （17 分）

（1）求出 Q 点；

（2）分别求出 $R_L=\infty$ 和 $R_L=3\text{k}\Omega$ 时电路的 A_u 和 R_i；

（3）求出 R_o。

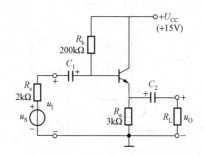

附图 C-4　题六的图

电子试卷（一）答案

一、填空题

1. 五价　三价　2. 正向　反向　3. 电压　串联　4. 基本不变增大　减小　5.（01011000）8421BCD　6. $AB+\overline{A}C$

7. $Q=1$、$\overline{Q}=0$　$Q=0$、$\overline{Q}=1$　Q　8. $\overline{R}+\overline{S}=1$　9. 4

二、

解　$U_{O1}\approx1.3\text{V}$，$U_{O2}=0$，$U_{O3}\approx-1.3\text{V}$，$U_{O4}\approx2\text{V}$，

$U_{O5}\approx1.3\text{V}$，$U_{O6}\approx-2\text{V}$。

三、

解　$u_{O1}=(-R_f/R)u_I=-10u_I$，$u_{O2}=(1+R_f/R)u_I=11u_I$。当集成运放工作到非线性区时，输出电压不是 $+14\text{V}$，就是 -14V，见附表 C-2。

附表 C-2   附录 C 题三答案

u_I (V)	0.1	0.5	1.0	1.5
u_{O1} (V)	−1	−5	−10	−14
u_{O2} (V)	1.1	5.5	11	14

四、

$$F = \overline{A}BC + A\overline{B}C + A B\overline{C} + ABC = m_3 + m_5 + m_6 + m_7$$

$$= \overline{\overline{m_3} \cdot \overline{m_5} \cdot \overline{m_6} \cdot \overline{m_7}} = \overline{\overline{Y_3} \cdot \overline{Y_5} \cdot \overline{Y_6} \cdot \overline{Y_7}}$$

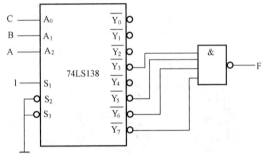

五、

解 设 A 为主裁判，B、C、D 为副裁判。

（1）真值表见附表 C-3。

附表 C-3   真 值 表

A	B	C	D	F
0	0	0	0	0
0	0	0	1	0
0	0	1	0	0
0	0	1	1	0
0	1	0	0	0
0	1	0	1	0
0	1	1	0	0
0	1	1	1	1
1	0	0	0	0
1	0	0	1	1
1	0	1	0	1
1	0	1	1	1
1	1	0	0	1

A	B	C	D	F
1	1	0	1	1
1	1	1	0	1
1	1	1	1	1

（2）逻辑表达式。

$F=\overline{A}BCD+A\overline{B}\overline{C}D+A\overline{B}C\overline{D}+A\overline{B}CD+AB\overline{C}\overline{D}$

$\quad+AB\overline{C}D+ABC\overline{D}+ABCD$

（3）最简"与或"式。（图略）

$$F=AD+AB+AC+BCD$$

六、

解 （1）求解 Q 点

$$I_{BQ}=\frac{U_{CC}-U_{BEQ}}{R_b+(1+\beta)R_e}\approx 32.3(\mu A)$$

$$I_{EQ}=(1+\beta)I_{BQ}\approx 2.61(mA)$$

$$U_{CEQ}=U_{CC}-I_{EQ}R_e\approx 7.17(V)$$

（2）求解输入电阻和电压放大倍数

$R_L=\infty$ 时

$$R_i=R_b\ /\!/\ [r_{be}+(1+\beta)R_e]\approx 110(k\Omega)$$

$$\dot{A}_U=\frac{(1+\beta)R_e}{r_{be}+(1+\beta)R_e}\approx 0.996$$

$R_L=3k\Omega$ 时

$$R_i=R_b\ /\!/\ [r_{be}+(1+\beta)(R_e\ /\!/\ R_L)]\approx 76(k\Omega)$$

$$\dot{A}_U=\frac{(1+\beta)(R_e\ /\!/\ R_L)}{r_{be}+(1+\beta)(R_e\ /\!/\ R_L)}\approx 0.992$$

（3）求解输出电阻

$$R_o=R_e\ /\!/\ \frac{R_s\ /\!/\ R_b+r_{be}}{1+\beta}\approx 37(\Omega)$$

附录 D 电子试卷（二）及答案

电 子 试 卷 （二）

一、填空题（每空 2 分，共 34 分）

1. 在本征半导体中加入_____元素可形成 N 型半导体，加入_____元素可形成 P 型半导体。

2. 工作在放大区的某三极管，如果当 I_B 从 $12\mu A$ 增大到 $22\mu A$ 时，I_C 从 $1mA$ 变为 $2mA$，那么它的 β 约为_____。

3. 为增大电压放大倍数，集成运放的中间级多采用_____。

4. 为了稳定放大电路的输出电压，应引入_____负反馈；为了稳定放大电路的输出电流，应引入_____负反馈；为了增大放大电路的输入电阻，应引入_____负反馈；为了减小放大电路的输入电阻，应引入_____负反馈。

5. D 触发器有_____和_____功能。

6. 101100.011B ＝ _____　　D ＝ _____　　O ＝_____ H。

7. 半导体数码显示器的内部接法有两种形式：共_____接法和共_____接法。

8. 寄存器按照功能不同可分为两类：_____寄存器和_____寄存器。

二、化简下列函数（16 分）

1. $F = AC + ACD + \overline{A}B + BCD$。

2. $F(A, B, C, D) = \sum mi$，$i = 2，3，4，6$。

三、分析计算题

1. 已知附图 D-1 所示电路中晶体管的 $\beta = 100$，$r_{be} = 1k\Omega$。

（1）现已测得静态管压降 $U_{CEQ} = 6V$，估算 R_b 约为多少千欧？

（2）若测得 u_i 和 u_o 的有效值分别为 $1mV$ 和 $100mV$，则负载电阻 R_L 为多少千欧？（16 分）

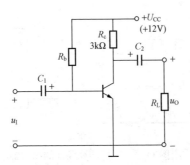

附图 D-1　分析计算题 1 的图

2. 用附图 D-2 所示的 3 线—8 线译码器实现逻辑函数。（12 分）

$$F = \overline{A}BC + A\overline{B}\overline{C} + AC$$

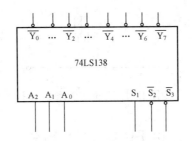

附图 D-2　分析计算题 2 的图

3. 试画出附图 D-3 所示的触发器的输出波形（设触发器的初态为 0）。（12 分）

（1）

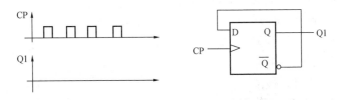

附图 D-3　分析计算题 3 的图（1）

（2）

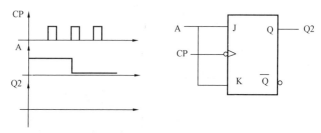

附图 D-3　分析计算题 3 的图（2）

4. 电路如附图 D-4 所示，已知 $u_i = 10\sin\omega t$ （V），试画出 u_i 与 u_O 的波形。设二极管正向导通电压可忽略不计。（10 分）

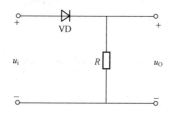

附图 D-4　分析计算题 4 的图

电子试卷（二）答案

一、填空题

1. 五价　三价

2. 100

3. 共射极放大电路

4. 电压　电流　串联　并联

5. 置 0　置 1

6. 44.375　54.3　2C.6

7. 阴极　阳极

8. 数码　移位

二、化简下列函数

解　1. $F = AC + \overline{A}B$　2. $F = \overline{A}BC + \overline{A}B\overline{D}$

三、分析计算题

1. 解 （1）求解 R_b

$$I_{CQ} = \frac{U_{CC} - U_{CEQ}}{R_c} = 2(\mathrm{mA})$$

$$I_{BQ} = \frac{I_{CQ}}{\beta} = 20(\mu A)$$

$$R_b = \frac{U_{CC} - U_{BEQ}}{I_{BQ}} \approx 565(\mathrm{k\Omega})$$

（2）求解 R_L

$$\dot{A}_u = -\frac{U_o}{U_i} = -100; \quad \dot{A}_u = -\frac{\beta R'_L}{r_{be}} \quad R'_L = 1(\mathrm{k\Omega})$$

$$\frac{1}{R_c} + \frac{1}{R_L} = 1; \quad R_L = 1.5(\mathrm{k\Omega})$$

2. 解

$$F = \overline{A}BC + AB\overline{C} + A\overline{B}C + ABC = m_3 + m_5 + m_6 + m_7$$

$$= \overline{\overline{m_3} \cdot \overline{m_5} \cdot \overline{m_6} \cdot \overline{m_7}} = \overline{\overline{Y_3} \cdot \overline{Y_5} \cdot \overline{Y_6} \cdot \overline{Y_7}}$$

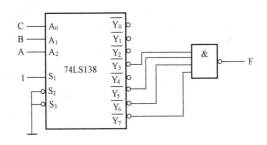

3. 解

（1）

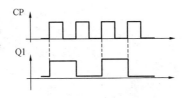

（2）

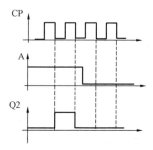

4. **解**

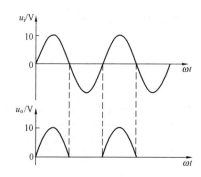